Windenergie – Ausbau und Repowering
in der Stadt- und Regionalplanung

BERLINER SCHRIFTEN
ZUR STADT- UND REGIONALPLANUNG

Herausgegeben von Stephan Mitschang

Band 21

Stephan Mitschang (Hrsg.)

Windenergie – Ausbau und Repowering in der Stadt- und Regionalplanung

Bibliografische Information der Deutschen Nationalbibliothek
Die Deutsche Nationalbibliothek verzeichnet diese Publikation
in der DeutschenNationalbibliografie; detaillierte bibliografische
Daten sind im Internet über http://dnb.d-nb.de abrufbar.

ISSN 1861-762X
ISBN 978-3-631-64324-2 (Print)
E-ISBN 978-3-653-03298-7 (E-Book)
DOI 10.3726/ 978-3-653-03298-7

© Peter Lang GmbH
Internationaler Verlag der Wissenschaften
Frankfurt am Main 2013
Alle Rechte vorbehalten.
PL Academic Research ist ein Imprint der Peter Lang GmbH.

Peter Lang – Frankfurt am Main · Bern · Bruxelles · New York ·
Oxford · Warszawa · Wien

Das Werk einschließlich aller seiner Teile ist urheberrechtlich
geschützt. Jede Verwertung außerhalb der engen Grenzen des
Urheberrechtsgesetzes ist ohne Zustimmung des Verlages
unzulässig und strafbar. Das gilt insbesondere für
Vervielfältigungen, Übersetzungen, Mikroverfilmungen und die
Einspeicherung und Verarbeitung in elektronischen Systemen.

Dieses Buch erscheint in einer Herausgeberreihe bei PL Academic Research
und wurde vor dem Erscheinen peer reviewed.

www.peterlang.de

Vorwort

Vor dem Hintergrund des Reaktorunglücks im japanischen Fukushima hat sich die Bundesrepublik Deutschland für einen Ausstieg aus der Atomenergie und gleichzeitig für eine langfristige Umstellung ihrer Energieversorgung auf der Basis von erneuerbaren Energien entschieden. Ein wesentlicher Beitrag zum Gelingen der Energiewende wird dabei in der Nutzung der Windenergie gesehen. Der hierfür notwendige Ausbau, einerseits der Anlagen, andererseits aber auch der für die Verteilung des eingespeisten Stroms erforderlichen Netze und Umspannwerke ist raumrelevant. In vielen Bereichen Deutschlands hat sich der Landschaftsraum einschließlich des Landschaftsbilds auf Grund des in den letzten Jahren massiv vorgenommenen Ausbaus der Windenergieanlagen schon erheblich verändert. In den Aufgabenbereich der Raumordnung und Bauleitplanung fällt es, eine räumliche Steuerung der Windenergieanlagen vorzunehmen und dadurch einen Beitrag zur nachhaltigen bzw. verträglichen räumlichen Entwicklung zu leisten. Für die Planungspraxis ergeben sich nicht nur vielfältige Fragestellungen in Bezug auf die räumliche Steuerung von privilegierten Windenergieanlagen im Außenbereich (vgl. § 35 Abs. 1 Nr. 5 BauGB), sondern auch hinsichtlich der unterschiedlichen Steuerungsbefugnisse auf den Ebenen der Raumordnung und Bauleitplanung, den zur Anwendung gebrachten Steuerungsmodellen, der Abschichtung zwischen Planungs- und Genehmigungsverfahren einschließlich des Repowering, den Auswirkungen von Zielen der Raumordnung auf bestehende und in Aufstellung befindliche Bebauungspläne sowie des Immissions- und Naturschutzes.

Diesen Fragestellungen wurde im Rahmen der am 17. und 18. September 2012 an der Technischen Universität Berlin stattgefundenen Wissenschaftlichen Fachtagung in der Form von fachwissenschaftlichen Beiträgen sowie Berichten aus der Planungspraxis nachgegangen. Der nunmehr vorliegende Tagungsband greift die wichtigsten planungsrelevanten Aspekte im Zusammenhang mit der Zulassung und Steuerung von Windenergieanlagen auf und bietet insoweit eine wichtige Hilfestellung für die Planungspraxis.

Berlin, im August 2013

Universitätsprofessor Dr.-Ing. habil. Stephan Mitschang

am Institut für Stadt- und Regionalplanung der TU Berlin
Fachgebiet Städtebau- und Siedlungswesen
– Orts-, Regional- und Landesplanung –
Hardenbergstraße 40 a
10623 Berlin

Inhaltsverzeichnis

Sachstand und Perspektiven der Windenergie in Deutschland
Dr. Klaus Müschen, Abteilungsleiter Klimaschutz und Energie, Umweltbundesamt, Dessau 1

Modelle zur planerischen Steuerung der Windenergie in der Regional- und Bauleitplanung
Prof. Dr. Stephan Mitschang, Technische Universität Berlin 9

Ausweisung zusätzlicher Flächen für die Windenergie in der Bauleitplanung
Prof. Dr. Wilhelm Söfker, Ministerialdirigent a. D., Bonn 35

Sicherung des Repowerings in der Regional- und Bauleitplanung
Prof. Dr. Christian-W. Otto, Technische Universität Berlin 47

Abschichtung zwischen Planungs- und Genehmigungsverfahren
Prof. Dr. Olaf Reidt, Redeker Sellner Dahs Rechtsanwälte, Berlin 59

Auswirkungen von windkraftbezogenen Zielen der Raumordnung auf Bauleitpläne unter besonderer Berücksichtigung von Haftungs- und Entschädigungsfragen
Dr. Wolfgang Schrödter, Rechtsanwalt, Wedemark 71

Immissionsschutzbezogene Belange bei der Planung und Zulassung von Windenergieanlagen
Dr. Alexander Schink, Staatssekretär a.D., Counsel Redeker Sellner Dahs Rechtsanwälte, Bonn 99

Windenergie in der Planungspraxis – Probleme und Perspektiven Bericht aus Bayern
Dr. Christian Kühnel, Kreisbaumeister, Landkreis Starnberg 115

Windenergie in der Planungspraxis – Probleme und Perspektiven Bericht aus Brandenburg
Matthias Feskorn, Ministerium für Infrastruktur und Landwirtschaft des Landes Brandenburg, Potsdam 123

Windenergie in der Planungspraxis – Probleme und Perspektiven Bericht aus Niedersachsen

Thomas Aufleger, Büro NWP, Oldenburg 133

Windenergie im Wald und in Schutzgebieten

Paul-Bastian Nagel, Prof. Dr. Johann Köppel, Marie Dahmen, Johanna Erdmann und
Mirko Siegmund, Technische Universität Berlin 147

Belange des Artenschutzes beim Repowering von Windenergieanlagen

Prof. Dr. Annette Guckelberger, Universität des Saarlandes, Saarbrücken 159

Aktuelle Rechtsprechung des BVerwG zur Windenergie

Dr. Helmut Petz, Bundesverwaltungsgericht, Leipzig 183

Interkommunale Kooperation zur Steuerung der Windenergie

Dr. Tim Schwarz, Technische Universität Berlin 193

Sachstand und Perspektiven der Windenergie in Deutschland

Klaus Müschen

I. Windenergie – Wo stehen wir, wo geht's hin?

Dieser einleitende Beitrag gibt eine kurze Einführung in den Themenkomplex der Windenergienutzung. Ausgehend von den Rahmenbedingungen der deutschen Energie- und Klimapolitik werden bisherige Entwicklungen sowie aktuelle Perspektiven und Herausforderungen in Zusammenhang mit der Windenergienutzung in Deutschland dargestellt.

II. Die Energiewende

Der Begriff der „Energiewende" ist seit der Atomkatastrophe in Fukushima und dem darauf folgenden Beschluss zum Ausstieg aus der Atomenergienutzung in aller Munde. Der Begriff wurde durch eine Studie des Öko-Instituts mit Szenarien für eine alternative Energiezukunft schon 1979 geprägt.[1] Die Transformation des Energiesystems – weg von den konventionellen Energieträgern, hin zu einer auf erneuerbaren Energien basierenden Energieversorgung – ist seit über 20 Jahren Bestandteil der deutschen Energie- und Klimaschutzpolitik. Der entscheidende Grundstein dazu wurde 1991 durch das Inkrafttreten des Stromeinspeisungsgesetzes gelegt, das im Jahr 2000 durch das Erneuerbare-Energien-Gesetz (EEG) abgelöst wurde. Auch wenn von Zeit zu Zeit Kritik am EEG laut wird: Mit diesem Gesetz verfügt Deutschland nicht nur über ein verlässliches, sondern auch nach wie vor höchst erfolgreiches Förderinstrument zum Ausbau der erneuerbaren Energien.

Eine weitere wichtige Etappe der deutschen Energie- und Klimaschutzpolitik stellte das 2007 in Meseberg verabschiedete Integrierte Energie- und Klimaschutzprogramm (IEKP) dar, in dem Ziele zur Energieversorgung und Minderung von Treibhausgasen bis 2020 sowie Maßnahmen zu deren Umsetzung festgelegt wurden. Im Herbst 2010 beschloss die Bundesregierung schließlich ein Energiekonzept mit Zielen zur Treibhausgasreduktion und Energieversorgung bis 2050. Obwohl das Energiekonzept im Vergleich zum IKEP ambitioniertere Ziele zum Ausbau erneuerbarer Energien vorsah, wurde es vielfach als Rückschritt wahrgenommen,

---

1 Krause, F. et al. (1980): Energiewende – Wachstum und Wohlstand ohne Erdöl und Uran.

weil mit ihm auch die Laufzeitverlängerung der deutschen Atomkraftwerke um durchschnittlich zwölf Jahre festgelegt wurde. Bekanntermaßen revidierte die Bundesregierung diese Entscheidung aber bereits im Jahr 2011 in Folge des Atomunglücks in Fukushima. Stattdessen wurde mit dem Eckpunktepapier der Bundesregierung zur Energiewende der Ausstieg aus der Atomenergienutzung bis zum Jahr 2022 besiegelt. Mithin kann die Energiewende als politischer Konsens bezeichnet werden.

Die zentralen Handlungsfelder der Energiewende sind:

- der schnelle und kontinuierliche, möglichst kosteneffektive und umweltfreundliche Ausbau erneuerbarer Energien
- die Senkung des Energieverbrauchs und Steigerung der Energieeffizienz und
- der Ausbau und die Modernisierung der Netzinfrastruktur sowie die Integration erneuerbarer Energien.

Die derzeit maßgeblichen Ziele für den Ausbau der erneuerbaren Energien für das Jahr 2020 (2050) sind ein Anteil von 35 % (80 %) an der Stromversorgung und 18 % (60 %) am Endenergiebedarf.[2] Zum Erreichen dieser Zielsetzungen ist der Ausbau der Windenergie von entscheidender Bedeutung, denn „[d]ie Windenergie ist der Bereich mit den größten Potenzialen für einen zügigen und kosteneffizienten Ausbau der Stromerzeugung aus erneuerbaren Energien".[3]

---

2   Bundesregierung (2010): Energiekonzept für eine umweltschonende, zuverlässige und bezahlbare Energieversorgung, 28. September 2010.
3   Bundesregierung (2011): Der Weg zur Energie der Zukunft – sicher, bezahlbar und umweltfreundlich. Eckpunktepapier der Bundesregierung zur Energiewende. Stand: 06.06.2011.

III. Entwicklung der Windenergienutzung

Dass die Windenergie an Land zusammen mit der Wasserkraft heute die leistungsstärkste und wirtschaftlichste Form regenerativer Energieerzeugung darstellt, ist im Wesentlichen den rasanten technischen Weiterentwicklungen der letzten 20 Jahre zu verdanken. Noch in den 1980er Jahren war nicht einmal entfernt daran zu denken, dass die Windenergienutzung heute eine so bedeutende Rolle spielen würde. Zum Prestige-Projekt GROWIAN (Große Windenergieanlage), einer 3-MW-Anlage, die damals mit öffentlichen Mitteln zur Windenergieforschung finanziert wurde, wird Hans Matthöfer[4] mit den Worten zitiert: „Wir wissen, dass es uns nichts bringt. Aber wir machen es, um den Befürwortern der Windenergie zu beweisen, dass es nicht geht.".[5] Damals sollte er Recht behalten. Nach nur vier wenig erfolgreichen Betriebsjahren wurde das Projekt für gescheitert erklärt und die damals weltweit größte Windenergieanlage wieder demontiert.

Glücklicherweise gab man die Windenergienutzung in Deutschland wegen dieses Misserfolgs nicht auf. Durch die gesetzlich garantierte Abnahme und Vergütung regenerativ erzeugten Stroms durch das Stromeinspeisungsgesetz und das 100-MW-Wind-Programm fand weiterhin eine Förderung statt. Ausgangspunkt der technischen Entwicklung waren zunächst aber erheblich kleiner dimensionierte Anlagen. Eine durchschnittliche Windenergieanlage im Jahr 1990 erzielte bei einer Nennleistung von 250 kW und einer Gesamthöhe von 65 m einen Jahresenergieertrag von 400.000 kWh. Durch eine kontinuierliche Verbesserung der Anlagentechnologie ist GROWIAN mittlerweile aber längst übertroffen: Die derzeit leistungsstärkste Anlage am Markt ist fast 200 m hoch und erreicht mit 7,5 MW Nennleistung eine Jahresproduktion von ca. 20 Mio. kWh (siehe Abb. 1).[6] Windenergieanlagen mit einer Leistung von mehr als 5 MW sind jedoch an Land bislang die Ausnahme, weil die Möglichkeiten des wirtschaftlichen Betriebs solch großer Anlagen an Land begrenzt sind. Die durchschnittliche Nennleistung neu errichteter Windenergieanlagen lag im Jahr 2011 daher erst bei 2,2 MW.[7]

---

4   damaliger Finanzminister, in den 1970er Jahren Minister für Forschung und Technologie.
5   Zitiert in: Anatol Johansen: Erfolg für das erste Aufwindkraftwerk der Welt, Die Welt Nr. 289, 13. Dezember 1982, S. 12.
6   Bundesverband WindEnergie e.V.: http://www.wind-energie.de/infocenter/technik, zuletzt abgerufen am 23.10.2012.
7   Ender, C. (2012): Windenergienutzung in Deutschland – Stand: 31.12.2012. In: DEWI Magazin No. 40, Februar 2012, S. 30 – 43.

Abbildung 1: Größenentwicklung und Leistungssteigerung von Windenergieanlagen

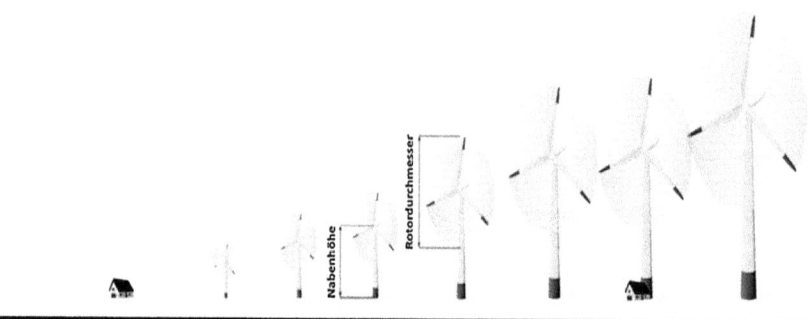

	1980	1985	1990	1995	2000	2005	2010
Nennleistung (in kW)	30	80	250	600	1.500	3.000	7.500
Rotordurchmesser (in m)	15	20	30	46	70	90	126
Überstrichene Rotorfläche (in m²)	177	314	707	1.662	3.848	6.362	12.469
Nabenhöhe (in m)	30	40	50	78	100	105	135
Jahresenergieertrag (in MWh)	35	95	400	1.250	3.500	6.900	ca. 20.000

Quelle: LUBW (Hrsg.), Windenergie Einführung, unter http://www.lubw.baden-wuerttemberg.de/servlet/is/223148/ Zugriff am 13.06.2013.

Der jährliche Zubau von Windenergieleistung erreichte seinen bisherigen Höhepunkt im Jahr 2002, in dem über 3.000 MW neu installiert wurden. Seitdem ist der Zubau leicht rückläufig und hat sich mittlerweile auf einem Niveau von jährlich 1.600 bis 2.000 MW eingependelt (siehe Abb. 2). Dieser Rückgang wurde vor allem auf die zunehmende Auslastung der für Windenergieanlagen ausgewiesenen Flächen zurückgeführt. Dieses eingeschränkte Flächenangebot führt in Kombination mit dem Alter bestehender Windenergieanlagen dazu, dass das Repowering eine zunehmend interessante Option darstellt, vorhandene Flächen effizienter auszunutzen. Der jährliche Leistungszuwachs durch Repowering blieb zunächst hinter den Erwartungen zurück, gewinnt in den letzten Jahren aber zunehmend an Bedeutung. So wurden im Jahr 2011 bereits 183 Windenergieanlagen mit einer Leistung von insgesamt 127 MW abgebaut und durch 101 Anlagen mit einer Gesamtleistung von 251 MW ersetzt.[8] Bei gleichzeitiger Reduktion der Anlagenzahl um 82 konnte damit die Leistung durch das Repowering verdoppelt werden.

Heute ist die Windenergie mit einem Anteil von fast 40 % an der Stromerzeugung aus erneuerbaren Energien die mit Abstand wichtigste der regenerativen Energiequellen. Insgesamt waren Ende 2011 in Deutschland gut 22.000 Windenergieanlagen mit einer Gesamtleistung von rund 29.000 MW installiert, die fast 50 TWh Strom produzierten. Allein durch die Windenergienutzung konnten damit 8 % des

---

8   Ebenda.

deutschen Strombedarfs gedeckt und 35,2 Mio. t Treibhausgasemissionen vermieden werden.[9]

Abbildung 2: Entwicklung der jährlich neu installierten Windenergieleistung

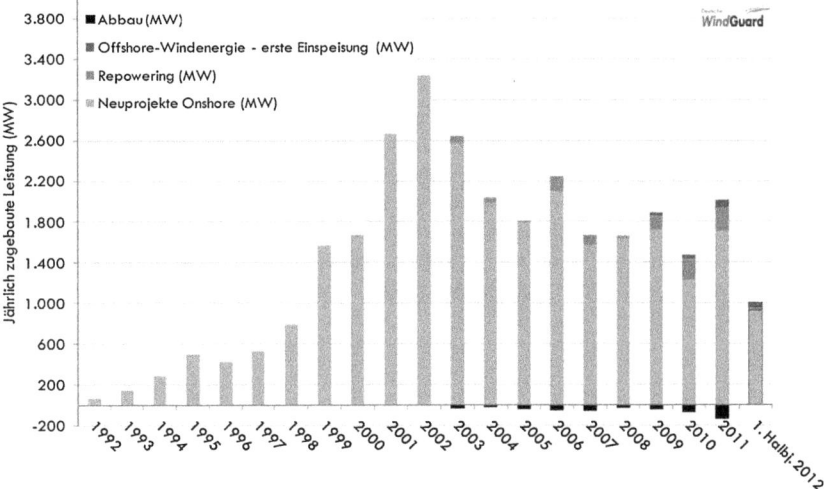

Quelle: http://www.ee-news.ch/de/article/25956/jahresbilanz-windenergie-stabiles-wachstum-in-deutschland Zugriff am 13.06.2013

IV. Potenziale für den Ausbau der Windenergie

In den Langfristszenarien 2011 des Bundesministeriums für Umwelt, Naturschutz und Reaktorsicherheit wird davon ausgegangen, dass im Jahr 2020 insgesamt 39.000 MW Windenergieleistung an Land und 10.000 MW auf See installiert sind.[10] Für das Jahr 2050 wird eine installierte Leistung von 50.800 MW an Land und 32.000 MW offshore angenommen. Unter diesen Voraussetzungen könnten bei einem Jahresenergieertrag von 260 TWh im Jahr 2050 etwa 43 % des heutigen Strombedarfs aus Windenergie gedeckt werden.[11]

---

9   Bundesministerium für Umwelt, Naturschutz und Reaktorsicherheit (2012): Zeitreihen zur Entwicklung der erneuerbaren Energien in Deutschland. Unter Verwendung von Daten der Arbeitsgruppe Erneuerbare Energien-Statistik (AGEE-Stat), Stand: Juli 2012.
10 Ausbauzahlen gemäß Szenario 2011 A
11 Nitsch, J.; Pregger, T.; Naegler, T.; Heide, D.; Luca de Tena, D.; Scholz, Y.; Nienhaus, K.; Gerhardt, N.; Sterner, M.; Trost, T.; von Oehsen, A.; Schwinn, R.; Pape, C.; Hahn, H.; Wickert, M. & Wenzel, B. (2012): Langfristszenarien und Strategien für den Ausbau der erneuerbaren Energien in Deutschland bei Berücksichtigung der Entwicklung in Europa und global. Stuttgart, Kassel, Teltow.

Die Potenziale der Windenergie sind aber durchaus größer einzuschätzen. Die Studie „Energieziel 2050: 100 % Strom aus erneuerbaren Quellen" des Umweltbundesamtes hat aufgezeigt, dass eine zu 100 % aus regenerativen Energien basierende Stromversorgung im Jahr 2050 möglich ist. In dieser Studie wird auf Basis einer konservativen Schätzung von einem technisch-ökologischen Potenzial der Windenergie von 60.000 MW an Land und 45.000 MW auf See ausgegangen.[12]

Die Schätzungen der 100-%-Studie beruhen allerdings auf relativ pauschalen Annahmen zur verfügbaren Fläche und installierbaren Leistung. Das Umweltbundesamt beschäftigt sich daher derzeit damit, die technisch-ökologischen Potenziale der Windenergie an Land in einer konkretisierenden Studie genauer zu untersuchen. Dazu werden zunächst die bundesweiten Flächenpotenziale für die Windenergie anhand der besten verfügbaren Geo- und Wetterdaten ermittelt. Aufbauend auf den Flächenpotenzialen werden anschließend mithilfe von Referenzanlagen Leistungspotenziale errechnet. Die Potenzialstudie wird voraussichtlich noch im Jahr 2012 veröffentlicht.

V. Perspektiven für die Windenergienutzung

In Zukunft wird das Repowering für den Ausbau der Windenergie an Land zunehmend an Bedeutung gewinnen. So sind auf derzeit bereits für die Windenergie genutzten Flächen noch erhebliche Leistungszuwächse möglich. Außerdem können durch moderne Anlagentechniken Flächen erschlossen werden, in denen die Windenergienutzung früher technisch nicht möglich oder häufig unwirtschaftlich war, wie z. B. im Wald oder im süddeutschen Raum.

Aber auch darüber hinaus wird es in den kommenden Jahren vermutlich erhebliche Neuausweisungen von Flächen für die Windenergienutzung geben, denn die Bundesländer haben sich ehrgeizige Ziele zum Ausbau erneuerbarer Energien gesetzt. Die aufsummierten Ziele der Bundesländer übersteigen das im EEG festgelegte Mindestziel von 35 % erneuerbaren Energien an der Stromversorgung im Jahr 2020 deutlich. Dabei wird der Windenergienutzung wiederum ein hoher Stellenwert eingeräumt. Sehr viele Bundesländer haben eine Ausweitung der für Windenergie ausgewiesenen Flächen angekündigt, um den Ausbau der Windenergie voranzubringen.

Auch der Bund verfolgt verschiedene Aktivitäten zur Unterstützung der Windenergie bei der Energiewende. In der „Plattform Erneuerbare Energien", die im Jahr 2012 gegründet wurde, diskutieren Vertreter aus Politik, Wirtschaft und Gesellschaft in einem übergeordneten Steuerungskreis und drei Arbeitsgruppen über die

---

12   Klaus, T.; Vollmer, C.; Werner, K.; Lehmann, H. & Müschen, K. (2010): Energieziel 2050: 100 % Strom aus erneuerbaren Quellen. Dessau-Roßlau.

Herausforderungen des Ausbaus erneuerbarer Energien und mögliche Lösungsansätze. Seit 2011 treffen sich Vertreter aus Bund und Ländern in der Bund-Länder-Initiative Windenergie, um sich über aktuelle Entwicklungen und Probleme beim Ausbau der Windenergie an Land zu informieren und auszutauschen. Darüber hinaus wird derzeit – nach dem Vorbild der seit 2005 bestehenden Stiftung Offshore-Windenergie – eine Fachagentur zur Windenergie an Land aufgebaut. Sie soll Kommunen, Planungsgemeinschaften und sonstige Beteiligte unterstützen, um den Ausbau der Windenergienutzung an Land zu befördern.

VI. Herausforderungen für die Windenergienutzung

Eine Herausforderung für die Windenergienutzung ergibt sich aus dem bislang schleppend verlaufenden Ausbau des Stromnetzes. In den vergangenen Jahren konzentrierte sich der Ausbau der Windenergie auf die Bundesländer im Norden und der Mitte Deutschlands, insbesondere Niedersachsen, Brandenburg, Sachsen-Anhalt, Schleswig-Holstein und Nordrhein-Westfalen. Nun entfallen durch die Abschaltung von Atomkraftwerken aber Kraftwerkskapazitäten in Süddeutschland, so dass eine Steigerung der Transportkapazitäten im Übertragungsnetz von Norden nach Süden erforderlich wird. Darüber hinaus ist ein zunehmender Stromtransport durch die Einspeisung aus Offshore-Windparks in der Nord- und Ostsee zu den Ballungsräumen im Süden zu erwarten.

Das heutige Netz ist nicht ausreichend für solche großen Leistungstransite sowie für wechselnde Lastflussrichtungen im Verteilungsnetz (Rückspeisung ins Übertragungsnetz) ausgelegt. Der daher notwendige Ausbau der Netzinfrastruktur kann aber derzeit nicht mit dem Ausbau der erneuerbaren Energien Schritt halten. Um mittelfristigen Kapazitätsengpässen im Übertragungsnetz entgegenzuwirken, ist hier eine Beschleunigung des Netzausbaus notwendig.

Die Weiterentwicklung der Anlagentechnik ermöglicht heute auch eine wirtschaftliche Erschließung von Binnenland-Standorten mit geringen mittleren Windgeschwindigkeiten. Der vermehrte Ausbau von Windenergieanlagen in Süddeutschland kann somit mittelfristig auch einen Beitrag zur Entlastung der Übertragungsnetze leisten.

Im Jahr 2010 betrug der Anteil des abgeregelten Windenergiestroms aufgrund lokaler Netzengpässe (überwiegend in Nord- und Ostdeutschland) 0,2 % bis 0,4 % der tatsächlich eingespeisten Windenergie.[13] Ein Zubau fand in den Jahren 2011 und 2012 vornehmlich in den ohnehin von Abregelungsmaßnahmen betroffenen Bun-

---

13　Ecoys (2011): Abschätzung der Bedeutung des Einspeisemanagements nach EEG 2009 - Auswirkungen auf die Windenergieerzeugung in den Jahren 2009 und 2010.

desländern statt, weshalb für die Zukunft von einer weiteren Zunahme von Einspeisemanagement-Maßnahmen auszugehen ist.

Flexibilitätsoptionen können im Gegensatz zum nicht beeinflussbaren Leistungsdargebot von fluktuierenden erneuerbaren Energien einen Ausgleich zwischen der Stromnachfrage und -angebot schaffen. Dazu gehört neben dem Lastmanagement und dem Ausbau des Stromnetzes für einen großräumigen Ausgleich von Strommengen auch die Abregelung von dargebotsabhängigen Anlagen. Zusätzliche Stromspeicher sind nach Berechnungen des VDE erst mittelfristig erforderlich, d. h. ab einem Anteil von 40 % erneuerbarer Energien an der Stromerzeugung.[14]

VII. Fazit

Abschließend ist festzuhalten, dass sich die Windenergienutzung in Deutschland beeindruckend entwickelt hat und heute das wichtigste Zugpferd der Energiewende darstellt. Der weitere Ausbau der Windenergie – und zwar aufgrund ihrer hohen Leistungsfähigkeit bei geringen Kosten insbesondere auch an Land – ist daher dringend erforderlich. Einen Teil kann das Repowering bestehender Windenergieanlagen dazu beitragen. Andererseits ist die Erschließung neuer Potenziale durch zusätzliche Flächenausweisungen ebenso wichtig. Eine große Herausforderung stellt bei zunehmender Windstromeinspeisung allerdings die begrenzte Kapazität des Stromnetzes dar. Ein zügiger Ausbau der Netzinfrastruktur ist daher die entscheidende Voraussetzung für die Fortführung der Erfolgsgeschichte der Windenergienutzung in Deutschland.

---

14 VDE (2012): Energiespeicher für die Energiewende – Speicherungsbedarf und Auswirkungen auf das Übertragungsnetz für Szenarien bis 2050.

Modelle zur planerischen Steuerung der Windenergie in der Regional- und Bauleitplanung

Stephan Mitschang

I. Einleitung und Problemhintergrund

Mit der planerischen Steuerung von Windenergieanlagen wird ein gegenwärtig aktuelles und vor allem problembeladenes Themenfeld angesprochen, das gleichermaßen die überörtliche wie die örtliche Planungsebene anspricht. Denn seit der Ausgestaltung des Planvorbehalts in § 35 Abs. 3 S. 3 BauGB[1] können sowohl die Planungsträger der Regional- und Landesplanung in den Raumordnungsplänen als auch die Gemeinden als Träger der Bauleitplanung in ihren Flächennutzungs- und Bebauungsplänen räumlich steuernd Einfluss auf die Standorte von Windkraftanlagen im Geltungsbereich des jeweiligen Planes nehmen. In den vergangenen 15 Jahren hat die Rechtsprechung, insbesondere des Bundesverwaltungsgerichts, aber auch der Oberverwaltungsgerichte, die Rahmenbedingungen für die räumliche Steuerung von Windenergieanlagen maßgeblich bestimmt. Allerdings wird die Planungspraxis den durch die Rechtsprechung gestellten Anforderungen nicht immer gerecht.

Verschärft wird die Situation durch die Energiewende, da mit dem Ausstieg aus der Atomenergie die Nachfrage für erneuerbare Energien und insbesondere auch für die Nutzung der Windenergie steigen wird. Daher wird zunächst ausgehend von den europäischen und nationalen energiepolitischen Vorgaben der derzeitige Stand der Windenergienutzung in Deutschland dargestellt und der zur Bewältigung der Energiewende erforderliche Ausbaubedarf aufgezeigt.[2] Dies erfordert im Weiteren die Bereitstellung und Sicherstellung von Flächen,[3] einer Aufgabe der sich die Raumplanung stellen muss. Im Folgenden werden, unter Berücksichtigung der planungsinstrumentellen Möglichkeiten sowie auch der einschlägigen Rechtsprechung, die Anforderungen an die planerische Steuerung auf den Ebenen der Regional- und Bauleitplanung dargestellt.[4] Darauf aufbauend werden vor dem Hintergrund der Energiewende, die durch den Ausbau der Windenergie notwendig werdenden „Erweiterungen" oder „Verschiebungen" von Gebietskulissen einschließlich des Repowering einer näheren Betrachtung unterzogen und insoweit auch die durch die

---

1 Baugesetzbuch (BauGB) i. d. F. der Bek. vom 23.9.2004, BGBl. I S. 2414, zul. geänd. durch Gesetz vom 22.7.2011, BGBl. I S. 1509.
2 Vgl. unten I. 1. und I. 2.
3 Vgl. unten II.
4 Vgl. unten II. 1. bis II. 3.

Klimaschutz-Novelle 2011[5] neu ausgestalteten Regelungen des § 249 BauGB einbezogen.[6] Im Mittelpunkt der Betrachtungen steht dabei in erster Linie der Flächennutzungsplan, da dieser nicht nur zwischen der Raumordnung und der Bauleitplanung eine Scharnierfunktion einnimmt, sondern auch die Diskussion über die der Windenergie zur Verfügung zu stellenden Flächen sich primär auf der gesamtgemeindlichen Planungsebene abspielt. Die bei der Raumordnungs- und Bauleitplanung möglichen Strategien werden überdies anhand von Modellen verdeutlicht.

1. Europäische und nationale energiepolitische Zielvorgaben

Auf europäischer Ebene wie auch auf Bundes- und Landesebene werden sowohl qualitative als auch quantitative Zielvorgaben für die Nutzung von erneuerbaren Energien getroffen.

In quantitativer Hinsicht lässt sich von Seiten der EU die sog. Erneuerbare-Energien-Richtlinie (EE-RL[7]) anführen, wonach gemäß Art. 3 Abs. 1 S. 2 bis zum Jahr 2020 mindestens 20 % des Brutto-Endenergieverbrauchs der Gemeinschaft durch Energie aus erneuerbaren Quellen zu decken ist. Nach Anhang I Teil A wird darin für die Bundesrepublik Deutschland gefordert, dass bis zu diesem Zeitpunkt 18 % des Endenergieverbrauchs aus erneuerbaren Energien bereitgestellt werden müssen.

Zukunftsorientierte energiepolitische Vorgaben können aber auch dem „Energiekonzept der Bundesregierung 2010 und die Energiewende 2011" entnommen werden. Dieses, im September 2010 beschlossene sog. „Energiekonzept 2050", legt für die energiepolitische Ausrichtung Deutschlands bis zum Jahr 2050 Maßnahmen zum Ausbau der erneuerbaren Energien, der Netze sowie zur Energieeffizienz fest. Ergänzt wird es durch ein von der Bundesregierung am 6. Juni 2011 im Nachgang zu den Ereignissen in Fukushima beschlossenen Energiepaket, durch das die Maßnahmen des Energiekonzepts flankiert und ihre Umsetzung beschleunigt werden sollen. Da einerseits der Einsatz erneuerbarer Energien deutlich weniger Treibhausgasemissionen verursacht als die Nutzung fossiler Brennstoffe und andererseits mit dem Ausstieg aus der Kernenergienutzung die Frage der Versorgungssicherheit erheblich an Bedeutung gewonnen hat, sieht die Bundesregierung folgerichtig im

---

5 „Gesetz zur Förderung des Klimaschutzes bei der Entwicklung in den Städten und Gemeinden" vom 29.7.2011, BGBl. I S. 1509. Im Einzelnen hierzu: Battis/Krautzberger/Mitschang/Reidt/Stüer, NVwZ 2011, 897 ff.; Krautzberger/Stüer, BauR 2011, 1416 ff.; Söfker, ZfBR 2011, 541.
6 Vgl. unten II. 3.4.
7 Richtlinie zur Förderung der Nutzung von Energie aus erneuerbaren Quellen und zur Änderung und anschließenden Aufhebung der Richtlinien 2001/77EG und 2003/30/EG vom 23.4.2009, ABl. EU vom 5.6.2009 Nr. L 140, 16.

Ausbau der erneuerbaren Energien für die Energieversorgung einen zentralen Baustein.[8] Für die Windenergie sind insoweit folgende Maßnahmen vorgesehen:

1. Für Offshore-Windenergieanlagen wird ein besonderes Förderprogramm der Kreditanstalt für Wiederaufbau (KfW) mit einem Volumen von 5 Mrd. Euro ausgestaltet und damit die Realisierung der ersten 10 Offshore-Windenergieparks unterstützt, um Erfahrungen zu sammeln.[9]
2. Im Rahmen des Bauplanungsrechts werden die Möglichkeiten verbessert, alte Windenergieanlagen durch neue, leistungsfähigere und effizientere Anlagen zu ersetzen (sog. „Repowering").[10]
3. Für die landseitig gewonnene Windenergie ist insbesondere die Ausweisung von Eignungsflächen entscheidend. In Zusammenarbeit mit den Ländern[11] soll eine Windpotenzialstudie in Auftrag gegeben und Kriterien für die Ausweisung von Eignungsgebieten entwickelt werden. Pauschale „starre" Abstands- und Höhenbegrenzungen sollen ersetzt werden, indem gemeinsam mit den Ländern bundesweite Kriterien für die Anwendung von sachgerechten Abstands- und Höhenbeschränkungen im Einzelfall entwickelt werden.

Auf nationaler Ebene wurden mit dem kürzlich erneut novellierten Erneuerbare-Energien-Gesetz (EEG[12]), durch das auch die vorgenannten Anforderungen der EE-RL umgesetzt werden sollen, für Deutschland ebenfalls quantitative Zielvorgaben in Bezug auf die Stromversorgung vorgelegt. Hiernach soll bis zum Jahre 2020 der Anteil erneuerbarer Energien an der Stromversorgung mindestens 35 % betragen und danach weiter steigen, und zwar bis zum Jahr 2030 auf 50 %, zum Jahr 2040 auf 65 % und bis zum Jahr 2050 auf 80 %.[13]

---

8   Vgl. Bundesregierung (Hrsg.), Eckpunkt Nr. 11 des Eckpunktepapiers der Bundesregierung zur Energiewende, www.bmu.de, Zugriff am 29.05.2013
9   Zwei Windparks haben bereits Finanzierungszusagen aus dem Programm enthalten. (vgl. Bundesregierung (Hrsg.), Bericht der Bundesregierung über die Umsetzung des 10-Punkte-Sofortprogramms zum Energiekonzept, www.bmu.de/files/pdfs/allgemein/application/pdf/20-punkte-sofortprogramm_bericht-bf.pdf.de, Zugriff am 31.7.2012.)
10 Vgl. hierzu § 249 BauGB.
11 Erste Ergebnisse zeigt der „Überblick zu den landesplanerischen Abstandsempfehlungen für die Regionalplanung zur Ausweisung von Windenergiegebieten" vom Januar 2012, erarbeitet von der Bund-Länder-Initiative Windenergie. Zu finden unter: Vgl. Bundesministerium für Umwelt, Naturschutz und Reaktorsicherheit (Hrsg.), Erneuerbare Energien 2011, http://www.bmu.de/files/pdfs/allgemein/ application/pdf/abstandempfehlungen_bfpdf.de. Zugriff am 31.7.2012.
12 Gesetz für den Vorrang erneuerbarer Energien vom 25.10.2008, BGBl. I S. 2074, zul. geänd. durch Gesetz vom 22.12.2012, BGBl. I S. 3044.
13 Vgl. § 1 Abs. 2 EEG.

2. Zum gegenwärtigen Stand der Windenergie in Deutschland

Während der Primärenergieverbrauch in der Bundesrepublik Deutschland seit 1990 nur geringfügig gesunken ist, haben die erneuerbaren Energien[14] einen um das Sechsfache gestiegenen Anteil auf nunmehr 9,4 %[15] aufzuweisen.[16] Dabei war im Jahr 2011 sogar ein sprunghafter Anstieg[17] zu verzeichnen. Am gesamten Endenergieverbrauch[18] erreichten sie 12,2 %, am Gesamtstromverbrauch 20 %. Speziell die Windenergie und die Photovoltaik waren hierbei mit den größten Steigerungsraten versehen.[19] Gleichwohl sind damit die Zielzahlen des EEG[20] für das Jahr 2020 noch lange nicht erreicht. Die Windenergie konnte insoweit zwar ihren Spitzenplatz unter den erneuerbaren Energien im Strombereich ausbauen und ist nunmehr in der Lage allein 7,6 % des gesamten deutschen Stromverbrauchs abzudecken. Hierdurch gelang es immerhin im Jahr 2009 rund 28 Mio. Tonnen Kohlendioxid einzusparen; das sind 26 % der insgesamt durch erneuerbare Energien eingesparten Kohlendioxidemissionen.[21] Auch unter Berücksichtigung nur der erneuerbaren Energien kommt der Stromerzeugung durch Windenergieanlagen die größte Bedeutung zu. Allein 38,1 % der Stromerzeugung aus erneuerbaren Energien stammt von Windenergieanlagen.[22] Gleichzeitig verdeutlichen diese Zahlen die Bedeutung der Windenergie zur Erreichung der Zielsetzungen des EEG. Insoweit ist davon auszugehen, dass durch einen weiteren Ausbau im Bereich der Windenergienutzung auch künftig zur Versorgung mit erneuerbaren Energien, aber auch zu einer Ver-

---

14 Hierzu zählen die Wasserkraft einschließlich der Wellen-, Gezeiten-, Salzgradienten- und Strömungsenergie, die solare Strahlungsenergie, die Geothermie, die Energie aus Biomasse einschließlich Biogas, Deponiegas und Klärgas sowie aus dem biologisch abbaubaren Anteil von Bioabfällen aus Haushalten und Industrie sowie die Windkraft. Vgl. www.umweltbundesamt-daten-zur-Umwelt.de/umweltdaten/public/theme.donodeldent _5980.de. Zugriff am 31.7.2012.
15 Bezogen auf das Jahr 2010.
16 Vgl. Umweltbundesamt (Hrsg.), www.umweltbundesamt-daten-zur-Umwelt.de/umwelt daten/public/ theme.do?nodeldent_2326.de, Zugriff am 31.7.2012.
17 17 % mehr als noch 2010. Vgl. Bundesministerium für Umwelt, Naturschutz und Reaktorsicherheit (Hrsg.), Erneuerbare Energien 2011, http://www.bmu.de/files/pdfs/allgemein /application/pdf/ ee_in_zahlen_2011_bf.pdf.de. Zugriff am 31.7.2012.
18 Bestehend aus Strom, Wärme und Kraftstoffen.
19 Vgl. Bundesministerium für Umwelt, Naturschutz und Reaktorsicherheit (Hrsg.), a. a. O. Fn. 17.
20 Vgl. oben I. 1.
21 Wallasch/Rehfeldt/Wallasch, Erfahrungsbericht Vorhaben IIe Windenergie-Endbericht, Juni 2011, 8., http://www.erneuerbare-energien.de/files/pdfs/allgemein/application/pdf/ eeg_eb_2011_windenergie_ bf.pdf.de, Zugriff am 31.7.2012.
22 Durch die Wasserkraft werden weiterhin 16 %, die Photovoltaik mittlerweile sogar 15,6 % und schließlich durch Biomasse insgesamt 30 % der Stromerzeugung aus erneuerbaren Energien bereitgestellt. Vgl. Bundesministerium für Umwelt, Naturschutz und Reaktorsicherheit (Hrsg.), a. a. O. Fn. 17.

sorgungssicherheit beigetragen werden soll. So existieren bereits Ende 2011 insgesamt 22.297 Windenergieanlagen mit einer installierten Leistung von 29.075 MW.[23]

Was die künftige Entwicklung der Windenergie in der Bundesrepublik Deutschland angeht, ist zunächst ein Blick auf die maßgeblichen Rahmenbedingungen zu werfen. So ist für die Vergangenheit der größte Anteil der installierten Leistung auf die Erschließung neuer Anlagenstandorte und den Zubau neuer Anlagen zurückzuführen. Mit Blick auf die Zukunft dürfte dies so eindeutig nicht mehr festzustellen sein, denn die guten Standorte sind jedenfalls in den windenergiestarken Ländern weitgehend ausgenutzt. Dort wird sich der Fokus – auch vor dem Hintergrund umfangreicher und wirksamer Innovationen im windenergietechnischen Bereich – auf mittelmäßige oder mitunter sogar auf schwachwindige Standorte richten. Besondere Bedeutung wird im Übrigen dem „Repowering" zukommen, durch das erhebliche, gegenwärtig aber nur in Ansätzen genutzte Potentiale verfügbar gemacht werden können. Dies ist umso mehr von Bedeutung, als dass gegenwärtig der Ausbau der Windenergie offshore nur zögerlich voranschreitet und gegebenenfalls für eine bestimmte Zeit, aufgrund ungelöster Fragen in den Bereichen des Netzanschlusses und -ausbaus vielleicht sogar ganz zum Erliegen kommt.

In den vergangenen Jahren sind unterschiedliche Prognosen zur Entwicklung und Bedeutung der Windenergie bis zum Jahr 2030 angestellt worden, die sich allerdings in ihren Ergebnissen erheblich unterscheiden. Während am unteren Ende eine im Jahr 2008 erstellte DEWI-Marktstudie für den Ausbau der Windenergie an Land eine installierte Leistung von ca. 35.100 MW vorsieht, weist am oberen Ende eine Studie des Fraunhofer IWES eine installierte Leistung von 189 GW bei insgesamt rund 63.000 errichteten Anlagen aus.[24] Weitergehende Prognosen bis zum Jahr 2050 sind mit großen Unsicherheiten behaftet, gehen aber bei sehr konservativer Betrachtung dennoch davon aus, dass dann 16 % der prognostizierten Gesamtbruttostromerzeugung von der Windenergienutzung gedeckt werden kann.[25]

II. Planerische Steuerung von Windenergieanlagen

§ 35 Abs. 1 Nr. 5 BauGB privilegiert die Errichtung von Windenergieanlagen im planungsrechtlichen Außenbereich.[26] Gleichzeitig mit dieser seit dem 1. Januar 1997 eingeführten Privilegierung[27] wurde für die Träger der Regionalplanung sowie für die Gemeinden als Träger der Bauleitplanung die Möglichkeit geschaffen, planerisch steuernd auf die Zulässigkeit von Windenergieanlagen Einfluss zu neh-

---
23 Vgl. ebenda.
24 Vgl. Wallasch/Rehfeldt/Wallasch, a. a. O. Fn. 21.
25 Vgl. Wallasch/Rehfeldt/Wallasch, a. a. O. Fn. 21.
26 Hierzu ausführlich: Gatz, DVBl. 2009, 737 ff.; Schmehl, Jura 2010, 832, 836 ff.; Scheidler, BayVBl. 2011, 161, 165 ff.; Middeke, DVBl. 2008, 292 ff.
27 Vgl. Gesetz zur Änderung des Baugesetzbuches vom 30.7.1996, BGBl. I S. 1189.

men. Geregelt ist der sog. „Planvorbehalt" in § 35 Abs. 3 S. 3 BauGB. Voraussetzung für die Entfaltung der Steuerungswirkung durch Festlegungen in einem Regionalplan oder Darstellungen eines Flächennutzungsplans ist ein „schlüssiges planerisches Gesamtkonzept"[28], mit dem der privilegierten Nutzung substanziell Raum geschaffen wird.[29] Dazu ist es erforderlich, an einer oder auch an mehreren Stellen im Plangebiet durch sog. „positive Standortzuweisung" diejenigen Flächen zu bestimmen, auf denen Windenergieanlagen errichtet werden dürfen. Umgekehrt ist der übrige Planungsraum dann von Windenergieanlagen freizuhalten (sog. „Planvorbehalt" gemäß § 35 Abs. 3 S. 3 BauGB).[30]

1. Anforderungen des Planvorbehalts

Voraussetzung[31] für die Entfaltung der Steuerungswirkung durch Festlegungen in einem Regionalplan oder Darstellungen eines Flächennutzungsplans ist ein „schlüssiges planerisches Gesamtkonzept"[32], mit dem der privilegierten Nutzung substanziell Raum geschaffen wird.[33] Daneben spielen die Nachvollziehbarkeit und Transparenz der Flächenauswahl eine zunehmend wichtigere Rolle.[34] Mittlerweile existiert eine umfangreiche Rechtsprechung[35] sowohl zur Fehlerhaftigkeit von Regional- als auch von Flächennutzungsplänen, weil im Rahmen der Planaufstellungs-, Änderungs- und Ergänzungsverfahren die durch die Rechtsprechung gestellten Anforderungen im planungspraktischen Vollzug entweder nicht oder nicht hinreichend berücksichtigt worden sind:[36]

- Unzulässigkeit einer gezielten Verhinderungsplanung.[37]

---

28 Vgl. BVerwG, U. v. 17.12.2002 – 4 C 15.01 – BauR 2003, 828, 833 f.; VGH Hessen, U. v. 17.3.2011 – 4 C 883.10.N – NuR 2011, 573.
29 Vgl. BVerwG, a. a. O. Fn. 28 (828, 832).
30 Vgl. Krautzberger, in: Battis/Krautzberger/Löhr, BauGB, 11. Aufl., München, 2009, § 35 Rn. 74. Dabei bedingen sich die positive Komponente in Form der Standortzuweisung und die negative Komponente in Form des Standortausschlusses. Vgl. OVG Lüneburg, U. v. 31.3.2011 – 12 KN 187.08 – NuR 2011, 652, 653.
31 Vgl. Gatz, a. a. O. Fn. 26, 737, 738 ff.
32 Vgl. BVerwG, a. a. O. Fn. 28.
33 Vgl. BVerwG, a. a. O. Fn. 28 (828, 832).
34 Vgl. OVG Niedersachsen, U. v. 31.3.2011 – 12 KN 187.08 – NuR 2011, 652.
35 Vgl. Spannowsky, ZfBR 2012, 53, 55 ff.; Sydow, NVwZ 2010, 1534, 1535 f.; Schmehl, a. a. O. Fn. 26, 832, 834 f.
36 Vgl. BVerwG, U. v. 13.3.2003 – 4 C 4.02 – NVwZ 2003, 738, 739; U. v. 13.3.2003 – 4 C 3.02 – NVwZ 2003, 1261; B. v. 18.1.2011 – 7 B 19.10 – BeckRS 2011, 47749; OVG Rheinland-Pfalz, U. v. 2.10.2007 – 8 C 11412.06.OVG – NuR 2008, 709; OVG Sachsen-Anhalt, U. v. 26.10.2011 – 2 L 6.09 – NuR 2012, 196; OVG Schleswig-Holstein, B. v. 20.4.2011 – 1 MR 1.11 – NordÖR 2011, 446; OVG Niedersachsen, U. v. 28.1.2010 – 12 KN 65.07 – BauR 2010, 1043; OVG Berlin-Brandenburg, U. v. 14.9.2010 – OVG 2 A 1.10 – BeckRS 2010, 55398; OVG Sachsen, U. v. 19.3.2008 – 1 KO 304.06 – ZfBR 2009, 61.
37 Vgl. BVerwG, a. a. O Fn. 36; U. v. 24.1.2008 – 4 CN 2.07 – NVwZ 2008, 559.

- Unzulässigkeit von sog. „Feigenblatt-Lösungen"[38], die im Gewande der planerischen Steuerung in Wirklichkeit eine solche Verhinderungsplanung darstellen.
- Unzulässigkeit eines vollständigen Ausschlusses der Windenergie.[39]
- Eine gesetzliche Gewichtungsvorgabe zugunsten der Windenergie gibt es nicht.[40]
- Ermittlungsseitig kommt in der Regel die „Ausschlussmethode"[41] zur Anwendung.[42]
- Singularinteressen müssen unberücksichtigt bleiben.[43]
- Erforderlich ist ein gesamträumliches Planungskonzept.[44]
- Erfordernis einer der Planungsebene adäquaten Konfliktbewältigung und Abwägung.[45]
- Dem Stand der Technik muss Rechnung getragen werden.[46]

Welcher Umfang erreicht sein muss, um der Windenergie substanziell Rechnung zu tragen, kann der Rechtsprechung nicht entnommen werden.[47] Sie verweist zu Recht

---

38 Vgl. BVerwG, a. a. O. Fn. 28, 828.
39 Ebenda. Möglich ist dies nur auf der regionalplanerischen Ebene oder bei interkommunaler Zusammenarbeit, wenn die Flächenkulisse entsprechend groß ist.
40 OVG Berlin-Brandenburg, U. v. 14.9.2010 – OVG 2 A 1.10 – BeckRS 2010, 55398; OVG Sachsen-Anhalt, U. v. 14.5.2009 – 2 L 255.06 – BeckRS 2009, 3594.
41 Dieses methodische Konzept ist dadurch gekennzeichnet, dass ausgehend von der Gesamtfläche des Plangebietes in mehreren Schritten Flächen ausgeschieden werden (harte und weiche Tabuzonen, z. B. Siedlungsflächen, Flächen des Wasser- und Naturschutzes sowie Verkehrsflächen und besondere Landschaftsräume), bis letztlich die Flächen übrig bleiben, die als Standorte für Anlagen zur Nutzung erneuerbarer Energien grundsätzlich infrage kommen (Potenzialflächen). Vgl. BVerwG, B. v. 15.9.2009 – 4 BN 25.09 – BauR 2010, 82, 83. Ausführlich: Schwarz, Sachliche und räumliche Teilflächennutzungspläne, in: Mitschang (Hrsg.), Klimagerechte Stadtentwicklung – die neuen Regelungen der BauGB-Novelle 2011, Band 19 der Berliner Schriften zur Stadt- und Regionalplanung, Frankfurt am Main, 2012, 119, 145 ff.
42 Vgl. BVerwG, U. v. 13.3.2003 – 4 C 4.02 – NVwZ 2003, 738; U. v. 17.12.2002 – 4 C 15.01 – BauR 2003, 828, 835 f.; OVG Berlin-Brandenburg, U. v. 14.9.2010 – OVG 2 A 1.10 – BeckRS 2010, 55398; U. v. 24.2.2011 – 2 A 24.09 – BeckRS 2011, 48127 (z. Zt. beim BVerwG anhängig); VGH Mannheim, U. v. 9.6.2005 – 3 S 1545.04 – ZUR 2006, 152, 157.
43 OVG Niedersachsen, B. v. 20.12.2001 – 1 MA 3579.01 – BauR 2002, 592: Kein gemeindliches „Wunschkonzert".
44 OVG Niedersachsen, U. v. 28.1.2010 – 12 KN 65.07 – BauR 2010, 1043.
45 Deutlich bei: BVerwG, B. v. 29.3.2010 – 4 BN 65.09 – BauR 2010, 2074; OVG Berlin-Brandenburg, U. v. 14.9.2010 – OVG 2 A 1.10 – BeckRS 2010, 55398.
46 Dies betrifft das Interesse der Betreiber, ältere Windenergieanlagen durch effizientere neue Anlagen zu ersetzen oder Neustandorte zu finden. Vgl. BVerwG, B. v. 29.3.2010 – 4 BN 65.09 – BauR 2010, 2074.

auf die tatsächlichen Verhältnisse im Planungsraum, also auf den konkreten Einzelfall.[48]

Gleichwohl gilt es für jeden Planungsfall, eine Bewältigung der Frage, ab wann eine Verhinderungsplanung vorliegt, für die Planungspraxis herbeizuführen. Allerdings existiert trotz umfangreicher Rechtsprechung bislang kein quantitativer Schwellenwert. Bei näherer Betrachtung dieser Entscheidungen kristallisiert sich eine stufenweise Vorgehensweise heraus.[49] Keine geeignete Grundlage für eine schlüssige Bewertung sind jedenfalls lediglich zahlenmäßige Betrachtungen, sei es in Bezug auf die Anzahl der Windenergieanlagen, sei es hinsichtlich der installierten Leistung[50] oder der Zahl der Konzentrationszonen.[51] Erforderlich ist auf dieser ersten Stufe vielmehr eine Gesamtschau kombiniert mit Relationen.[52] In diesem Sinne kann das Verhältnis zwischen der Gesamtfläche der ausgewiesenen Konzentrationszonen und denjenigen Potenzialflächen, die sich nach Abzug der harten Tabuflächen ergeben, für eine Bewertung herangezogen werden.[53] Als Näherungsmaßstab ist es geeignet, denn es zwingt den Planungsträger zu einer Entscheidung nicht nur im Wissen um dieses Ergebnis, sondern auch im Hinblick auf eine Hinterfragung und Prüfung der zu diesem Ergebnis führenden sonstigen Entscheidungsmerkmale.

Auf einer zweiten Stufe kann wiederum hilfsweise in die zu treffende Entscheidung eingestellt werden, dass die Rechtsprechung Flächenausweisungen über einem Prozent der Plangebietsfläche[54] bislang als tragfähig[55] anerkannt hat. Auch die politischen Ausbauziele für die Windenergie liegen flächenmäßig betrachtet zwischen

---

47   Zu Abgrenzungsversuchen zwischen Verhinderungsplanung und zulässiger Kontingentierung, vgl. Brand/Pöhlmann, ZNER 2010, 476 sowie Lau, LKV 2012, 163, 167, der allerdings auch der Verallgemeinerung von Maßstäben Grenzen gesetzt sieht und auf eine ausführliche und nachvollziehbare Dokumentation abstellt.
48   Vgl. BVerwG, a. a. O. Fn. 28, 828.
49   Vgl. Schwarz, a. a. O. Fn. 41, 119, 156 ff.
50   Vgl. BVerwG, a. a. O. Fn. 45.
51   BVerwG, a. a. O. Fn. 28, 828.
52   Vgl. BVerwG, a. a. O. Fn. 45, Vorangehend OVG Sachsen-Anhalt, U. v. 14.5.2009 – 2 L 255.06 – BeckRS 2009, 35943. Das OVG führt zu der Frage, ob der Nutzung der Windenergie in einem Raumordnungsplan in substantieller Weise Raum verschafft wird, aus, dass dies aufgrund einer Gesamtbetrachtung zu prüfen ist. Maßgeblich sei hierbei, ob die ausgewiesenen Konzentrationsflächen nach ihrer Zahl und Größe einen beachtlichen Teil der potentiell für die Windkraftnutzung in Betracht kommenden Fläche ausmachten und mit hinreichender Sicherheit zur Errichtung von Windkraftanlagen führten, die nach ihrer Anzahl und Energiemenge auch mit Blick auf den Bundesdurchschnitt geeignet seien, einen gewichtigen und den allgemein anerkannten energiepolitischen Zielsetzungen nicht offensichtlich widersprechenden Beitrag zur Erhöhung des Anteils regenerativer Energien an der Gesamtenergieerzeugung zu leisten.
53   Vgl. OVG Berlin-Brandenburg, U. v. 24.2.2011 – 2 A 24.09 – BeckRS 2011, 48127 sowie BVerwG, U. v. 20.5.2010 – 4 C 7.09 – NVwZ 2010, 1561.
54   Voraussetzung ist allerdings, dass diese auch windhöffig sind: OVG Sachsen-Anhalt, a. a. O. Fn. 52, 3594.
55   Vgl. Schwarz, a. a. O. Fn. 41, 119, 152 f.

einem und drei Prozent der Fläche der Bundesrepublik Deutschland.[56] Auch haben mittlerweile die meisten Bundesländer eigene Ausbauziele für erneuerbare Energien festgelegt und sich dabei ebenfalls an den vorgenannten Werten orientiert.[57] Auch solche politischen Zielmaßstäbe, die bislang von der Rechtsprechung nicht aufgegriffen wurden, könnten, zwar nicht als einziger, aber doch ergänzend als Vergleichsmaßstab im Sinne einer quantitativen Plausibilitätskontrolle herangezogen werden.[58]

Näherungsweise kann so das Merkmal der Substantialität bestimmt und auch dem Einzelfall Rechnung getragen werden. Entscheidend sind aber der Einzelfall und die dabei tatsächlich vorliegenden Verhältnisse. Kommt der Planungsträger zu dem Ergebnis, dass der Windenergie zu wenig Raum zur Verfügung gestellt wird, sie also substanziell nicht berücksichtigt werden kann, dann verbleiben zwei Möglichkeiten: Eine planerische Steuerung von Windenergieanlagen scheidet aus und es bleibt bei der privilegierten Zulassung von Windenergieanlagen im Außenbereich. Ansonsten kann durch eine Veränderung der weichen Tabukriterien die Flächenkulisse wieder erweitert und dadurch der Windenergie gegebenenfalls substanziell Rechnung getragen werden. Umso wichtiger ist es dann, dass die für die Ermittlung der Potenzialflächen herangezogenen Merkmale, wie es vorangehend schon gefordert wurde, nachvollziehbar und transparent dargelegt werden, damit insbesondere im Falle eines Rechtsstreites die getroffene Abwägungsentscheidung des Planungsträgers offensichtlich ist.[59]

2. Standortsteuerung durch Ziele der Raumordnung

Auf den Ebenen der Raumordnung, insbesondere auf der direkt der Bauleitplanung vorgelagerten Stufe der Regionalplanung erfolgt die planerische Steuerung von Windenergieanlagen durch die Festlegung von bestimmten Gebietskategorien.[60] Diese Gebietsausweisungen zur Steuerung von Windenergieanlagen als Planinhalte stehen dabei neben den anderen Festlegungen zur Raumstruktur[61] nach § 8 Abs. 5 ROG. Als Gebietskategorien kommen nach § 8 Abs. 7 S. 1 Nr. 1 bis 3 ROG Vor-

---

56   Vgl. oben I.
57   Z. B. Rheinland-Pfalz auf 2 % der Landesfläche. Vgl. den Koalitionsvertrag von SPD Landesverband Rheinland-Pfalz und Bündnis 90/Die Grünen Landesverband Rheinland-Pfalz vom 28.11.2011, 23. Zu finden unter: www.nachhaltigkeit.info. Zugriff am 9.8.2012.
58   Vgl. Schwarz, a. a. O. Fn. 41, 119, 156 mit dem Hinweis darauf, dass dies wohl in erster Linie aufgrund der erheblich größeren Gebietskulisse auf regionalplanerischer Ebene Bedeutung erlangen könnte.
59   Zur Berücksichtigung auch privater Belange, vgl. OVG Berlin-Brandenburg, U. v. 17.12.2010 – 2 A 1.09 – ZNER 2011, 216 sowie U. v. 26.11.2010 – OVG 2 A 32.08 – BeckRS 2011, 45062
60   Vgl. Gatz, a. a. O. Fn. 26, 737, 740 ff.; Scheidler, ZfBR 2009, 750, 751 ff.
61   Hierunter fallen die anzustrebende Siedlungsstruktur, die Freiraumstruktur sowie die zu sichernden Standorte und Trassen für Infrastruktur.

rang-, Vorbehalts- und Eignungsgebiete in Frage.[62] Maßgeblich für die Entfaltung des Planvorbehalts ist die rechtliche Qualität des verwendeten Gebietstyps als Ziel der Raumordnung.[63] Nur durch die Festlegung von Zielen der Raumordnung kann die raumordnerische oder bauplanungsrechtliche Steuerung von Windenergieanlagen mit den Wirkungen des § 35 Abs. 3 S. 3 BauGB vorgenommen werden.[64]

Schaut man sich die durch § 8 Abs. 7 ROG zur Verfügung gestellten Gebietskategorien an, so besteht zunächst Einigkeit darüber, dass die Gebietskategorie des Vorranggebiets[65] die Anforderungen an ein Ziel der Raumordnung erfüllt,[66] denn die künftige Raumnutzung muss mit der festgelegten Vorrangnutzung vereinbar sein. Vorranggebiete gewährleisten den festgelegten Nutzungsvorrang allerdings nur innergebietlich. Eine Ausschlusswirkung in dem Sinne, dass die Vorrangnutzung außerhalb des Vorranggebiets ausgeschlossen ist, kommt ihnen nicht zu.[67] Eine außergebietliche Durchsetzungsfähigkeit kann aber über die nach § 8 Abs. 7 S. 2 ROG eröffnete Möglichkeit erreicht werden, indem ein Vorranggebiet mit der Ausschlusswirkung eines Eignungsgebietes kombiniert wird und auf diese Weise der erforderlichen inner- und außergebietlichen Wirkung der Zielfestlegung Rechnung getragen wird.[68]

Einen Sonderfall stellt die in der Planungspraxis[69] auch vorkommende Steuerung mittels sog. „weißer Flächen"[70] dar, bei der nicht alle Bereiche des Plangebiets durch eine raumordnerische Zielsetzung abgedeckt werden. Allerdings muss der Substantialität Rechnung getragen werden, weil eine abschließende Entscheidung für diese Flächen gerade nicht getroffen wurde und die Gemeinden auf den Ebenen der Bauleitplanung sich auch gegen eine künftige windenergetische Nutzung entscheiden können.

---

62 Vgl. Goppel, in: Spannowsky/Runkel/Goppel, ROG Kommentar, München, 2010, § 8 Rn. 69.
63 Inwieweit ein Ziel der Raumordnung tatsächlich vorliegt, hängt nach der Rechtsprechung jedenfalls nicht davon ab, welche Bezeichnung („Z" für Ziel oder „G" für Grundsatz) die entsprechende Festlegung im Regionalplan erfahren hat, sondern „richtet sich nach dem materiellen Gehalt der Planaussage selbst; (vgl. BVerwG, B. v. 15.4.2003 – 4 BN 25.03 – BauR 2004, 285).
64 BVerwG, U. v. 13.3.2003 – 4 C 4.02 – NVwZ 2003, 738, 742.
65 Nach § 8 Abs. 7 S. 1 Nr. 1 ROG sind Vorranggebiete für bestimmte raumbedeutsame Funktionen oder Nutzungen vorgesehen und schließen andere raumbedeutsame Nutzungen in diesem Gebiet aus, soweit diese mit den vorrangigen Funktionen oder Nutzungen nicht vereinbar sind.
66 Vgl. Goppel, a. a. O., Fn. 62, § 8 Rn. 73, 82.
67 Vgl. Köck/Bovet, NuR 2008, 529, 532.
68 Vgl. BVerwG, U. v. 1.7.2010 – 4 C 4.08 – NVwZ 2011, 61; U. v. 13.3.2003 – 4 C 3.02 – NVwZ 2003, 1261, 1263.
69 In Rheinland-Pfalz.
70 BVerwG, B. v. 28.5.2005 – 4 B 66.05 – ZfBR 2006, 159.

Während bei Eignungsgebieten[71] nach § 8 Abs. 7 S. 1 Nr. 3 ROG die außergebietliche Ausschlusswirkung als Ziel der Raumordnung unumstritten ist, bestehen unterschiedliche Auffassungen zur innergebietlichen Wirkung eines solchen Gebiets als Ziel der Raumordnung.[72] Sie müssen ausweislich der Bestimmung in § 8 Abs. 7 S. 1 Nr. 3 ROG lediglich dazu „geeignet", also tauglich[73] sein, die beabsichtigte Bodennutzung aufzunehmen.[74] Für die Steuerung der Windenergie sind sie zwar auch geeignet, weisen aber nicht die Stringenz von um eine Ausschlussfunktion ergänzten Vorranggebieten auf.

Von den Zielen sind die Grundsätze der Raumordnung zu unterscheiden. Grundsätze sind aber in der Bauleitplanung durch öffentliche oder private Belange mit höherem Gewicht überwindbar.[75] Durch sie kann eine Steuerung der Windenergieanlagen daher nur in begrenztem Rahmen stattfinden. Als regionalplanerische Raumkategorie kommt in diesen Fällen das Vorbehaltsgebiet[76] zum Tragen. Mit der Festlegung von Vorbehaltsgebieten bleibt die Letztentscheidung der nachfolgenden

---

71 Bei Eignungsgebieten nach § 8 Abs. 7 S. 1 Nr. 3 ROG handelt es sich um Gebiete, in denen bestimmten raumbedeutsamen Maßnahmen oder Nutzungen, die städtebaulich nach § 35 BauGB zu beurteilen sind, andere raumbedeutsame Belange nicht entgegenstehen, wobei diese Maßnahmen oder Nutzungen an anderer Stelle im Planungsraum ausgeschlossen sind.
72 Als Ziel bejahend: vgl. Goppel, a. a. O. Fn. 62, § 8 Rn. 90; vgl. Scheidler, a. a. O. Fn. 60, 750, 752; vgl. Koch/Hendler, Baurecht, Raumordnungs- und Landesplanungsrecht, 5. Aufl., Stuttgart, 2009, 50 (eingeschränkt). Ablehnend: vgl. Hoppe, in: Hoppe/Grotefels/Bönker, Öffentliches Baurecht, 4. Aufl., München, 2010, § 4 Rn. 54; vgl. Gatz, a. a. O. Fn. 26, 737, 741; vgl. Erbguth, DVBl. 1998, 209, 212; vgl. Kirste, DVBl. 2005, 993, 999 ff. Grundsätzlich kann durch die Festlegung von Eignungsgebieten die Wirkung des Planvorbehalts nach § 35 Abs. 3 S. 3 BauGB erzielt werden kann. Hierbei ist jedoch zu beachten, dass ein Eignungsgebiet innergebietlich die Rechtswirkung eines Grundsatzes der Raumordnung entfaltet. Damit ist das Eignungsgebiet innergebietlich der bauleitplanerischen Abwägung zugänglich. Dies kann dazu führen, dass sich im konkreten Einzelfall konkurrierende Nutzungen gegenüber der eigentlich präferierten windenergetischen Nutzung durchsetzen; vgl. einerseits OVG Sachsen-Anhalt, U. v. 29.11.2007 – 2 L 220.05 – Juris, Rn. 54 sowie andererseits OVG Nordrhein-Westfalen, U. v. 6.9.2007 – 8 A 4566.04 – ZUR 2007, 592, 593 f.; OVG Mecklenburg-Vorpommern, U. v. 20.5.2009 – 3 K 24.05 – Juris, Rn 68; offen lassend: BVerwG, B. v. 23.7.2008 – 4 B 20.08 – ZfBR 2008, 808). Bei der Festlegung von Eignungsgebieten ist insoweit darauf zu achten, dass der Windenergie auch noch dann substanziell Raum verbleibt, wenn sich konkurrierende Nutzungen teilweise gegenüber dieser durchsetzen können. Sie erfordern also eine größere Flächenkulisse. Ein Vorteil der Verwendung von Eignungsgebieten ist aber darin zu sehen, dass auf der kommunalen Ebene der Bauleitplanung weitergehende Möglichkeiten zur planerischen Ausgestaltung entstehen als bei Vorranggebieten. Damit können die örtlichen Planungsträger insbesondere auch eigenen städtebaulichen Entwicklungsvorstellungen Rechnung tragen.
73 Vgl. Gatz, a. a. O. Fn. 26, 737, 741.
74 Eignungsgebiete finden vor allem in Brandenburg, Schleswig-Holstein und Mecklenburg-Vorpommern Anwendung.
75 Vgl. BVerwG, U. v. 13.3.2003 – 4 C 4.02 – NVwZ 2003, 738, 742.
76 Nach § 8 Abs. 7 S. 1 Nr. 2 ROG handelt es sich hierbei um Gebiete, in denen bestimmten raumbedeutsamen Funktionen oder Nutzungen bei der Abwägung mit konkurrierenden raumbedeutsamen Nutzungen besonderes Gewicht beizumessen ist.

Planungsebene der Bauleitplanung überlassen. Damit verzichtet der Planungsträger auf eine abschließende Regelung und überlässt die Letztentscheidung der nachfolgenden Planungsebene. Sie sind daher nicht geeignet, um den Belangen der Windenergie substanziell Rechnung zu tragen.[77]

3. Steuerung auf der Ebene der Bauleitplanung

3.1 Flächennutzungsplan

§ 35 Abs. 3 S. 3 BauGB ermöglicht neben einer planerischen Steuerung von Windenergieanlagen durch die Regionalplanung auch eine solche durch die Flächennutzungsplanung der Gemeinden. Entsprechend dieser gesetzlichen Regelung kann sogar eine gleichzeitige Steuerung auf beiden Ebenen der Raumplanung stattfinden, freilich unter erheblichem Abstimmungsbedarf.[78] Die jeweilige regionalplanerische Festlegung verengt den kommunalen Spielraum und gibt die Flächenkulisse vor, wenngleich sie die räumlichen Anforderungen bzw. Möglichkeiten, die sich aus dem Repowering ergeben, möglicherweise noch gar nicht berücksichtigt haben. Die planende Gemeinde muss in diesem Fall ein Abweichungsverfahren durchführen oder der Regionalplan selbst wird angepasst, um Flächenausweisungen außerhalb der vorgegebenen Flächenkulisse vornehmen zu können.

Macht eine Gemeinde von der planerischen Steuerungsmöglichkeit des § 35 Abs. 3 S. 3 BauGB Gebrauch, dann stehen die an anderer Stelle getroffenen Darstellungen des Flächennutzungsplans als öffentliche Belange einer nach § 35 Abs. 1 Nr. 5 BauGB privilegierten Windenergieanlage entgegen. Für den Planvorbehalt auf der Stufe der Flächennutzungsplanung gelten auch hier die schon angeführten Anforderungen.[79] Ein in Aufstellung befindlicher Flächennutzungsplan kann anders als ein in Aufstellung befindliches Ziel der Raumordnung nach gegenwärtiger Rechtslage wohl nicht die Rechtswirkungen im Sinne von § 35 Abs. 3 S. 3 BauGB entfalten.[80] Erforderlich ist vielmehr ein wirksamer Flächennutzungsplan. Davon unberührt bleibt aber die Möglichkeit von § 15 Abs. 3 BauGB Gebrauch zu machen.

---

77 Vgl. OVG Sachsen, U. v. 19.3.2008 – 1 KO 304.06 – ZfBR 2009, 61; OVG Sachsen-Anhalt, U. v. 11.12.2008 – 2 K 235.06 – ZfBR 2009, 271; vgl. Gatz, a. a. O. Fn. 26, 741; vgl. Scheidler, a. a. O. Fn. 60, 750, 752.
78 Hierzu ausführlich: Mitschang/Schwarz/Kluge, demnächst in UPR.
79 Siehe ausführlich oben: II. 1.
80 Ebenso: Hessischer VGH, U. v. 25.3.2009 – 6 A 630.08 – NuR 2009, 556; OLG Düsseldorf, U. v. 26.8.2009 – 1-18 U 73.08 – ZNER 2009, 272, 273; offen lassend: BVerwG, U. v. 20.5.2010 – 4 C 7.09 – NVwZ 2010, 1561.

3.2 Teilflächennutzungsplan

Mit dem Inkrafttreten des EAG Bau 2004[81] wurde den Gemeinden das Instrument des Teilflächennutzungsplans[82] gemäß § 5 Abs. 2b BauGB zur Verfügung gestellt, wonach für Darstellungen des Flächennutzungsplans mit den Rechtswirkungen des § 35 Abs. 3 S. 3 BauGB auch sachliche Teilflächennutzungspläne aufgestellt werden können.[83] Mit ihm wurde das Ziel verfolgt, die Gemeinden vor dem Hintergrund der zunehmenden Inanspruchnahme des Außenbereichs durch privilegierte Nutzungen und insbesondere in Bezug auf die Steuerung der Windkraft unter Heranziehung des Planvorbehalts, zu unterstützen. Allerdings machten die Gemeinden aufgrund bestehender Rechtsunsicherheiten nur zögerlich von dem neuen Planungsinstrument Gebrauch,[84] sodass mit der Klimaschutz-Novelle 2011 eine Klarstellung in Bezug auf die Möglichkeit zur Aufstellung auch von „räumlichen Teilflächennutzungsplänen" stattgefunden hat. Nunmehr können für die Zwecke des § 35 Abs. 3 S. 3 BauGB sachliche und räumliche[85] Teilflächennutzungspläne aufgestellt[86] werden.

3.2.1 Sachlicher Teilflächennutzungsplan

Der sachliche Teilflächennutzungsplan stellt Positivstandorte dar, auf denen privilegierte Vorhaben nach § 35 Abs. 1 Nr. 2 bis 6 BauGB errichtet werden dürfen und verbindet mit ihrer Ausweisung gleichzeitig den Ausschluss solcher Nutzungen an anderer Stelle im Gemeindegebiet. Am Privilegierungstatbestand der einzelnen Vorhaben ändert sich dabei nichts. Für ihn gelten auch in Bezug auf die Steuerung von Windenergieanlagen die gleichen Anforderungen wie für den allgemeinen Flächennutzungsplan. Es muss ein schlüssiges gesamträumliches Konzept vorliegen und darin der Windkraft substantiell Raum zur Verfügung gestellt werden.

Inwieweit allerdings von diesem Planungsinstrument künftig Gebrauch gemacht wird, hängt maßgeblich von den Vorteilen gegenüber dem allgemeinen Flächennutzungsplan ab. In diesem Sinne spricht zunächst die zeitliche Komponente für die Aufstellung von Teilflächennutzungsplänen. Sie gewinnt dann an Bedeutung,

---

81 Gesetz zur Anpassung des Baugesetzbuchs an EU-Richtlinien (Europarechtsanpassungsgesetz Bau – EAG Bau) vom 24.6.2004, BGBl. I S. 1359.
82 Vgl. Schwarz, a. a. O. Fn. 41, 119 ff.
83 Gleichzeitig wurde zur Absicherung der mit dem Teilflächennutzungsplan verfolgten städtebaulichen Zielsetzungen die Möglichkeit zur Zurückstellung von Baugesuchen (vgl. § 15 Abs. 3 BauGB) eingeführt. Danach hat die Baugenehmigungsbehörde die Entscheidung über die Zulässigkeit von privilegierten Vorhaben für die Dauer von höchstens einem Jahr auszusetzen, wenn die Gemeinde beschlossen hat, einen Flächennutzungsplan mit den Rechtswirkungen des Planvorbehalts aufzustellen. Ausführlich hierzu: Scheidler, ZfBR 2012, 123 ff. Zu den Konkretisierungsanforderungen, vgl. Bayerischer VGH, B. v. 22.3.2012 – 22 CS 12.349 u. 22 CS 12.356 – BauR 2012, 1217.
84 Vgl. Mitschang, DVBl. 2012, 137, 141.
85 Vgl. Battis/Krautzberger/Mitschang/Reidt/Stüer, a. a. O. Fn. 5, 897, 899.
86 Erfasst wird auch die Änderung und Ergänzung.

wenn eine Gemeinde nicht zeitgerecht dazu in der Lage ist, ihren schon vorhandenen oder noch gar nicht vorliegenden allgemeinen Flächennutzungsplan zum Zwecke der planerischen Steuerung von bestimmten privilegierten Außenbereichsvorhaben fortzuschreiben oder überhaupt erst aufzustellen.[87] Dies gilt auch, wenn sich der allgemeine Flächennutzungsplan zwar in Aufstellung befindet, der Zeitpunkt seines Wirksamwerdens aber nicht mehr ausreicht oder, wenn ein allgemeiner Flächennutzungsplan vorhanden, aber unwirksam ist und insoweit eine Problembewältigung nicht zeitnah stattfinden kann. Weiterhin von Bedeutung ist die rechtliche Selbstständigkeit des Teilflächennutzungsplans.[88] Um den allgemeinen Flächennutzungsplans um Darstellungen mit Ausschlussfunktion zu ergänzen, muss dieser rechtswirksam vorliegen, damit die angestrebte planerische Steuerung erreicht werden kann. Der Teilflächennutzungsplan bleibt auch dann wirksam, wenn der daneben bestehende allgemeine Flächennutzungsplan in Folge etwaiger Mängel unwirksam wird.[89] Da der Teilflächennutzungsplan gegenüber dem klassischen Flächennutzungsplan auf spezifische sachliche Fragestellungen im Zusammenhang mit der Steuerung von privilegierten Nutzungen nach § 35 Abs. 1 Nr. 2 bis 6 BauGB beschränkt ist, also keine umfassende Bodennutzungskonzeption enthalten muss, liegt gegenüber dem herkömmlichen Flächennutzungsplan ein großer Vorteil in dieser inhaltlichen Konzentration des Abwägungsmaterials.[90]

Gleichwohl sind die Darstellungen des allgemeinen Flächennutzungsplans nicht ohne Bedeutung für die Darstellungen des Teilflächennutzungsplans. Darstellungen des einen sowie des anderen Plans dürfen einander nicht widersprechen. Das bedeutet, dass das dem Teilflächennutzungsplan zu Grunde liegende schlüssige gesamträumliche Planungskonzept mit der Bodennutzungskonzeption des allgemeinen Flächennutzungsplans im Einklang stehen muss. Ansonsten unterliegt ein Plan dem Änderungserfordernis. Schließlich steht es den Gemeinden frei, mehrere Teilflächennutzungspläne[91] für unterschiedliche Vorhabentypen nach § 35 Abs. 1 Nr. 2 bis 6 BauGB aufzustellen.[92] Insoweit bietet es sich an, die verschiedenen Teilflächennutzungspläne nachrichtlich in den allgemeinen Flächennutzungsplan, zumindest bei dessen Fortschreibung, zu übernehmen.[93]

---

87 Vgl. Löhr, in: Battis/Krautzberger/Löhr (Hrsg.), BauGB, 11. Aufl. , München, 2009, § 5 Rn. 35 g.
88 Vgl. Gierke, in: Brügelmann (Hrsg.), Kommentar zum BauGB, Loseblattsammlung Stand: Dezember 2004, § 5 Rn. 4.4; Söfker, in: Ernst/Zinkahn/Bielenberg/Krautzberger (Hrsg.), BauGB, Loseblattsammlung Stand: November 2011, § 5 Rn. 62 i; Schrödter, in: Schrödter (Hrsg.), BauGB Kommentar, 7. Aufl., München, 2006, § 5 Rn. 42 g.
89 Zu Recht: Schrödter, a. a. O. Fn. 88, Rn. 42 g; vgl. Söfker, a. a. O. Fn. 88, Rn. 62 i; vgl. Löhr, a. a. O. Fn. 87, Rn. 35 f.
90 Vgl. Schwarz, a. a. O. Fn. 41, 119, 126.
91 Die Möglichkeiten interkommunal zu kooperieren, bleiben unberührt. Vgl. Schwarz, ZfBR 2012, 83, 86 f.
92 Z. B. Teilflächennutzungspläne „Windenergie" und „Biomasseanlagen".
93 So auch Schrödter, a. a. O. Fn. 88, Rn. 42 g.

3.2.2 Räumlicher Teilflächennutzungsplan

Mit der Novellierung von § 5 Abs. 2b BauGB im Rahmen der Klimaschutz-Novelle 2011 wurde klargestellt, dass ein Teilflächennutzungsplan auch nur für Teile des Gemeindegebiets aufgestellt werden kann. Es handelt sich dabei nur um eine Option, von der die Gemeinde Gebrauch machen kann, aber nicht muss. Der Geltungsbereich des auf räumliche Teile des Gemeindegebiets beschränkten Teilflächennutzungsplans ist darzustellen. Die Rechtswirkungen des § 35 Abs. 3 S. 3 BauGB gelten jedoch ebenso wie die positive Standortzuweisung nur innerhalb des Geltungsbereichs, nicht außerhalb.[94] Hier bleibt es bei den Wirkungen gemäß § 35 Abs. 3 S. 1 BauGB.

Allerdings wirft die Anwendung eines räumlich nur auf Teile des Gemeindegebiets beschränkten Teilflächennutzungsplans in Bezug auf die Steuerung der Windenergie Fragen auf, die dieses Instrument doch mit nicht von der Hand zu weisenden Risiken behaften.

So muss auch für den Geltungsbereich des räumlichen Teilflächennutzungsplans ein schlüssiges Planungskonzept erarbeitet werden, durch das der Windenergie substantiell Raum zur Verfügung gestellt wird. Fraglich ist, ob insoweit das gesamte Gemeindegebiet oder nur der Geltungsbereich des Teilflächennutzungsplans zugrunde zu legen ist. Hier dürfte es wohl ausreichen, den Geltungsbereich des Teilflächennutzungsplans heranzuziehen, da außerhalb seiner Grenzen der Privilegierungstatbestand von Windenergieanlagen nach § 35 Abs. 1 Nr. 5 BauGB maßgeblich ist. Gleichwohl muss das Substantialitätsmerkmal für den Teilflächennutzungsplan erfüllt sein, denn der Planvorbehalt ist durch die Kombination von Positivdarstellungen und Ausschlussfunktion gekennzeichnet. Ohne dies weiter darlegen zu müssen, wird natürlich die Problematik komplexer, je umfangreicher von der Möglichkeit der Aufstellung, Änderung oder Ergänzung von räumlichen Teilflächennutzungsplänen Gebrauch gemacht wird, da für die einzelnen Teilflächennutzungspläne die gleichen Entscheidungskriterien bei der Flächenauswahl heranzuziehen sind. Zwar mögen die hier angeführten Aspekte bei lediglich kleinen Änderungen oder Ergänzungen der Flächenkulisse kein unüberwindbares Hindernis darstellen, doch schmälern sie natürlich die Anwendungsbereitschaft für dieses Planungsinstrument in der Planungspraxis.

3.3 Darstellungsmöglichkeiten

Mit der Entscheidung der Gemeinde, die Darstellungen des Flächennutzungsplans oder eines Teilflächennutzungsplans mit dem Wirkungen des Planvorbehalts des § 35 Abs. 3 S. 3 BauGB für die planerische Steuerung von Windenergieanlagen

---

94 Vgl. Gierke, in: Brügelmann (Hrsg.), Kommentar zum BauGB, Loseblattsammlung Stand: Mai 2006, § 5 Rn. 67.

auszustatten, stellt sich die Frage nach dem zur Verfügung stehenden Darstellungsinstrumentarium. Nach § 5 Abs. 2 BauGB kommen grundsätzlich in Betracht:

- Bauflächen und Baugebiete (§ 5 Abs. 2 Nr. 1 BauGB),[95]
- Anlagen, Einrichtungen und sonstige Maßnahmen, die dem Klimawandel entgegenwirken (§ 5 Abs. 2 Nr. 2b BauGB),[96]
- Flächen für Versorgungsanlagen (§ 5 Abs. 2 Nr. 4 BauGB).

Da es sich bei dem Darstellungskatalog um eine nicht abgeschlossene Auflistung möglicher und wichtiger Inhalte eines Flächennutzungsplans handelt, besteht außerdem die Möglichkeit, ergänzend zu diesem Katalog neue Darstellungen zu entwickeln. Davon macht die Planungspraxis im Zusammenhang mit der Steuerung von Windenergieanlagen auch Gebrauch und trifft Darstellungen in Anlehnung an die Gebietskategorien der Raumordnung (Vorrang- oder Konzentrationsflächen sowie Eignungsflächen[97]).

3.3.1 Bauflächen und Baugebiete

Aus dem Bauflächen und -gebietskatalog der BauNVO[98] kommen in erster Linie Sonderbauflächen oder Sondergebiete als Darstellungsmöglichkeit in Betracht (vgl. § 5 Abs. 2 Nr. 1 BauGB i. V. m. § 11 Abs. 2 BauNVO). Da bei einem Sondergebiet nach § 11 Abs. 2 S. 1 BauNVO die Zweckbestimmung und die Art der Nutzung darzustellen ist und in diesem Sinne § 11 Abs. 2 BauNVO in seiner beispielhaften Auflistung potenzieller Sondergebiete die Möglichkeit enthält, solche Gebiete für „Anlagen, die der Erforschung, Entwicklung oder Nutzung erneuerbarer Energien, wie Wind- und Sonnenenergie", dienen, als Art der baulichen Nutzung in einem Flächennutzungsplan darzustellen, ist es als ausreichend anzusehen, wenn eine Gemeinde in ihrem Flächennutzungsplan mit der Darstellung eines Sondergebietes auch eine Konkretisierung der Zweckbestimmung vornimmt (z. B. „Sondergebiet – Windenergie oder Windpark").[99]

Um von der Ausschlussfunktion Gebrauch machen zu können, ist zusätzlich noch eine textliche Darstellung vorzunehmen, nach der mit der Ausweisung des „Sondergebietes – Windpark" die Ausschlussfunktion des § 35 Abs. 3 S. 3 BauGB aus-

---

95 Z. B. als Sonderbaufläche „Windkraftanlagen".
96 Die Regelung bezieht sich unmittelbar auf Einrichtungen zur dezentralen oder zentralen Erzeugung, Verteilung, Nutzung oder Speicherung von Strom, Wärme oder Kälte aus erneuerbaren Energien oder Kraft-Wärme-Kopplung.
97 Vgl. hierzu schon oben: II. 2.
98 Verordnung über die bauliche Nutzung der Grundstücke (Baunutzungsverordnung – BauNVO) i. d. F. der Bek. vom 23.1.1990, BGBl. I S. 132, zul. geänd. durch Gesetz vom 22.4.1993, BGBl. I S. 466.
99 Soweit es um die Aufstellung eines Bebauungsplans geht, ist es nicht zulässig die Anzahl der in dem Sondergebiet zulässigen Windenergieanlagen zu beschränken. Vgl. OVG Rheinland-Pfalz, U. v. 21.1.2011 – 8 C 10850.10 – NVwZ-RR 2011, 432.

gelöst wird. Folge hiervon ist dann, dass selbst privilegierten Windenergieanlagen nach § 35 Abs. 1 Nr. 5 BauGB, deren Errichtung außerhalb der für die Windenergienutzung dargestellten Sondergebieten beantragt wird, öffentliche Belange in Form der Darstellungen des Flächennutzungsplans entgegenstehen. Die Darstellung der Sondergebietsflächen erfolgt ebenso wie die textliche Darstellung der Ausschlussfunktion in überlagernder Form. Regelmäßig handelt es sich dabei um landwirtschaftliche Flächen im Sinne von § 5 Abs. 2 Nr. 9 BauGB.[100] Durch die Überlagerung wird deutlich gemacht, dass auf den betreffenden Sondergebietsflächen grundsätzlich beide Nutzungsarten stattfinden sollen, die landwirtschaftliche Nutzung aber nur soweit, wie sie der Nutzung als Sondergebiet nicht entgegensteht. In der zum Flächennutzungsplan zu erarbeitenden Begründung kann dies vertiefend erläutert werden.

3.3.2 Anlagen, Einrichtungen und sonstige Maßnahmen, die dem Klimawandel entgegenwirken

Nach § 5 Abs. 2 Nr. 2b BauGB ist die Ausstattung des Gemeindegebiets „mit Anlagen und Einrichtungen und sonstigen Maßnahmen, die dem Klimawandel entgegenwirken, insbesondere zur dezentralen und zentralen Erzeugung, Verteilung, Nutzung oder Speicherung von Strom, Wärme oder Kälte aus erneuerbaren Energien oder Kraft-Wärme-Kopplung" darzustellen.[101] Die Vorschrift wurde durch die Klimaschutz-Novelle 2011[102] eingeführt. Mit ihr wird das Ziel verfolgt, durch Darstellungen im Flächennutzungsplan den Anforderungen des Klimawandels zu begegnen.[103] Da es um die Ausstattung des Gemeindegebiets geht, bedarf es regelmäßig nur der Darstellung der wichtigsten Anlagen, Einrichtungen und sonstigen Maßnahmen.

Erfasst werden die für die Gemeinde, aber auch im überörtlichen Zusammenhang[104] wichtigsten Anlagen, Einrichtungen und sonstigen Maßnahmen zur dezentralen und zentralen Erzeugung, Verteilung, Nutzung oder Speicherung von Strom, Wärme oder Kälte aus erneuerbaren Energien oder Kraft-Wärme-Kopplung. Um welche Anlagen, Einrichtungen und Maßnahmen es sich dabei handelt, kann dem spezielleren Energiefachrecht, insbesondere dem EEWärmeG[105] sowie dem Kraft-

---

100 Differenzierend: OVG Schleswig-Holstein, B. v. 20.4.2011 – 1 MR 1.11 – NordÖR 2011, 446.
101 Komplementär regelt § 5 Abs. 2 Nr. 2c BauGB die Darstellung von Anlagen, Einrichtungen und sonstigen Maßnahmen zur Anpassung an die Folgen des Klimawandels.
102 Gesetz zur Förderung des Klimaschutzes bei der Entwicklung in den Städten und Gemeinden vom 29.7.2011, BGBl. I S. 1509.
103 Vgl. hierzu auch die Änderungen und Erweiterungen in § 9 Abs. 1 Nr. 12 und 23b, § 11 Abs. 1 S. 2 Nr. 4 und § 148 Abs. 2 BauGB.
104 Übergemeindliche Anlagen, Einrichtungen und sonstige Maßnahmen.
105 Gesetz zur Förderung Erneuerbarer Energien im Wärmebereich (Erneuerbare-Energien-Wärmegesetz – EEWärmeG) vom 7.8.2008, BGBl. I S. 1658, zul. geänd. durch Gesetz vom 12.4.2011, BGBl. I S. 619.

Wärme-Kopplungsgesetz[106] entnommen werden und macht eine abschließende Auflistung dieser sehr technik-geprägten und damit auch innovations- und entwicklungsabhängigen Anlagen schwierig. Mit der Bezugnahme auf die „Erzeugung, Verteilung, Nutzung und Speicherung" werden im Grunde genommen alle zur Verfügung stehenden Möglichkeiten der Behandlung von erneuerbarer Energien erfasst, auch Zwischenspeicherungen.[107] Während Anlagen und Einrichtungen in erster Linie vor einem energietechnischen Hintergrund betrachtet werden müssen, stellen Maßnahmen eher auf gebietsbezogene Zielsetzung ab und dienen auch der Darstellung von Bereichen in denen Windenergienutzung stattfindet oder künftig stattfinden soll. Um von der Ausschlussfunktion Gebrauch machen zu können, ist auch hier eine textliche Darstellung zu treffen, nach der mit der Darstellung nach Nr. 2b die Ausschlussfunktion des § 35 Abs. 3 S. 3 BauGB ausgelöst wird.

Das in der PlanzV[108] enthaltene Planzeichen Nr. 7 dient der Darstellung von Flächen für Versorgungsanlagen, für die Abfallentsorgung und Abwasserbeseitigung sowie für Ablagerungen und nunmehr außerdem für „Anlagen, Einrichtungen und sonstige Maßnahmen, die dem Klimawandel entgegenwirken". Zur Verdeutlichung der jeweiligen Zweckbestimmung bzw. der Anlagen und Einrichtungen enthält die Anlage zur PlanzV unterschiedliche Symbolzeichen. Mit der Klimaschutz-Novelle 2011 wurden diese um solche für „Erneuerbare Energien" sowie „Kraft-Wärme-Kopplung" erweitert. Es besteht insoweit für die planungspraktische Anwendung die Möglichkeit zur Darstellung einer Fläche, der Konkretisierung ihrer Zweckbestimmung durch Symbolzeichen und der weiteren Konkretisierung durch das Hinzufügen von Buchstaben mit oder ohne Flächendarstellung.

3.3.3 Flächen für Versorgungsanlagen

§ 5 Abs. 2 Nr. 4 BauGB eröffnet eine Darstellungsmöglichkeit für „Flächen für Versorgungsanlagen, für die Abfallentsorgung und Abwasserbeseitigung, für Ablagerungen sowie für Hauptversorgungs- und Hauptabwasserleitungen". Erfasst werden die Flächen für Anlagen und Einrichtungen einschließlich der Hauptleitungen für die Versorgung der Bevölkerung mit Elektrizität, Gas, Wasser und Wärme sowie die Abwasserbeseitigung und Abfallentsorgung. Es geht um die Sicherung der Daseinsvorsorge. Auch diese Darstellungsmöglichkeit kommt für eine standortbezogene Festlegung von Flächen für die Windkraftnutzung in Frage. Sie lässt allerdings nur die Darstellung öffentlicher Versorgungsanlagen einschließlich entsprechender Hauptleitungen zu, umfasst aber uneingeschränkt die öffentliche Energieversorgung. Erforderlich ist regelmäßig die Konkretisierung der Zweckbe-

---

106 Gesetz für die Erhaltung, die Modernisierung und den Ausbau der Kraft-Wärme-Kopplung (Kraft-Wärme-Kopplungsgesetz – KWKG) vom 19.3.2002, BGBl. I S. 1092, zul. geänd. durch Gesetz vom 28.7.2011, BGBl. I S. 1634.
107 Z. B. in Form von kinetischer Energie.
108 Verordnung über die Ausarbeitung der Bauleitpläne und die Darstellung des Planinhalts (Planzeichenverordnung – PlanzV) vom 18.12.1990, BGBl. I 1991 S. 58, zul. geänd. durch Gesetz vom 22.7.2011, BGBl. I S. 1509.

stimmung (z. B. „EE-Wind"). Die Darstellung von Versorgungsflächen erfolgt im Übrigen auch unabhängig davon, ob der Betreiber der Anlage oder Einrichtung öffentlich-rechtlich organisiert ist oder privatrechtlich.

Für die Nutzung der Ausschlussfunktion ist zusätzlich noch eine textliche Darstellung vorzunehmen, nach der mit der Ausweisung der Versorgungsfläche die Ausschlussfunktion des § 35 Abs. 3 S. 3 BauGB ausgelöst wird.

3.4 Erweiterung der Flächenkulisse und Repowering

Sowohl für die Regionalplanung als auch für die Bauleitplanung ergeben sich vor dem Hintergrund der Energiewende neue Anforderungen in Bezug auf die Bereitstellung von Flächen für erneuerbare Energien, insbesondere für die Nutzung der Windenergie.[109] Einen wichtigen Beitrag hierzu soll künftig das sog. „Repowering"[110] leisten.[111] Vielfach wird es in der Planungspraxis mit dem einfachen Ersetzen von kleineren, regelmäßig weniger leistungsfähigen Windenergieanlagen durch größere und leistungsfähigere Anlagen allerdings nicht sein Bewenden haben können, sondern es wird häufig mindestens zu einer Überprüfung des zugrunde liegenden gesamträumlichen Konzeptes kommen, wenn sich nicht sogar unmittelbar ein Erfordernis einstellt, dieses fortzuschreiben. Viele Varianten sind denkbar, ausgehend vom Ersetzen der Einzelanlage am gleichen Standort, dem Ersetzen mehrerer Anlagen durch Neuanlagen, indem mehr Anlagen zurückgebaut als neu errichtet werden und es dadurch zu einer Flächenreduzierung kommt, über den Rückbau von verstreut im Gemeindegebiet einer Gemeinde sowie ihrer Nachbargemeinden liegenden Windenergieanlagen und der nachfolgenden Flächenbündelung, bis hin zum Rückbau mehrerer verstreut liegender Anlagen und der Neuausweisung eines Windparks auf bislang noch nicht windenergetisch genutzten Flächen. Angesichts dieser Vielgestaltigkeit werden mit dem Repowering im Wesentlichen zwei die räumliche Planung berührende Zielsetzungen verfolgt. Dabei handelt es sich erstens um eine Erweiterung der Flächenkulisse für die Nutzung von Windenergie, resultierend aus der Erweiterung von bestehenden Windenergieflächen, um größere und leistungsfähigere Anlagen errichten zu können und zweitens um die Ersetzung von Einzelanlagen, indem Altanlagenstandorte zurückgebaut und durch neue leistungsfähigere Anlagen ersetzt werden. Im Weiteren sollen vor allem die Fragestellungen in Bezug auf die Flächennutzungsplanung näher betrachtet, also vor allem die flächenrelevanten Aspekte beim Erweitern der Flächenkulisse und beim Repowering in den Mittelpunkt gestellt werden. In seinen flächenhaften Bezügen wird sich der Ausbau der Windenergie in erster Linie auf der gesamt-

---
109 Vgl. oben I.
110 Vgl. hierzu die Dokumentation Nr. 94 des Deutschen Städte und Gemeindebundes, Repowering von Windenergieanlagen – kommunale Handlungsmöglichkeiten, 2009; vgl. Battis, Repowering von Windenergieanlagen – Zulassung und planerische Steuerung, in: Mitschang (Hrsg.), Planen und Bauen im Außenbereich, 2010, 109 ff.; vgl. Söfker, ZfBR 2008, 14 ff.; vgl. Maslaton, LKV 2007, 259 ff.; vgl. Köck, ZUR 2010, 507, 510 f.
111 Zu den Zielsetzungen, vgl. oben I. 1.

gemeindlichen Planungsebene abspielen. Die primär den Ersatz von Einzelanlagen betreffenden Gesichtspunkte, insbesondere zur Sicherung des Rückbaus bis hin zu gesellschafts- und eigentumsrechtlichen Fragestellungen im Zusammenhang mit den erforderlichen Anlagengrundstücken sowie auch umweltrechtliche Aspekte werden hier nicht näher betrachtet.

3.5 Steuerungsmodelle in der Regional- und Flächennutzungsplanung

3.5.1 Stufe 1 – Erstmalige Standortsteuerung von Windenergieanlagen

Die erste Stufe bezieht sich auf die erstmalige planerische Steuerung von Windenergieanlagen (Stufe 1) und wurde mittlerweile in vielen Regional- und Flächennutzungsplänen umgesetzt. Regelmäßig wird dabei von den Trägern der Regionalplanung bzw. der Bauleitplanung entweder auf das Konzentrationszonenmodell oder seine Ergänzung um die Ausschlussfunktion zurückgegriffen.

a. Konzentrationszonenmodell

Beim Konzentrationszonenmodell werden für das Plangebiet entweder im Regionalplan oder im Flächennutzungsplan „Konzentrationszonen" festgelegt oder dargestellt. Nach den Vorstellungen des jeweiligen Planungsträgers soll auf diesen Flächen eine Nutzung der Windenergie stattfinden. Es findet eine Positivsteuerung der Windenergie statt, indem Flächen festgelegt werden, auf denen die Windenergie genutzt werden soll (vgl. Abb. 1). Es wird dabei nicht auf die Ausschlussfunktion zurückgegriffen. Die rechtliche Qualität der Konzentrationszonen, ob es sich auf der Ebene der Regionalplanung hierbei etwa um Vorranggebiete oder um Eignungsgebiete bzw. auf der Stufe der Flächennutzungsplanung um Darstellung nach § 5 Abs. 2 Nr. 2b oder Nr. 4 BauGB handelt, ist hiervon unabhängig. Außerhalb der Konzentrationszonen kann die Windenergienutzung uneingeschränkt nach der Maßgabe von § 35 Abs. 1 Nr. 5 BauGB stattfinden.

Abbildung 1: Konzentrationszonenmodell

Konzentrationszonenmodell
— Gemarkungsgrenze
bebaute Ortslage WStadt
Konzentrationszone

WStadt

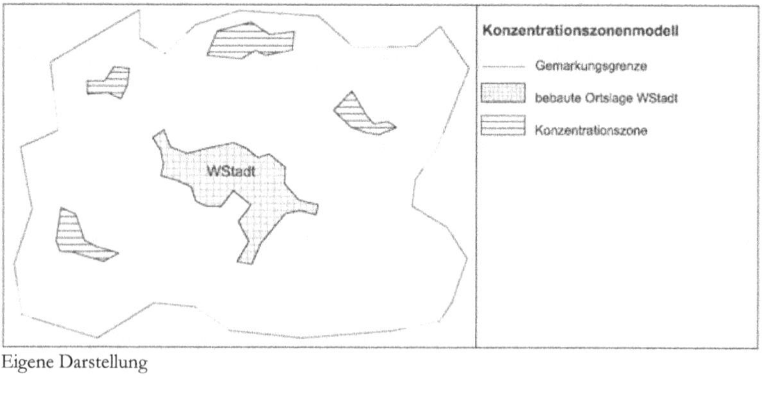

Eigene Darstellung

b. Konzentrationszonenmodell mit Ausschlussfunktion

Das vorangehend dargestellte Konzentrationszonenmodell wird in den Fällen, in denen von der Möglichkeit des Planvorbehalts nach § 35 Abs. 3 S. 3 BauGB Gebrauch gemacht werden soll, ergänzt um eine Ausschlussfunktion, durch die gewährleistet werden soll, dass außerhalb der Konzentrationszonen Windenergieanlagen in der Regel[112] nicht errichtet werden dürfen (vgl. Abb. 2). Dabei wird die Ausschlussfunktion nicht zeichnerisch, sondern durch textliche Festlegung bzw. Darstellung bestimmt. In der Praxis der Regionalplanung werden hierfür in der Regel entweder Vorrang- oder Eignungsgebiete ergänzt um eine textliche Ausschlussfunktion, für die Flächennutzungsplanung in erster Linie Sonderbauflächen bzw. Sondergebiete für die Windenergienutzung dargestellt, auch hier ergänzt um eine textliche Darstellung der Ausschlussfunktion.

Abbildung 2: Konzentrationszonenmodell mit Ausschlussfunktion

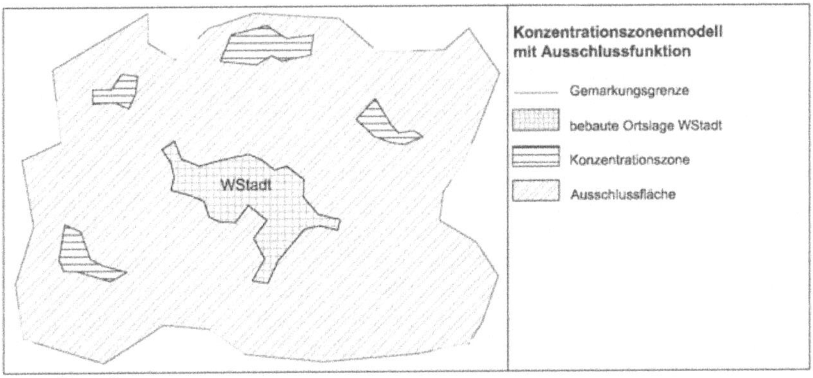

Eigene Darstellung

3.5.2 Stufe 2 – Änderung oder Ergänzung der Flächenkulisse

Die nachfolgende Betrachtung von in der Planungspraxis gebräuchlichen Steuerungsmodellen beruht daher auf der Voraussetzung, dass eine planerische Steuerung einerseits auf der Ebene der Regionalplanung, andererseits auf der Stufe der Bauleitplanung bereits vorliegt.[113]

a. Steuerungsmodelle in der Raumordnung

Anders als für die Bauleitplanung liegt für die Raumordnungsplanung eine vergleichbare Regelung zu § 249 BauGB nicht vor und ist auch nicht erforderlich. Zwar gilt auch hier, dass die Regionalplanung die Anforderungen an das schlüssige

---

112 Siehe hierzu: OVG Niedersachsen, U. v. 15.5.2009 – 12 LC 55.07 – NVwZ-RR 2009, 875, 876 f.
113 Vgl. oben II. 3.5.1.

gesamträumliche Planungskonzept sowie an die Schaffung substantiellen Raums für die Windenergie erfüllen muss, doch sind weitergehende Regelungen zur Sicherung des Repowering in Form von rechtsverbindlichen Bestimmungen abzubauenden Anlagen als Festlegungen in einem Regionalplan im Katalog des § 8 ROG nicht vorgesehen. Allerdings ist dieser Katalog nicht abschließend.[114] Insoweit kann für die Regionalplanung ergänzend auf das Instrument des raumordnerischen Vertrags nach § 13 Abs. 2 Nr. 1 ROG zurückgegriffen werden, in dem Regelungen für das Repowering zwischen dem Träger der Raumordnungsplanung und Anlagenbetreibern vereinbart werden können.[115] Allerdings ist insoweit eine ins Einzelne gehende Einigung zwischen dem Träger der Regionalplanung und den Anlagenbetreibern, aber auch mit den Eigentümern der durch die Änderung oder Ergänzung der Konzentrationszonen betroffenen Grundstückseigentümern erforderlich. Je komplexer sich die an der Änderung oder Erweiterung der Flächenkulisse betroffene Akteurskonstellation darstellt, desto schwieriger gestaltet sich die Ergebnisfindung.

b. Steuerungsmodelle in der Flächennutzungsplanung

Im Folgenden werden vier Grundmodelle dargestellt, wie sie in Bezug auf beabsichtigte Erweiterungen der im Flächennutzungsplan dargestellten Flächenkulisse in der Planungspraxis häufig vorkommen. Zwar werden dergestalt abstrakte und schematische Skizzen den tatsächlichen und vor allem vielfältigen Situationen vor Ort nicht vollends gerecht. Aber sie bieten eine Orientierungshilfe. Auch lässt sich durch sie die Frage, inwieweit durch eine Erweiterung der Flächenkulisse auf der gemeindlichen Ebene der Flächennutzungsplanung in das zugrunde liegende gesamträumliche Planungskonzept eingegriffen wird, nicht trennscharf und abschließend beantworten. Denn auch hier muss den Anforderungen im Einzelfall Rechnung getragen werden und angesichts der konkreten Situation eine Entscheidung darüber getroffen werden, inwieweit sowohl ein Eingriff in das Planungskonzept vorliegen kann als auch zu der Frage, welches der zur Verfügung stehenden Planungsinstrumente hinreichend Gewährleistung dafür bietet, dass die beabsichtigte Erweiterung der vorhandenen Flächenkulisse die im Flächennutzungsplan getroffenen Abwägungsentscheidungen als nicht mehr tragfähig gelten zu lassen. Dies würde zur Unwirksamkeit des Bauleitplanes führen.

Insoweit ist zu berücksichtigen, dass neben der Anforderung in Bezug auf das schlüssige gesamträumliche Planungskonzept, auch dem Substantialitätsmerkmal stets Rechnung getragen werden muss. Schließlich auch noch von Bedeutung ist, dass die den Modellen unterstellte Erweiterung der Flächenkulisse auch mittels verschiedener Planungsinstrumente, und zwar in Abhängigkeit von den planerischen Zielsetzungen, angegangen werden kann. Auch diese Entscheidung kann nur angesichts des konkreten Einzelfalls getroffen werden. Hierbei spielt sicherlich auch

---

114 Vgl. Goppel, a. a. O. Fn. 62, Rn. 55 f.
115 Vgl. Deutscher Städte- und Gemeindebund (Hrsg.), Repowering von Windenergieanlagen, Berlin, 2009, 66 f.; vgl. Kindler/Lau, NVwZ 2011, 1414, 1419.

eine Rolle, ob es sich um substantielle oder lediglich marginale Änderungen bzw. Ergänzung des zugrunde liegenden gesamträumlichen Planungskonzepts handelt.

aa. Substantielle Änderung

Ein erstes Steuerungsmodell geht von der Prämisse aus, dass das bestehende gesamträumliche Konzept, mit dem auf gesamtgemeindlicher Ebene eine Steuerung der Windenergienutzung vorgenommen wird, in seinen Grundzügen substantiell geändert wird (vgl. Abb. 3). Neue Konzentrationszonen werden dargestellt, bestehende verkleinert und/oder vergrößert. Die Flächenkulisse wird so verändert, dass das ehemals zugrunde liegende gesamträumliche Planungskonzept nicht mehr aufrechterhalten werden kann. Es entsteht ein in weiten Teilen neues und anderes Konzept.

Im Ergebnis wird dies in vielen Fällen darauf hinaus laufen, dass die Vermutungsregel des § 249 Abs. 1 S. 1 BauGB hier unterstützend nicht herangezogen werden kann. Stattdessen ist auf eine vollständige Neuaufstellung eines schlüssigen gesamträumlichen Planungskonzeptes hinzuarbeiten und die Flächenkulisse einschließlich der hierfür maßgeblichen Entscheidungskriterien[116] neu zu bestimmen.

Abbildung 3: Konzentrationszonenmodell mit Ausschlussfunktion und substantieller Änderung

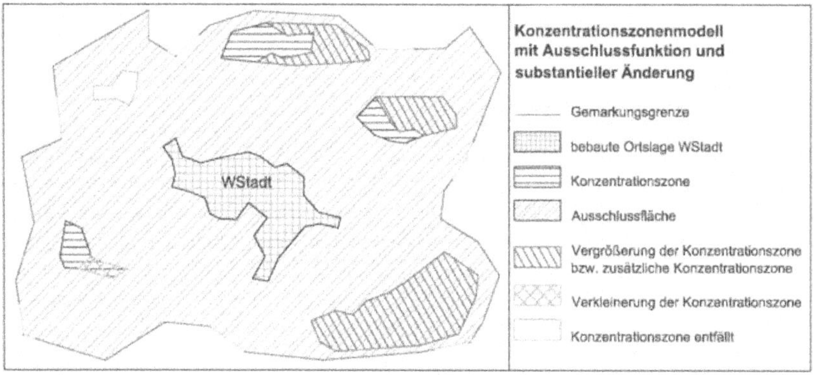

Eigene Darstellung

bb. Marginale Änderung

Ein zweites Modell betrifft solche Änderungen, die das planerische Gesamtkonzept unberührt lassen. Vorgenommen werden insoweit nur solche Änderungen, die lediglich zu einzelnen Flächenmodifikationen, unter Beibehaltung der planerischen Grundkonzeption, führen. Es werden Teile von Konzentrationszonen aufgehoben und dafür an anderen Stellen Erweiterungen vorgesehen (vgl. Abb. 4). Dadurch

---

[116] Bei Änderungen der Rechtsprechung, insbesondere zu den „harten" Tabu-Kriterien, aber auch bei technischen Verbesserungen, z. B. beim Lärmschutz und sich daraus ergebenden Relativierungen bei den einzuhaltenden Abstandsflächen, etwa zu Siedlungsgebieten.

verschiebt sich die Flächenkulisse im Bereich einer oder mehrerer Konzentrationszonen. In solchen Fällen ist es nicht erforderlich, das Gesamtkonzept neu anzugehen, sondern es kann im Rahmen einer Änderung des Flächennutzungsplans das bestehende Windkraftkonzept geändert werden. Hier kann § 249 Abs. 1 S. 1 BauGB unterstützend herangezogen werden. Instrumentell kann für diesen Fall auf den räumlichen Teilflächennutzungsplan nach § 5 Abs. 2b BauGB zurückgegriffen werden.[117]

Abbildung 4: **Konzentrationsmodell mit Ausschlussfunktion und marginaler Änderung**

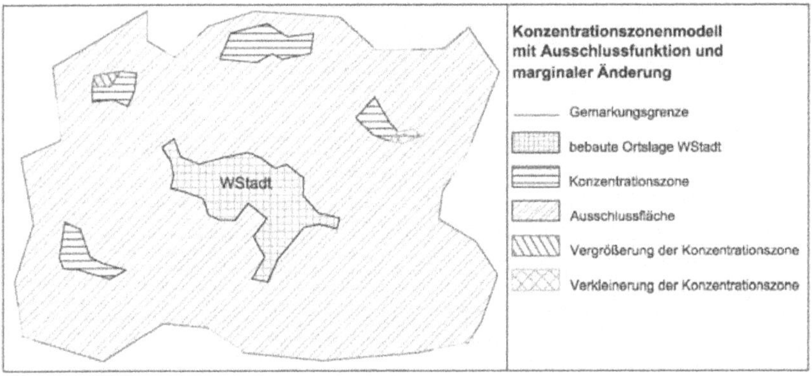

Eigene Darstellung

cc. Substantielle Ergänzung

Bei der substantiellen Ergänzung, einem dritten Modell, bleibt das gesamträumliche Planungskonzept – wie beim vorangehenden Modell – unangetastet. Es findet keine Veränderung im Sinne einer Verschiebung der Flächenkulisse statt, sondern es werden im Flächennutzungsplan bereits dargestellte Konzentrationszonen in mehr oder minder großem Umfang erweitert (vgl. Abb. 5). Instrumentell kann für die Bewältigung dieser Flächenerweiterungen in Abhängigkeit vom Umfang der Erweiterungen auf die Ergänzung des zugrunde liegenden Flächennutzungsplans zurückgegriffen werden. Auch hier kann die Vermutungsregel in § 249 Abs. 1 S. 1 BauGB unterstützend herangezogen werden. Zudem besteht die Möglichkeit, einen sachlichen Teilflächennutzungsplan,[118] der das gesamte Gemeindegebiet erfasst, aufzustellen oder auch auf mehrere räumliche Teilflächennutzungspläne[119] zurückzugreifen, die jeweils nur die zu ändernden Konzentrationszonen in ihren Geltungsbereichen aufnehmen.

---

117 Siehe dazu oben II. 3.2.2.
118 Vgl. oben II. 3.2.1.
119 Vgl. oben II. 3.2.2.

Abbildung 5: Konzentrationszonenmodell mit Ausschlussfunktion und substantieller Ergänzung

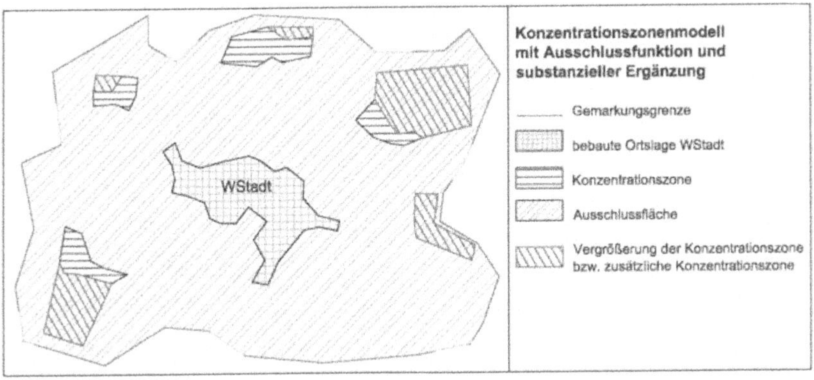

Eigene Darstellung

dd. Marginale Ergänzung

Die vierte und letzte Modellgestaltung ist am einfachsten gelagert. Hier geht nur um marginale Ergänzungen, die nicht nur die zugrunde liegende gesamträumliche Konzeption unangetastet lassen, sondern auch von ihrem Umfang betrachtet lediglich untergeordnet sind (vgl. Abb. 6). Als Planungsinstrument kann hier der räumliche Teilflächennutzungsplan[120] herangezogen werden.

Abbildung 6: Konzentrationszonenmodell mit Ausschlussfunktion und marginaler Ergänzung

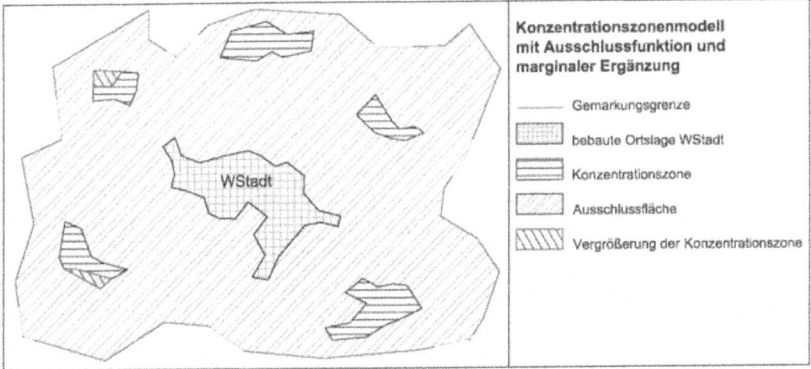

Eigene Darstellung

---

120 Vgl. oben II. 3.2.2.

Ausweisung zusätzlicher Flächen für die Windenergie in der Bauleitplanung

Wilhelm Söfker

I. Zur Ausgangslage

Das Thema „Ausweisung zusätzlicher Flächen für die Windenergie in der Bauleitplanung" ist aktuell wegen des angestrebten Ausbaus der Windenergie. Es ist im Zusammenhang mit dem 2011 eingeführten § 249 Abs. 1 BauGB vor allem unter dem Gesichtspunkt diskutiert worden, unter welchen (erleichterten) Voraussetzungen zusätzliche Flächen im Flächennutzungsplan dargestellt werden können, wenn der Flächennutzungsplan eine Steuerung im Sinne des § 35 Abs. 3 Satz 3 BauGB enthält und daran anknüpfend zusätzliche Flächen für Windenergieanlagen ausgewiesen werden sollen. Darin erschöpft sich das Thema jedoch nicht:

Der Privilegierungstatbestand des § 35 Abs. 1 Nr. 5 BauGB erfasst – dies als Ausgangslage – grundsätzlich den gesamten Außenbereich einer Gemeinde. Windenergieanlagen sind daher im Außenbereich zulässig, wenn ihnen nicht im Einzelfall (überwiegende) öffentliche Belange entgegenstehen (§ 35 Abs. 3 Satz 1 BauGB), oder wenn nach fachgesetzlichen Bestimmungen – in Betracht kommen vor allem das Immissionsschutz- und Naturschutzrecht – nicht bestimmte Standorte ausscheiden. Die bauplanungsrechtliche Genehmigungsfähigkeit von Windenergieanlagen nach § 35 Abs. 1 BauGB macht die Aufstellung von Bebauungsplänen entbehrlich.

Eine Ausweitung der planungsrechtlichen Grundlagen für Windenergieanlagen im Außenbereich im Rahmen der Bauleitplanung kann nur relevant sein, wenn eine Steuerung im Sinne des § 35 Abs. 3 Satz 3 BauGB auf der Ebene des Flächennutzungsplans erfolgt ist. Denn diese Steuerung bedeutet, dass die privilegierte Zulässigkeit von Windenergieanlagen im Außenbereich auf die im Flächennutzungsplan (oder in entsprechender Weise im Regionalplan) ausgewiesenen Flächen begrenzt ist. Das Thema „Ausweisung zusätzlicher Flächen durch Bauleitplanung" wird daher für Windenergieanlagen im Außenbereich (§ 35 BauGB) grundsätzlich nur relevant, wenn eine wirksame Steuerung durch Flächennutzungsplanung vorliegt und daran anknüpfend zusätzliche Flächen durch Bauleitplanung ausgewiesen werden sollen[1].

---

1 Entsprechendes gilt, wenn eine Steuerung im Sinne des § 35 Abs. 3 Satz 3 BauGB durch Ziele der Raumordnung vorgenommen worden ist. Dies ist aber nicht das Thema hier.

II. Sonderfall: Ausweitung der planungsrechtlichen Grundlagen durch Aufhebung einer steuernden Planung im Sinne des § 35 Abs. 3 Satz 3 BauGB

In einigen Ländern ist das Thema aktuell, durch Aufhebung der steuernden Wirkung der Regionalplanung im Sinne des § 35 Abs. 3 Satz 3 BauGB zu erreichen, dass die privilegierte Zulässigkeit von (raumbedeutsamen) Windenergieanlagen nach § 35 Abs. 1 BauGB wieder für den gesamten Außenbereich gilt. Dies geschieht dadurch, dass die entsprechenden Ziele der Raumordnung nicht mehr die Wirkung von Eignungsgebieten haben, sondern nur noch die Rechtswirkungen von Vorranggebieten (vgl. § 7 Abs. 7 ROG). Diese Vorgehensweise findet sich in Baden-Württemberg (zum 1.1.2013), in Rheinland-Pfalz (geplant), in Nordrhein-Westfalen (geplant) und im Saarland (schon erfolgt).[2] In diesen Fällen stellt sich für die Gemeinden die Frage, ob und inwieweit sie die privilegierte Zulässigkeit von Windenergieanlagen im Außenbereich durch Flächennutzungsplanung auf bestimmte Standorte beschränken sollte, um – auch unter Berücksichtigung des angestrebten Ausbaus der Windenergie – auf diese Weise die Standorte für die Windenergie in Abstimmung zu bringen mit ihrer städtebaulichen Entwicklung

III. Die Grundsätze der Steuerung von Windenergieanlagen durch Flächennutzungsplan im Sinne des § 35 Abs. 3 Satz 3 BauGB

Für die nachfolgende Behandlung der verschiedenen Fragen bei der Ausweisung zusätzlicher Flächen für die Windenergie sind die Grundsätze für die Steuerung der Standorte für die Windenergie zu beachten, wie sie die Rechtsprechung entwickelt hat. Sie lassen sich wie folgt zusammenfassend darstellen:[3]

Erforderlich ist ein schlüssiges Plankonzept für den gesamten Außenbereich. Die gemeindliche Entscheidung muss nicht nur Auskunft darüber geben, von welchen Erwägungen die positive Standortzuweisung getragen wird, sondern auch deutlich machen, welche Gründe es rechtfertigen, den übrigen Planungsraum von Windenergieanlagen freizuhalten. Die Ausarbeitung eines Plankonzepts vollzieht sich dabei abschnittsweise.

Im ersten Abschnitt sind diejenigen Bereiche als Tabuzonen zu ermitteln, die sich für die Nutzung der Windenergie nicht eignen. Dies sind:

---

2   Vgl. die Nachweise bei Krappel/von Süßkind-Schwendi, ZfBR 2012, Sonderheft, S. 65.
3   Vgl. BVerwG, Beschl. vom 15.09.2009 – 4 BN 25.09 – ZfBR 2010, 65 = ZUR 2010, 96, und Urt. vom 20.5.2010 – 4 C 7.09 – BVerwGE 137, 74 = NVwZ 2010, 1561.

- Zonen, in denen die Errichtung und der Betrieb von Windenergieanlagen aus tatsächlich und/oder rechtlichen Gründen schlechthin ausgeschlossen sind (harte Tabuzonen) und
- Zonen, in denen die Errichtung und der Betrieb von Windenergieanlagen zwar tatsächlich und rechtlich möglich sind, in denen nach den städtebaulichen Vorstellungen, die die Gemeinde anhand eigener Kriterien entwickeln darf, aber keine Windenergieanlagen aufgestellt werden sollen (weiche Tabuzonen).

Nach Abzug dieser Tabuzonen bleiben sog. Potenzialflächen übrig, die für die Darstellung von Konzentrationszonen in Betracht kommen. Sie sind in einem weiteren Arbeitsschritt zu den auf ihnen konkurrierenden Nutzungen in Beziehung zu setzen, d.h. die öffentlichen Belange, die gegen die Ausweisung eines Landschaftsraums als Konzentrationszone sprechen, sind mit dem Anliegen abzuwägen, der Windenergienutzung an geeigneten Standorten eine Chance zu geben, die ihrer Privilegierung nach § 35 Abs. 1 Nr. 5 BauGB gerecht wird.

Als Ergebnis der Abwägung muss „der Windenergie in substanzieller Weise Raum geschaffen" werden. Mit einer bloßen „Feigenblatt"- Planung, die auf eine verkappte Verhinderungsplanung hinausläuft, darf es nicht sein Bewenden haben. Erkennt die Gemeinde, dass der Windenergie nicht ausreichend substanziell Raum geschaffen wird, muss sie ihr Auswahlkonzept nochmals überprüfen und ggf. ändern.

IV. Überblick über die möglichen Vorgehensweisen für die Ausweisung zusätzlicher Flächen für die Windenergie

Unterschieden werden können im Wesentlichen folgende Vorgehensweisen:

1. Die Gemeinde erstellt ein neues Plankonzept für den Außenbereich und stellt die Standorte für die Windenergie insgesamt neu dar, wobei im Ergebnis die planungsrechtlichen Grundlagen für die Windenergie ausgeweitet werden.
2. Im Flächennutzungsplan mit wirksamen Darstellungen im Sinne des § 35 Abs. 3 Satz 3 BauGB werden die planungsrechtlichen Grundlagen zur Windenergie in bestimmten Grenzen erweitert, wobei das den Darstellungen zu Grunde liegende Plankonzept nicht beeinträchtigt wird.
3. Durch Aufstellung von Bebauungsplänen werden zusätzliche Gebiete für die Windenergie festgesetzt, und zwar unabhängig von der Frage der steuernden Wirkung von Darstellungen des Flächennutzungsplans im Sinne des § 35 Abs. 3 Satz 3 BauGB.

V. Insgesamt neue und erweiternde Darstellung der Standorte für die Windenergie auf der Grundlage eines neuen Plankonzepts

Es gelten hier die oben (3.) dargestellten Grundsätze. Dabei können von Bedeutung sein eine situationsgemäße Behandlung der harten und weichen Tabuzonen, die Nutzung des sachlichen Teilflächennutzungsplans und die Berücksichtigung vorhandener Bestände, die nicht dem neuen Plankonzept entsprechen.

1. Situationsgemäßes Vorgehen bei der Ermittlung der harten und weichen Tabuzonen und bei der Auswahl der Standorte in den Potenzialflächen

a) Allgemeines

Die Rechtsprechung definiert die harten Tabuzonen als solche für die Steuerung der Standorte für die Windenergie von vornherein ausscheidende Flächen und Gebiete, die tatsächlich und rechtlich für die Errichtung von Windenergieanlagen nicht geeignet sind. Im Grundsatz entspricht diese Anforderung derjenigen des § 1 Abs. 3 Satz 1 BauGB. Danach ist eine Bauleitplanung nicht erforderlich, wenn die Verwirklichung an den Anforderungen anderer Gesetze scheitern würde, weil sie aus rechtlichen Gründen vollzugsunfähig ist.[4] Das Ausscheiden von harten Tabuzonen hat auch im Zusammenhang mit der im Rahmen der Steuerung nach § 35 Abs. 3 Satz 3 BauGB zu verlangenden Anforderung Bedeutung, nach der der Windenergie in substanzieller Weise Raum gegeben werden muss.

Demgegenüber sind weiche Tabuzonen nach der Definition der Rechtsprechung solche Zonen, in denen die Errichtung und der Betrieb von Windenergieanlagen zwar tatsächlich und rechtlich möglich sind, in denen nach den städtebaulichen Vorstellungen, die die Gemeinde anhand eigener Kriterien entwickeln darf, aber keine Windenergieanlagen aufgestellt werden sollen. Dies geschieht in der Praxis zumeist durch Festlegung von – pauschalen – Abständen, die sich – im Verhältnis zu den harten Tabuzonen – vor allem im Blick auf die Vorschriften des Umweltrechts als Festlegungen zum vorsorgenden Umweltschutzrecht darstellen.

Die Frage, ob es zulässig ist, wenn die Gemeinde bei der Entwicklung des Plankonzepts keine Trennung von harten und weichen Tabuzonen vornimmt und sogleich z. B. größere Abstände vorsieht, sodass sich die gewählten Abstände als harte und weiche Tabuzonen darstellen, wird vom BVerwG bejaht.[5] Dementsprechend ist eine generelle Verpflichtung zur genauen Ermittlung und Festlegung von

---

4   Ständige Rechtsprechung, vgl. Nachweise zur Rechtsprechung Verfasser in: Ernst/Zinkahn /Bielenberg/Krautzberger (Hrsg.), BauGB, Loseblattsammlung Stand: Januar 2010, § 1 Rn. 37.
5   BVerwG, Urt. v. 20.5.2010 – 4 C 7.09 – a. a. O. Fn. 3.

harten sowie von weichen Tabuzonen nicht zu verlangen.[6] Etwas anderes kann sich ergeben im Hinblick auf die Frage, ob im Ergebnis der Planung der Windenergie in substanzieller Weise Raum gegeben wird. Hier kann es auf die Unterscheidung zwischen harten und weichen Tabuzonen ankommen, weil letztere zu den planerischen Entscheidungen der Gemeinde gehören.

b) Formale Unterscheidung der Ermittlung und Festlegung von weichen Tabuzonen von der Abwägung in den Potenzialflächen?

Für die Frage erweiterter planungsrechtlicher Grundlagen für die Windenergie kann die Frage besondere Bedeutung haben, ob eine formale Unterscheidung der Ermittlung und Festlegung von weichen Tabuzonen von der Abwägung in den Potenzialflächen vorzunehmen ist. Diese lässt sich in der Planungspraxis, wenn zusätzliche Flächen ausgewiesen werden sollen oder solche Flächenausweisungen erstmals in Gemeinden und dies mit verbreiteten Nutzungskonkurrenzen im Außenbereich vorgesehen sind, nicht stets einhalten.

In der Praxis erfolgt die Festlegung der „weichen Tabuzonen" in der Regel durch Angabe von pauschalen Abständen zwischen Windenergieanlagen auf der einen Seite und den damit zu schützenden Nutzungen und Bereichen (Wohnorte, Natur und Landschaft usw.) auf der anderen Seite. Eine generelle (einheitliche) Anwendung solcher pauschalen Abstände kann allerdings zu Ergebnissen führen, die wegen der Betroffenheit anderer Belange in der jeweiligen Situation nach Abwägungsgrundsätzen nicht sachgerecht wäre. Verantwortlich hierfür sind in der Praxis oftmals anzutreffende und in enger Nachbarschaft liegende Nutzungsansprüche und -konflikte sowie die in solchen Situationen von den Gemeinden zu entwickelnden städtebaulichen Vorstellungen über die Entwicklung ihres Gemeindegebiets und die Ausweisung von Standorten für die Windenergie. Aus dieser planungsrechtlichen Sichtweise können jeder Standort und jede Stelle im Außenbereich Eigenheiten aufweisen, die zu einer situationsgemäßen Beurteilung veranlassen. Es muss daher auch zulässig sein, z. B. auf die Ermittlung und Festlegung von pauschalen Schutzabständen, die dem vorsorgenden Lärmschutz oder Landschaftsschutz und damit den weichen Tabuzonen zuzuordnen sind, zu verzichten, wenn dies wegen der Betroffenheit anderer Belange nach Abwägungsgrundsätzen geboten oder sonst gerechtfertigt ist, und stattdessen die Standorte für die Windenergie nach den allgemeinen Planungsgrundsätzen der §§ 1 und 1a BauGB zu bestimmen. Demgemäß ist es auch zu weitgehend, anzunehmen, dass die Gemeinde die Anforderungen an die Planung im Sinne des § 35 Abs. 3 Satz 3 BauGB (s. oben zu 3.) als bin-

---

6   A. A. aber OVG Berlin, Urt. v. 15.9.2009 – 4 BN 25.09 –, Juris; VG Hannover, Urt. v. 24.11.2011 – 4 A 4927/09 –, Juris.

dende, schematisch anzuwendende Prüfungsreihenfolge in allen Fällen zu beachten hat[7].

Die hier vertretene Auffassung wird dadurch gestützt, dass sich die beiden Arbeitsschritte – so die Rechtsprechung – nach den Grundsätzen der Bauleitplanung (§§ 1 und 1a BauGB) richten: Nach den städtebaulichen Vorstellungen der Gemeinde werden als weiche Tabuzonen Kriterien für das Freihalten von Außenbereichsflächen ermittelt, innerhalb der verbleibenden Potenzialflächen findet eine Abwägung über die für die vorgesehene Windenergienutzung vorgesehenen Flächen und die davon berührten Belange statt.

Dies bedeutet, dass eine – formale – Unterscheidung der Festlegung der weichen Tabuzonen durch pauschale Annahmen (vor allem Abstände) von dem Arbeitsschritt in der Potenzialfläche nicht für alle Planungen im Sinne des § 35 Abs. 3 Satz 3 BauGB verlangt werden kann. Entscheidend ist, dass außerhalb der harten Tabuzonen, die ggf., wie unten dargelegt, zu überprüfen sind, die Auswahl der Standorte für die Windenergie nach den allgemeinen Grundsätzen der Bauleitplanung (§§ 1 und 1a BauGB) zu erfolgen hat. Im Unterschied zu den allgemeinen Grundsätzen der Bauleitplanung besteht aber die Besonderheit bei der Flächennutzungsplanung im Sinne des § 35 Abs. 3 Satz 3 BauGB, dass – als Folge der privilegierten Zulässigkeit von Windenergieanlagen im Außenbereich und ihrer Standortsteuerung im Sinne des § 35 Abs. 3 Satz 3 BauGB (die privilegierte Zulässigkeit von Windenergieanlagen wird gewissermaßen auf bestimmte Standorte im Außenbereich begrenzt) – eine Ausweisung in bestimmtem Umfang („der Windenergie muss in substanzieller Weise Raum verschafft werden") erfolgen muss.

c) Situationsgemäße Ermittlung der harten Tabuzonen

Im Rahmen des weiteren Ausbaus der Windenergie kann es auf eine situationsgemäße Ermittlung der harten Tabuzonen ankommen. Denn die Ausweisung von Standorten für die Windenergie und erst recht die Ausweitung der planungsrechtlichen Grundlagen kann ihre rechtlichen Grenzen darin finden, dass der Außenbereich in vielfältiger Weise aus Gründen des Umweltrechts geschützt ist. Insofern können harte Tabuzonen die Möglichkeiten für die Ausweisung von Standorten für die Windenergie erheblich einschränken. Daher ist die Frage naheliegend, inwiefern Überprüfungen und/oder situationsgemäße Anwendungen der Regelwerke, aus denen sich harte Tabuzonen ergeben können, weitergehende Spielräume eröffnen können. Damit können Fragen aufgeworfen werden im Hinblick auf höheren Prüfaufwand, notwendige Mitwirkung der Fachbehörden, frühzeitige Abstimmung des Plankonzepts, Konflikte zwischen Ausbau der Windenergie und dem Umwelt-

---

7   So aber OVG Berlin, Urt. v. 14.9.2010 – 2 A 4.10 – LKV 2011, 2011; VG Hannover, Urt. v. 24.11.2011 – 4 A 4927/09 – Juris; offen gelassen vom BVerwG, Beschl. v. 18.1.2011 – 7 B 19.10 – Juris. Für die Möglichkeit der Abweichung von dem Schema OVG Bautzen, Urt. v. 10.11.2011 – 1 C 17/09 – Juris; vgl. auch Urt. v. 19.7.2012 – 1 C 40/11 – Juris.

schutz (z. B. es wird auf Gesichtspunkte des vorsorgenden Umweltschutzes verzichtet). Solche situationsgemäße Vorgehensweisen können unterstützt werden durch die Berücksichtigung von Planalternativen bei Entwicklung des Plankonzepts für den Außenbereich.

Themen sind – wegen ihrer räumlichen Ausdehnung – vor allem (im Überblick):

Zum Lärmschutz: Ausschöpfung der Möglichkeiten situationsgemäßer Anwendung der TA Lärm.

Zu den Landschaftsschutzgebieten: Prüfung von Änderungen, z. B. „Zonierung" gem. § 22 Abs. 1 Satz 3 BNatSchG.

Zu den FFH-Gebieten: differenzierte Prüfung von Erhaltungszielen/Schutzzweck sowie von Abweichungen unter Berücksichtigung des öffentlichen Interesses am Ausbau der Windenergie und fehlender Standortalternativen nach dem Plankonzept für den Außenbereich.

Zum Artenschutz: differenzierte Prüfungen zum Tötungs- und Verletzungsgebot und zum Störungsverbot; Maßnahmen zur Vermeidung/Minderung, ggf. Anwendung oder analoge Anwendung der Eingriffsregelung, auch wenn diese auf der Ebene der Flächennutzungsplanung im Sinne des § 35 Abs. 3 Satz 3 BauGB an sich nicht erforderlich ist; Prüfung von Ausnahmen/Befreiungen unter Berücksichtigung des öffentlichen Interesses am Ausbau der Windenergie und fehlender Standortalternativen nach dem Plankonzept für den Außenbereich.

Zum Wald: nach dem Waldrecht keine generelle Tabuzone, ggf. Prüfungen im Hinblick auf entgegenstehende Grundsätze und Ziele der Raumordnung.

Die Notwendigkeit zu einer solchen situationsgemäßen Ermittlung kann sich ggf. im Hinblick auf das Ergebnis der Planung „der Windenergie in substanzieller Weise Raum verschaffen" ergeben. Diese Frage ist anhand der jeweiligen Verhältnisse zu beurteilen:[8]

- Größe der auszuweisenden Flächen für die Windenergie im Vergleich zur Gemeindegebietsgröße, zur Größe der in einem Regionalplan vorgesehenen Mindestgrößen für Windenergieanlagen und zur Größe der für die Nutzung der Windenergie reservierten Flächen in den Nachbargemeinden;
- Anzahl und Energiemenge der Windenergieanlagen in den auszuweisenden Flächen, dabei Berücksichtigung der durch neue Windenergieanlagen entsprechender Höhe erzielbare Stromgewinnung;

---

8   In Anlehnung an BVerwG, Urt. v. 20.5.2010 – 4 C 7/09 – a. a. O. Fn. 3.

- Die Größe der für die Nutzung der Windenergie reservierten Flächen in den Nachbargemeinden;
- weitere Gesichtspunkte, wie etwa das Gewicht der angewandten Ausschlusskriterien.

In diesem Rahmen kann es eine Wechselwirkung geben zwischen der situationsgemäßen Ermittlung und Überprüfung der harten Tabuzonen und dem Erfordernis, dass der Windenergie in substanzieller Weise Raum gegeben wird.

2. Nutzung des sachlichen Teilflächennutzungsplans (§ 5 Abs. 2b BauGB)

Für die Zwecke der Erweiterung der planungsrechtlichen Grundlagen für die Windenergie kann auch das Instrument des sachlichen Teilflächennutzungsplans (§ 5 Abs. 2b BauGB, geändert durch die BauGB – Novelle 2011) erfolgen.

Der sachliche Teilflächennutzungsplan ist ein eigenständiges Planungsinstrument, formal losgelöst vom Gesamt-Flächennutzungsplan im Sinne des § 5 Abs. 2 Satz 1 BauGB. Es darf aber kein inhaltlicher Widerspruch zu den Darstellungen des Gesamt-Flächennutzungsplans eintreten. Ggf. ist im Parallelverfahren eine Änderung des Gesamt-Flächennutzungsplans erforderlich.

Der sachliche Teilflächennutzungsplan kann an die Stelle von bisher im Gesamt-Flächennutzungsplan enthaltene Darstellungen, die Außenbereichsvorhaben im Sinne des § 35 Abs. 3 Satz 3 BauGB steuern, treten (parallele Aufhebung dieser Darstellungen im Gesamt-Flächennutzungsplan erforderlich). Mit ihm lassen sich die gleichen Rechtswirkungen im Sinne des § 35 Abs. 3 Satz 3 BauGB erreichen wie entsprechende Darstellungen im Gesamt-Flächennutzungsplan, d. h. neben der Steuerung im Sinne des § 35 Abs. 3 Satz 3 BauGB auch die Funktion seiner Darstellungen im Hinblick auf das Entwickeln des Bebauungsplans aus dem Flächennutzungsplan im Sinne des § 8 Abs. 2 Satz 1 BauGB, auf die Funktion als öffentlicher Belang im Sinne des § 35 Abs. 3 Satz 1 Nr. 1 BauGB, auf die Anpassungspflicht für öffentliche Planungsträger (§ 7 BauGB) und die Aufnahme von Bestimmungen zum Repowering (§ 249 Abs. 2 BauGB).

Der sachliche Teilflächennutzungsplan kann auch als räumlicher Teilflächennutzungsplan aufgestellt werden, d. h. es erfolgt nur für einen räumlichen Teil des Außenbereichs einer Gemeinde eine Steuerung für Außenbereichsvorhaben. Dabei ist zu berücksichtigen, dass die Frage, ob eine Steuerung im Sinne des § 35 Abs. 3 Satz 3 BauGB nur für einen Teil des Außenbereichs einer Gemeinde erfolgen kann, § 5 Abs. 2b BauGB beantwortet dies, seit seiner entsprechenden Änderung in 2011, eindeutig dahingehend, dass räumliche Teilflächennutzungspläne möglich sind.

Die konkreten Anforderungen an die Steuerung im Sinne des § 35 Abs. 3 Satz 3 BauGB ergeben sich aus dem Teil des Außenbereichs, auf den sich der räumliche Teilflächennutzungsplan bezieht. Dementsprechend erstrecken sich die Rechtswirkungen des § 35 Abs. 3 Satz 3 BauGB auch auf den Geltungsbereich (er ist analog zu § 9 Abs. 7 BauGB darzustellen) des räumlichen Teilflächennutzungsplans.

Der sachliche Teilflächennutzungsplan kann besondere Bedeutung erhalten im Rahmen einer gemeinsamen Flächennutzungsplanung im Sinne des § 204 BauGB:[9]

Bei der Steuerung der Standorte für die Windenergie hat eine gemeinsame Flächennutzungsplanung der beteiligten Gemeinden die Vorteile eines größeren Planungsraums sowie der Begrenzung des Planungsaufwandes für die Gemeinden. Es kann angenommen werden, dass der Teilflächennutzungsplan auch im Rahmen einer gemeinsamen Flächennutzungsplanung im Sinne des § 204 BauGB möglich ist. Von Vorteil ist hier der Teilflächennutzungsplan, weil er die gemeinsame Flächennutzungsplanung sachlich auf die Steuerung der betreffenden Außenbereichsvorhaben beschränkt. Dies bedeutet für die Praxis der Steuerung der Windenergie:

Im sachlichen Teilflächennutzungsplan werden für die Außenbereiche der beteiligten Gemeinden die Flächen und Gebiete für die Windenergie dargestellt. Dies erfolgt auf der Grundlage eines die Außenbereiche der beteiligten Gemeinden insgesamt erfassenden gesamträumlichen Plankonzepts. Dementsprechend ist auch die Reichweite der Rechtsfolgen des § 35 Abs. 3 Satz 3 BauGB bestimmt. Weiter ist ein zeitlich aufeinander abgestimmtes Verfahren zur Aufstellung des gemeinsamen Teilflächennutzungsplans, einschließlich der einzelnen Verfahrensschritte, erforderlich. Spätere Änderungen des gemeinsamen Teilflächennutzungsplans müssen wiederum gemeinsam erfolgen.

3. Berücksichtigung vorhandener Bestände, deren Standorte nicht dem neuen Plankonzept entsprechen

Das den neuen Darstellungen von Standorten für die Windenergie zu Grunde liegende Plankonzept kann, weil mit ihm die technischen Entwicklungen der Windenergieanlagen und den Erfahrungen der Planung aus der Vergangenheit berücksichtigt werden, trotz Ausweitung der planungsrechtlichen Grundlagen für die Windenergie dazu führen, dass vorhandene Standorte der Windenergie nicht dem neuen Plankonzept entsprechen. Damit wird die Frage aufgeworfen, wie die sich daraus ergebenden Fragen zu behandeln sind.

Nach dem Abwägungsgebot (§ 1 Abs. 7 BauGB) ist das Interesse der betroffenen Grundstückseigentümer und der Betreiber der Anlagen an der Einbeziehung der vorhandenen Standorte in der Regel beachtlich. Auch zur Sicherung der Steuerung

---

9   Näher zur interkommunalen Kooperation zur planerischen Steuerung der Windenergie Schwarz, ZfBR 2012, Sonderheft S. 83.

im Sinne des § 35 Abs. 3 Satz 3 BauGB kann es geboten sein, Lösungen für vorhandene Bestände zu finden, für die nach dem Plankonzept an sich keine Ausweisungen vorgesehen sind. Andernfalls könnte – bei Nichtberücksichtigung größerer Bestände – argumentiert werden, dass § 35 Abs. 3 Satz 3 BauGB nur „in der Regel" greift und ein Ausnahmefall gegeben ist, wenn vorhandene Bestände in die Planung nicht mit einbezogen worden sind.[10]

Als Lösung kann in Betracht kommen, solche vorhandenen Bestände an Windenergieanlagen für das Repowering vorzusehen. Deren Standorte werden aufgegeben, d. h. für sie erfolgen keine Darstellungen im Flächennutzungsplan, und in einem neu dargestellten Windpark sind Windenergieanlagen nur zulässig, wenn die Altanlagen an den vorhandenen Standorten stillgelegt und rückgebaut werden. Die Absicherung erfolgt durch Festsetzungen/Bestimmungen nach § 249 Abs. 2 BauGB.

Ggf. kann sich auch anbieten, abweichend vom neuen Plankonzept zugunsten vorhandener Bestände Darstellungen zu treffen. Dabei ist aber darauf zu achten, dass dadurch nicht das (neue) Plankonzept weitgehend unterlaufen wird.[11]

VI. Erweiterung der planungsrechtlichen Grundlagen im Flächennutzungsplan mit Darstellungen im Sinne des § 35 Abs. 3 Satz 3 BauGB nur in Grenzen

Im Blick auf die Anforderungen im Sinne des § 35 Abs. 3 Satz 3 BauGB und den Erhalt der steuernden Wirkung der vorhandenen Darstellungen im Flächennutzungsplan kann es sich nur um begrenzte Änderungen handeln. Als Voraussetzungen kommen in Betracht: Die Erweiterungen widersprechen nicht dem Plankonzept der vorhandenen Darstellungen mit seinen Auswahlkriterien für die Tabuzonen, und die planungsrechtlichen Grundlagen für die Windenergie werden erweitert und nicht verringert, der Windenergie wird weiterhin in substantieller Weise Raum gegeben. Als Beispiele können benannt werden: begrenzte Erweiterung von Windparks für das Repowering, Aufhebung Höhenbegrenzungen. Diese Vorgehensweise wird unterstützt durch § 249 Abs. 1 BauGB.[12]

---

10 In der obergerichtlichen Rechtsprechung finden sich entsprechende Aussagen. S. z. B. OVG Lüneburg, Urt. vom 15.5.2009 – 12 LC 55/07 – Juris.
11 Zur Möglichkeit der Abweichung von einem Einzelhandelskonzept zugunsten vorhandener Einzelhandelsbetriebe vgl. BVerwG, Urt. vom 29.1.2009 – 4 C 16.07 – BVerwGE 133, 98 = NVwZ 2009, 1103.
12 Näher dazu Verfasser in Ernst/Zinkahn/Bielenberg/Krautzberger (Hrsg.), BauGB, Loseblattsammlung Stand: November 2011, § 249 Rn. 9.

VII. Zusätzliche Gebiete für die Windenergie durch Aufstellung von Bebauungsplänen

Bei dieser Vorgehensweise werden die planungsrechtlichen Grundlagen für Windenergieanlagen in einem Bebauungsplan festgesetzt. Er setzt z. B. ein Sondergebiet für die Windenergie nach § 11 Abs. 2 BauNVO oder Flächen für die Windenergie nach § 9 Abs. 1 Nr. 12 BauGB fest. Diese Bebauungsplanplanung geschieht unabhängig von der Steuerung durch Flächennutzungsplanung im Sinne des § 35 Abs. 3 Satz 3 BauGB. Soweit zur Einhaltung des Entwicklungsgebots (§ 8 Abs. 2 Satz 1 BauGB) eine Änderung des Flächennutzungsplans notwendig ist, geschieht dies, ohne dass damit eine steuernde Wirkung im Sinne des § 35 Abs. 3 Satz 3 BauGB bezweckt wird. Die Rechtsfolgen bestehen darin, dass innerhalb des Gebiets des Bebauungsplans Windenergieanlagen gemäß § 30 BauGB entsprechend den Festsetzungen des Bebauungsplans zulässig sind. § 35 BauGB ist nicht (mehr) anzuwenden. Hatte die Gemeinde zuvor durch Darstellungen von Standorten für die Windenergie im Flächennutzungsplan die Rechtswirkungen des § 35 Abs. 3 Satz 3 BauGB herbeigeführt, bleiben diese Rechtswirkungen in Außenbereich (§ 35 BauGB) unberührt. Diese Vorgehensweise wird durch folgende Überlegungen gestützt:

Ob und inwieweit die Gemeinde von der Flächennutzungsplanung im Sinne des § 35 Abs. 3 Satz 3 BauGB Gebrauch macht, ist ihre Entscheidung. Eine Pflicht besteht nicht. Es ist daher auch grundsätzlich möglich, dass die Gemeinde die planungsrechtlichen Grundlagen für Windenergieanlagen durch Aufstellung eines Bebauungsplans mit der Folge der Anwendung des § 30 BauGB herbeiführt. Soweit dieser wegen § 8 Abs. 2 Satz 1 BauGB (Entwickeln des Bebauungsplans aus dem Flächennutzungsplan) voraussetzt, kann dies nach den allgemeinen Regeln des BauGB erfolgen.

§ 35 Abs. 3 Satz 3 BauGB hindert die Gemeinde auch nicht daran, den planerischen Grundfall (durch Aufstellung eines Bebauungsplans werden die planungsrechtlichen Grundlagen für Vorhaben geschaffen – vgl. schon § 1 Abs. 1 bis 3 BauGB) zu praktizieren. Die Darstellungen des Flächennutzungsplans erfüllen hier die Aufgabe, dass dem Bebauungsplan die Gesamtkonzeption für die städtebauliche Entwicklung der Gemeinde zu Grunde liegt (§ 5 Abs. 1 Satz 1 BauGB). Es ist nicht ersichtlich, dass diese grundlegende Planungsbefugnis nicht gelten soll und nicht genutzt werden kann, wenn andere Darstellungen des Flächennutzungsplans die steuernde Wirkung des § 35 Abs. 3 Satz 3 BauGB haben.[13]

---

13 Näher dazu Verfasser in: Ernst/Zinkahn/Bielenberg/Krautzberger (Hrsg.), BauGB, Loseblattsammlung Stand: November 2011, § 5 Rn. 18e.

Sicherung des Repowerings in der Regional- und Bauleitplanung

Christian-W. Otto

I. Repowering in der Regional- und Bauleitplanung?

Unter Repowering wird der Ersatz alter Windenergieanlagen durch neue leistungsfähigere Anlagen verstanden. Unter dem Aspekt, dadurch die Nutzung der Windenergie zu befördern, ist das Repowering in § 30 EEG geregelt.[1] Dieser Ersatz alter Anlagen ist erforderlich, um auf den nur begrenzt zur Verfügung stehenden Flächen, die für die Windkraftnutzung geeignet sind, den höchst möglichen Energieertrag einzufahren. Dies ist wiederum notwendig, um den Anteil Erneuerbarer Energien am Energieverbrauch auf das nach § 1 Abs. 3 EEG vorgesehene Niveau zu heben.[2] Daneben bietet das durch § 30 EEG beförderte Repowering den Planungsträgern, insbesondere den Gemeinden, die Möglichkeit, auf den Bestand an Windkraftanlagen in ihrem Gemeindegebiet Einfluss zu nehmen. Der jeweilige Planungsträger kann sich dabei den wirtschaftlichen Anreiz des EEG zu nutzen machen, der die Windkraftbetreiber dazu animiert, die alten Anlagen gegen neue Anlagen auszutauschen.[3] Dies kann mit erheblichen wirtschaftlichen Vorteilen für die Anlagenbetreiber verbunden sein. Moderne Windkraftanlagen versprechen einen deutlich größeren Ertrag, als er mit den Altanlagen zu erzielen wäre. Die Altanlagen erweisen sich zudem oftmals als technisch ungenügend und fehleranfällig, so dass sich Windkraftanlagenbetreiber mit ausgedehnten Standzeiten und hohen Reparaturkosten konfrontiert sehen. Das Repowering ist für ihn daher eine wirtschaftlich attraktive Möglichkeit, Windkraftanlagen auf geeigneten Flächen zu betreiben.

Vorrangig findet das Repowering in den Norddeutschen Ländern statt.[4] Dort stehen Windkraftanlagen schon seit vielen Jahren. Der Austausch dieser Altanlagen durch moderne Anlagen ist daher nicht nur technisch sinnvoll. Zusätzlich wird er durch den Repowering-Bonus in § 30 EEG,[5] der nur für den Austausch solcher Anlagen gilt, die vor dem 1. Januar 2002 in Betrieb genommen wurden, belohnt. In

---

1 Vgl. Thomas Schomerus, Michaela Stecher, Mehr Fragen als Antworten - das Repowering nach dem EEG 2009, RdE 2009, 269 ff.
2 Vgl. dazu Stephan Mitschang, Steuerung der Windenergie durch Regional- und Flächennutzungsplanung – eine praxisbezogene Betrachtung, BauR 2013, 29 ff.
3 Vgl. Thomas Schomerus, Michaela Stecher, Mehr Fragen als Antworten - das Repowering nach dem EEG 2009, RdE 2009, 269 ff.; Christian Brietzke, Rückenwind für neue Windräder, StG 2011, 253 ff.
4 Nach repowering-kommunal sind in Niederachsen und Schleswig-Holstein im Jahre 2011 bereits 776 Windkraftanlagen repowert worden.
5 Erhöhung der Anfangsvergütung um 0,5 Cent pro Kilowattstunde

den südlichen Ländern, in denen es erst seit vergleichsweise kurzer Zeit zu einem verstärkten Ausbau von Windkraftanlagen kommt, steht das Thema Repowering nicht auf der Tagesordnung.

Das Repowering löst bei Gemeinden und regionalen Planungsgemeinschaften oftmals ein Bedürfnis nach Planung aus. Allerdings ist diese Planung nicht allein auf den Vorgang des Repowerings beschränkt. Das Repowering wird vielmehr in die laufende Bauleitplanung bzw. Regionalplanung aufgenommen, um aus der Verknüpfung vom Abbau alter Anlagen mit dem Aufbau neuer Anlagen eine planerische Gestaltung abzuleiten. Diese Verknüpfung eröffnet dem Planungsträger den Zugriff auf die Entscheidung, ob und ggf. welche neuen Anlagen für den Abbau von Altanlagen errichtet werden dürfen. Dieser Zugriff ist ihm möglich, weil die Errichtung neuer Anlagen nur aufgrund einer neuen Genehmigung möglich ist. Die Genehmigung zur Errichtung der Altanlagen erlaubt das Repowering nicht. Idealerweise will der Planungsträger bestimmen, für welche Altanlagen auf welchen Flächen oder Standorten neue Anlagen im Sinne von § 30 EEG auf welchen Flächen errichtet werden dürfen.[6] Diese Gestaltungsmöglichkeiten stehen dem Planungsträger allerdings nicht nach eigenem Gutdünken zur Verfügung. Er darf sich dabei nur solcher Instrumente bedienen, die im Anwendungsbereich des § 35 BauGB und der grundgesetzlich fundierten Baufreiheit die Errichtung von Windenergieanlagen an beliebigen Standorten verhindert und an anderen Standorten zulässt.[7]

Bei der Wahl der Planungsinstrumente muss stets bedacht werden, dass Windenergieanlagen planungsrechtlich privilegiert sind (§ 35 Abs. 1 Nr. 5 BauGB) und eine immissionsschutzrechtliche Genehmigung nach § 6 Abs. 1 Nr. 2 BImSchG zu erteilen ist, wenn – abgesehen von den sonstigen Voraussetzungen des Bundesimmissionsschutzgesetzes – dem Vorhaben öffentlich-rechtliche Vorschriften nicht entgegenstehen. Das Wirken des Planungsträgers bei der Ausgestaltung des

---

6   Vgl. dazu Christian-W. Otto, Rückbau und Repowering - Welche Planungsbefugnisse vermittelt § 249 Abs. 2 BauGB? -, ZfBR 2012, Sonderausgabe, 72 ff.; C. Mayer, Raumordnungs- und bauleitplanungsrechtliche Probleme des Repowerings von Windenergieanlagen (Teil 2), EurUP 2009, S. 281 ff.; W. Söfker Zur bauplanungsrechtlichen Absicherung des Repowering von Windenergieanlagen, ZfBR 2008, S. 14 ff.; C. Antweiler, A. Gabler Klimaschutz durch Bauleitplanung, BauR 2012, S. 39 ff

7   Vgl. allgemein Stephan Mitschang, Steuerung der Windenergie durch Regional- und Flächennutzungsplanung – eine praxisbezogene Betrachtung, BauR 2013, 29 ff.; Alfred Scheidler, Die Sonderregelungen zur Windenergie in der Bauleitplanung im neuen § 249 BauGB, UPR 2012, 411 ff.; Willy Spannowsky, Steuerung der Windkraftnutzung unter veränderten landespolitischen Vorzeichen, ZfBR 2012, Sonderausgabe, 53-64; Alfred Scheidler; Planerische Absicherung des Repowerings von Windenergieanlagen in der Bauleitplanung, KommunalPraxis BY 2012, 173-176; Jessica Büttner, Stefan Kraus, Windkraftanlagen – Genehmigungsverfahren und Zulässigkeitsmaßstab, KommunalPraxis BY 2012, 90-98; Alexander Schink, Immissionsschutzrechtliche Anforderungen bei der Errichtung und dem Repowering von Windenergieanlagen, I+E 2012, 194-202; Christian-W. Otto, Rückbau und Repowering – Welche Planungsbefugnisse vermittelt § 249 Abs. 2 BauGB? -, ZfBR 2012, Sonderausgabe, 72 ff.; Hannes Kopf, Klimaschutz in der Planungs- und Genehmigungspraxis - die BauGB-Novelle 2011, LKRZ 2012, 261-266.

Repowerings muss also darauf gerichtet sein, solche öffentlich-rechtlichen Vorschriften zu schaffen und zu montieren, die im Genehmigungsverfahren für die Genehmigungsbehörde beachtlich sind.

Im Folgenden wird das Repowering ausschließlich aus der vorstehend geschilderten planerischen Sicht behandelt.[8] Im Mittelpunkt steht dabei die Beantwortung der Frage, mit welchen Mitteln in der Bauleitplanung und in der Regionalplanung das Repowering gesteuert werden kann, so dass bestimmte neue Anlagen nur dann gebaut werden dürfen, wenn bestimmte alte Anlagen abgebaut werden. Das dafür zur Verfügung stehende Instrumentarium ist begrenzt, insoweit also übersichtlich, jedoch – wie sogleich zu zeigen ist - nicht ganz einfach zu handhaben.

II. Welches Bedürfnis nach Sicherung des Repowerings kann bestehen?

Soll das Repowering durch die Planung nicht nur ermöglicht, sondern auch gesteuert und durchgesetzt werden, so muss in der Planung darauf geachtet werden, dass nicht nur das Repowering als solches möglich wird, sondern auch die mit dem Repowering im Zusammenhang stehenden planerischen Ziele tatsächlich erreicht werden. Ziel der Planung ist einerseits, dass Windkraftanlagen nur noch auf den Flächen errichtet werden, die nach den planerischen Kriterien des Planungsträgers für die Windkraft geeignet sind. Andererseits ist Ziel der Planung, die Windkraftanlagen von den Flächen zu entfernen, die als für die Windkraftnutzung ungeeignet beurteilt werden. Insbesondere die Entfernung von vorhandenen und genehmigten Windkraftanlagen bedeutet ein planerisch anspruchsvolles Ziel. Da die dort stehenden Windkraftanlagen durch wirksame Genehmigungen legalisiert sind, können sie regelmäßig nicht gegen den Willen des Eigentümers der Windkraftanlagen bzw. gegen den Willen des Inhabers der Genehmigung beseitigt werden. Es gilt also für den Planungsträger, die Eigentümer und Betreiber der Windkraftanlagen, die beseitigt werden sollen, dazu zu bewegen, die unerwünschten Altanlagen zu beseitigen.

In die Überlegung, wie das so verstandene Repowering bewerkstelligt werden kann, muss folglich regelmäßig eingestellt werden, dass das Repowering einerseits zwar nur auf Initiative der Windenergieanlagenbetreiber möglich ist, andererseits aber in der Regel ein großes wirtschaftliches Interesse der Betreiber vorhanden ist, neue leistungsfähige Anlagen zu errichten. Deshalb braucht der Plangeber weniger darauf zu achten, ob das Repowering, verstanden als der Austausch alter Anlagen gegen neue Anlagen, tatsächlich stattfindet. Vielmehr hat er seinen Blick darauf zu lenken, dass die für die Windenergieanlagenbetreiber unangenehmen Begleiterscheinungen des Repowerings in Gestalt des Rückbaus von Altanlagen nicht unter-

---

8 Vgl. dazu BVerwG, B. v. 29. 3. 2010 – 4 BN 65.09.

laufen wird. Mit der Durchsetzung des Rückbaus von Altanlagen ist das eigentliche Sicherungsbedürfnis benannt:

Wie kann Repowering so geplant werden, dass aus planerischer Sicht für die Windkraftnutzung ungeeignete Standorte aufgegeben werden? Die Frage, wie das Repowering so geplant werden kann, dass auf den geeigneten Flächen Windkraftanlagen tatsächlich gebaut und betrieben werden, braucht in diesem Zusammenhang hingegen nicht beantwortet zu werden, da der Windkraftboom anhält, so dass das Interesse, geeignete Flächen zu bauen, unverändert groß ist.

III. Welche Sicherungsinstrumente bestehen?

1. Sicherungsinstrumente im Aufstellungsverfahren

Um feststellen zu können, wie der Rückbau von Altanlagen im Zuge des Repowerings durchgesetzt werden kann, so dass dabei ungeeignete Standorte endgültig aufgegeben werden, bedarf es einer Analyse der vorhandenen Sicherungsinstrumente. Dabei lässt sich zunächst feststellen, dass im Baugesetzbuch und in den Bauordnungen der Länder ein speziell auf das Repowering zugeschnittenes Sicherungsmittel nicht zu finden ist. Zwar stehen die Sicherungsinstrumente der §§ 14 f. BauGB während der Planung und zu ihrer Absicherung zu Verfügung. Sie sind aber erschöpft, sobald die Repowering-Planung abgeschlossen und die Pläne wirksam geworden sind. Denn in dem Moment, in dem der Bebauungsplan oder der Flächennutzungsplan in Kraft tritt bzw. wirksam wird, verlieren die Sicherungsinstrumente der §§ 14 f. BauGB ihre Wirkung. Es sind dann lediglich noch die Bauleitpläne wirksam.

Auch im Bereich der Regionalplanung endet das raumordnungsrechtliche Sicherungsmittel der vorläufigen Untersagung mit dem Wirksamwerden des Regionalplans. Dieses sieht nach § 14 Abs. 2 ROG bzw. den landesrechtlichen Regelungen (z. B. § 20 Abs. 1 Nr. 2 LPlG B-W)[9] vor, dass die zuständige Raumordnungsbehörde raumbedeutsame Planungen und Maßnahmen sowie die Entscheidung über deren Zulässigkeit gegenüber den in § 4 ROG genannten öffentlichen Stellen befristet untersagen darf, wenn sich ein Raumordnungsplan in Aufstellung befindet und wenn zu befürchten ist, dass die Planung oder Maßnahme die Verwirklichung der vorgesehenen Ziele der Raumordnung unmöglich machen oder wesentlich er-

---

9   Vgl. VGH Mannheim, ZfBR 2012, 678 ff.; VG Halle (Saale) U. v. 23. 11. 2010 – 4 A 38/10 – Juris; OVG Lüneburg, BRS 58 Nr. 4.

schweren würde. Die Dauer der Untersagung beträgt bis zu zwei Jahre, sie kann um ein weiteres Jahr verlängert werden.[10]

Andere Sicherungsinstrumente in Gestalt von besonderen Genehmigungsvorbehalten, wie sie bei der Sanierungs- oder Entwicklungsmaßnahme für die Dauer der Maßnahme oder für die Erhaltungssatzung für die Dauer ihrer Geltung vorgesehen sind, existieren für den mit Windkraftanlagen zu bebauenden Außenbereich nicht. Von daher muss die Sicherung des Repowerings entweder in der Planung selbst enthalten sein oder mit vertraglichen Mitteln herbeigeführt werden.

2. Das Sicherungsinstrument des § 249 Abs. 2 Satz 1 BauGB.

Der Gesetzgeber hat in der Klimaschutznovelle des Baugesetzbuches vom 22. Juli 2011[11] die Sonderregelungen des § 249 BauGB geschaffen. Mit § 249 Abs. 2 BauGB hat er über die Bebauungsplanung hinaus auch für die Flächennutzungsplanung einen Mechanismus zugelassen, der es der Gemeinde ermöglicht, die Funktionsweise der bedingten Festsetzung nach § 9 Abs. 2 BauGB im Anwendungsbereich des Flächennutzungsplans zu verwenden.

Nach § 9 Abs. 2 Satz 1 Nr. 2 BauGB kann eine Festsetzung in einem Bebauungsplan, durch die ein Vorhaben planungsrechtlich zugelassen wird, mit einer Befristung oder Bedingung versehen werden.[12] Wird in den Bebauungsplan eine solche Festsetzung aufgenommen, so ist die von der Vorschrift erfasste Anlage planungsrechtlich erst dann zulässig bzw. wird dann unzulässig, wenn ein bestimmter Zeitpunkt oder Umstand eingetreten ist. Dieser Umstand muss in der Festsetzung genau benannt werden.[13] Bei dieser Benennung muss der Umstand/ Zeitpunkt so beschrieben werden, dass für den Anwender dieser Festsetzung eindeutig erkennbar ist, ob der benannte Umstand tatsächlich eingetreten ist, so dass die bedingte/ befristete Nutzung dadurch planerisch zulässig bzw. unzulässig geworden ist.

Die Gemeinde darf von einer Festsetzung nach § 9 Abs. 2 BauGB jedoch nur in besonderen Fällen Gebrauch machen. Sie hat daher bei der Aufstellung des Be-

---

10 Ebenso die Rechtslage nach Landesrecht, vgl. Art. 14 Vertrag über die Aufgaben und Trägerschaft sowie Grundlagen und Verfahren der gemeinsamen Landesplanung zwischen den Ländern Berlin und Brandenburg (Landesplanungsvertrag), in der Fassung der Bekanntmachung vom 13. Februar 2012 (GVBl. I/12 Nr. 14) oder Art. 28 Bayerisches Landesplanungsgesetz (BayLplG) vom 25. Juni 2012 (GVBl. 2012, S. 254).
11 BGBl. I S. 1509.
12 Vgl. dazu Battis/Otto, Planungsrechtliche Anforderungen an Bedingungen und Befristungen gem. § 9 Abs. 2 BauGB UPR 2006, S. 165 ff.; Kuschnerus, Befristete und bedingte Festsetzungen in Bebauungsplänen, ZfBR 2005, S. 125 ff.; Schiefdecker, Baurecht auf Zeit im BauGB 2004, BauR 2005, S. 320 ff.
13 Vgl. OVG Münster, BauR 2011, S. 1943 ff.; OVG Magdeburg, U. v. 17. 2. 2011 – 2 K 102/09 – Juris Rn. 79 ff.; Söfker, in: Ernst/ Zinkahn/Bielenberg/Krautzberger, BauGB, Loseblattsammlung, Stand: Juni 2012, § 9 Rn. 240 o.

bauungsplans zu prüfen, ob ein besonderer Fall im Sinne einer städtebaulichen Ausnahmesituation gegeben ist. Der Kreis der besonderen Fälle ist zwar denkbar groß, reduziert sich aber letztlich auf solche Situationen, in denen ohne die in § 9 Abs. 2 BauGB vorgesehenen Festsetzungsmöglichkeiten die städtebaulich nach § 1 Abs. 3 BauGB erforderliche Planung versagen würde. Im Bebauungsplan ist daher die Verknüpfung des Baus neuer Windkraftanlagen mit dem Abbau von Altanlagen durch Festsetzungen im Sinne von § 9 Abs. 2 Satz 1 Nr. 2 BauGB grundsätzlich möglich. Diese Verknüpfung kann anders als durch bedingte Festsetzungen nicht hergestellt werden. Dies genügt als Voraussetzung für einen besonderen Fall im Sinne von § 9 Abs. 2 BauGB.

Auf dieser Regelung von § 9 Abs. 2 BauGB baut § 249 Abs. 2 Satz 1 BauGB auf.[14] In § 249 Abs. 2 BauGB ist bestimmt, dass nach § 9 Abs. 2 Satz 1 Nr. 2 BauGB auch festgesetzt werden kann, dass die im Bebauungsplan festgesetzten Windenergieanlagen nur zulässig sind, wenn sichergestellt ist, dass nach der Errichtung der im Bebauungsplan festgesetzten Windenergieanlagen andere im Bebauungsplan bezeichnete Windenergieanlagen innerhalb einer im Bebauungsplan zu bestimmenden angemessenen Frist zurückgebaut werden. § 249 Abs. 2 BauGB gestattet, § 9 Abs. 2 Satz 1 Nr. 2 BauGB als Rechtsgrundlage für die Verknüpfung des Abbaus der Altanlagen mit der Zulässigkeit des Baus neuer Anlagen zu nutzen. § 249 Abs. 2 Satz 1 BauGB legt dadurch „die besonderen Fälle" im Sinne von § 9 Abs. 2 BauGB fest, die Anwendungsvoraussetzung für den Einsatz bedingter Festsetzungen im Sinne von § 9 Abs. 2 BauGB sind.[15] Die städtebauliche Besonderheit liegt beim Repowering in der Abhängigkeit der Zulässigkeit neuer Windkraftanlagen vom Rückbau der Altanlagen. Diese Abhängigkeit fußt auf der bauleitplanerischen Konzeption des Repowerings. Zudem verdeutlicht § 249 Abs. 2 BauGB die Möglichkeit, diese Abhängigkeit auf Standorte von stillzulegenden und zurückzubauenden Windenenergieanlagen, die außerhalb des Bebauungsplangebiets und sogar außerhalb des Gemeindegebiets liegen können, auszudehnen.[16] Dadurch wird der „Eintritt bestimmter Umstände" im Sinne von § 9 Abs. 2 Nr. 2 BauGB in räumlicher Hinsicht geregelt.

Diese Bezugnahme auf die räumliche Wirkung bei der Steuerung der Windkraftnutzung, die über das Gemeindegebiet hinaus geht, ist bemerkenswert. Die Gemeinden können gleichwohl mit ihrer Bauleitplanung die Windkraftnutzung nur unmittelbar auf ihrem Gemeindegebiet steuern. § 249 Abs. 2 BauGB weist die planende Gemeinde darauf hin, als Bedingung für die Zulässigkeit von Windkraftanlagen auch den Rückbau von Anlagen in anderen Gemeindegebieten zu bestimmen. Wobei die Bedingung in diesen Fällen so formuliert sein muss, dass nicht nur die Altanlage zurückgebaut wird, sondern öffentlich-rechtlich auch gesichert ist, dass

---

14 Vgl. BT-Drucks 16/6076, S. 12 f.
15 Kritisch Berkemann, Rechtliche Absicherung des Repowering von Windkraftanlagen, in: Hans D. Jarass (Hrsg.), Erneuerbare Energien in der Raumplanung, Symposium des Zentralinstituts für Raumplanung an der Universität Münster am 13. Mai 2011, Berlin 2011.
16 Vgl. BT-Drucks 16/6076, S. 12 f.

an Stelle der abzubauenden Windkraftanlagen (später) keine neuen Anlagen errichtet werden. Diese Sicherung kann durch die Eintragung beschränkt persönlicher Dienstbarkeiten zugunsten der planenden Gemeinde oder durch Baulasten geschehen. Wobei wegen der fehlenden Einflussmöglichkeit der planenden Gemeinde auf einen möglichen späteren Verzicht der baulastführenden Behörde auf die Baulast die beschränkt persönliche Dienstbarkeit zugunsten der planenden Gemeinde vorzugswürdig erscheint. Allerdings muss die planende Gemeinde dann darauf achten, dass die Dienstbarkeit insolvenzsicher eingetragen wird.

Die Planungshoheit der von einer Festsetzung in der Weise betroffenen Gemeinde, dass auf ihrem Gemeindegebiet Anlagen abgebaut werden sollen, wird durch die hier beschriebene Planung des Repowerings nicht verletzt. Durch die Festsetzung einer Gemeindegebietsgrenzen überschreitenden Bedingung, nach der bestehende Altanlagen abzubauen sind, um neue Anlagen planungsrechtlich zuzulassen, wird die planungsrechtliche Zulässigkeit der abzubauenden Windkraftanlage nicht geändert. Deren Zulässigkeit beurteilt sich weiterhin nach § 35 BauGB. Die Altanlage muss aufgrund einer derartigen Festsetzung nicht abgebaut werden. An dem Standort der Altanlage könnte sogar eine neue Anlage errichtet werden, ohne dass es zu einem Widerspruch zu den Festsetzungen des Bebauungsplans kommt. Die betroffenen Anlagen und Standorte werden durch Festsetzungen im Sinne von § 249 Abs. 2 BauGB weder überplant noch ihrer planungsrechtlichen Zulässigkeit nach § 35 BauGB beraubt. Auch das Planungsschadensrecht der §§ 39 ff. BauGB findet für diese Anlagen und Grundstücke keine Anwendung. Die Eigentümer von abzubauenden Windkraftanlagen handeln bei diesem planungsrechtlichen Manöver der planenden Nachbargemeinde vielmehr freiwillig. Sie können mit ihrer Weigerung, Altanlagen abzubauen, aber mit der Errichtung von neuen Anlagen lediglich den Neubau von Anlagen im Geltungsbereich des Bebauungsplans verhindern.

Planungsrechtlich beachtlich ist auch, dass der von der bedingten Festsetzung geforderte vollständige Abbau von Windkraftanlagen, wie § 29 BauGB belegt, nicht nach den §§ 30 ff. BauGB zu beurteilen ist. Es ist also für die Beseitigung dieser Anlage auch nicht das gemeindliche Einvernehmen gem. § 36 BauGB erforderlich. Erforderlich wird aber regelmäßig im Verfahren zur Aufstellung des Bauleitplans eine intensive Abstimmung mit der Nachbargemeinde im Sinne von § 2 Abs. 2 BauGB sein. Denn durch die bedingte Festsetzung im Sinne von § 249 Abs. 2 BauGB wird faktisch ein Druck auf die Windkraftanlagenbetreiber der Nachbargemeinde ausgeübt, dort ihre Anlagen abzubauen. Dies kann im Widerspruch zu den Überlegungen der Nachbargemeinde stehen, ihr Gemeindegebiet für die Windkraftnutzung zu öffnen oder bereitzuhalten. Auch können der Nachbargemeinde Steuereinnahmen, die aus den Gewinnen durch den Betrieb der Windkraftanlagen auf ihrem Gemeindegebiet entstehen (vgl. § 29 GewStG), verloren gehen. Diese Auswirkungen der Bauleitplanung sind nach § 2 Abs. 3 BauGB sorgfältig zu ermitteln und gem. § 1 Abs. 7 BauGB abzuwägen.

Der Effekt von § 249 Abs. 2 Satz 1 und 2 BauGB beschränkt sich folglich darauf, den Anwendungsbereich von § 9 Abs. 2 Nr. 2 BauGB für das Repowering zu konkretisieren. Dies ist für die Planungspraxis ausgesprochen hilfreich. Anzunehmen ist nämlich, dass derart bedingte Festsetzungen (insbesondere der Rückbau von außerhalb des Gemeindegebiet stehender Windkraftanlagen als Eintritt eines bestimmten Umstands im Sinne von § 9 Abs. 2 Nr. 2 BauGB), wären sie lediglich in Aufsätzen und Kommentaren beschrieben worden, in der Planungspraxis vielfach keine Akzeptanz erfahren hätten. Andererseits darf durch § 249 Abs. 2 BauGB für die Bebauungsplanung nicht der Eindruck vermittelt werden, die Gemeinde könne das Repowering nur so und nicht anders angehen. Durch § 249 Abs. 2 BauGB werden die Gestaltungsmöglichkeiten, die § 9 Abs. 2 BauGB der Gemeinde eröffnet, nicht beschränkt. Es bleibt ihr also trotz § 249 Abs. 2 BauGB unbenommen, das Repowering und die Bedingungen, unter denen die Errichtung und Nutzung von Windkraftanlagen zulässig sind, abweichend von § 249 Abs. 2 BauGB zu regeln.

Eine echte Sonderregelung, die über § 9 Abs. 2 BauGB deutlich hinausgeht, verbirgt sich in § 249 Abs. 2 Satz 3 BauGB. Danach dürfen Darstellungen im Flächennutzungsplan, die die Rechtswirkungen des § 35 Abs. 3 Satz 3 BauGB haben, mit einer Bestimmung verbunden werden, nach der Windenergieanlagen in den ausgewiesenen Standorten nur zulässig sind, wenn der Rückbau anderer Windenergieanlagen sichergestellt ist. Die besondere Bedeutung dieser Vorschrift erschließt sich nicht auf den 1. Blick, wiewohl diese Vorschrift noch stärker als § 35 Abs. 3 Satz 3 BauGB auf die Zulässigkeit von Vorhaben durchschlägt.

Mit § 249 Abs. 2 Satz 3 BauGB wird das überkommene System der Flächennutzungsplanung verlassen. Insofern handelt es sich um eine echte Sonderregelung zu § 5 BauGB. Das Besondere an dieser Vorschrift ist, dass im Anwendungsbereich dieser Vorschrift im Flächennutzungsplan nicht lediglich die Art der Bodennutzung *dargestellt* wird, sondern – so der Wortlaut des Paragraphen – *Bestimmungen* in den Flächennutzungsplan aufgenommen werden dürfen, die über die Zulässigkeit von Windkraftanlagen entscheiden. Der Flächennutzungsplan fungiert im Anwendungsbereich von § 249 Abs. 2 Satz 3 BauGB also nicht mehr lediglich als öffentlicher Belang im Sinne von § 35 Abs. 3 BauGB. Vielmehr wird durch den Flächennutzungsplan verbindlich *geregelt* („Bestimmung"), unter welchen Voraussetzungen Windkraftanlagen innerhalb einer dargestellten Konzentrationszone zulässig sind. Im Anwendungsbereich dieser Bestimmung wirkt der Plan also wie eine Zulässigkeitsregelung im Sinne von § 30 BauGB. Diese Bestimmung unterliegt also nicht mehr der hinter dem Begriff „entgegenstehen" stehenden nachvollziehenden Abwägung[17] des § 35 Abs. 1 BauGB.

Allerdings ist diese Wirkung der Darstellung des Flächennutzungsplans nur beschränkt auf die Kombination einer Darstellung von Konzentrationszonen im Sin-

---

17 Vgl. dazu, BVerwGE 28, 148; BVerwGE 115, 17; BVerwGE 122, 364.

ne von § 35 Abs. 3 Satz 3 BauGB mit Regelungen über die Abhängigkeit der Errichtung neuer Windkraftanlagen vom Abbau von Altanlagen.[18] Diese Regelungstechnik greift also dann nicht, wenn im Flächennutzungsplan Flächen für die Windkraftnutzung ausgewiesen werden, die ohne Ausschlusswirkung gem. § 35 Abs. 3 Satz 3 bleiben sollen.

§ 249 Abs. 2 Satz 3 BauGB trifft zudem nur eine Aussage über die Zulässigkeit von neuen Windkraftanlagen in Bezug auf die Abhängigkeit dieser Anlagen vom Rückbau anderer Anlagen. Darüber hinaus wird die Zulässigkeit von neuen Anlagen nicht geregelt. § 249 Abs. 2 Satz 3 BauGB bzw. den entsprechenden Darstellungen im Flächennutzungsplan sind keine Aussagen dazu zu entnehmen, ob die neu zugelassenen Windkraftanlagen auch in sonstiger Hinsicht zulässig sind. Insoweit bleibt es bei der bekannten Wirkung der öffentlichen Belange im Sinne von § 35 Abs. 1 BauGB und der nachvollziehenden Abwägung, ob öffentliche Belange entgegenstehen.[19]

3. Die Sicherung in der Regionalplanung

Auf den Regionalplan sind diese Sonderbestimmungen des § 249 Abs. 2 BauGB nicht übertragbar. Die Sicherung des Repowerings auf der Ebene des Regionalplans ist nicht in der Weise möglich, die für die Bauleitplanung gegeben ist. Zwar kann in der Phase der Aufstellung eines Regionalplans durch die Untersagung von Vorhaben sichergestellt werden, dass Vorhaben nicht im Widerspruch zu den künftigen Zielen des Regionalplans verwirklicht werden.[20] Nach der Aufstellung des Regionalplans ist es jedoch nicht mehr möglich, durch bedingte Zielfestsetzungen einen Effekt zu erzielen, der dem des § 249 Abs. 2 BauGB gleichkommt. Es bedarf daher einer Ausweichlösung.

Als Ausweichlösungen bieten sich an:

- Der Abschluss öffentlich-rechtlicher Verträge im Sinne von § 11 Abs. 1 Nr. 1 und 2 BauGB, in denen das Repowering vereinbart wird. In diesen Verträgen kann detailliert geregelt werden, wie das Repowering vonstattengehen soll. Von daher sind die Verträge zur Sicherung des Repowerings gut geeignet. Dieses Sicherungsinstrument leidet jedoch unter dem Manko, dass es die Bereitschaft des Anlagenbetreibers vor- aussetzt, sich auf einen solchen Vertrag einzulassen. Fehlt die Bereitschaft, dann kann mittels des Vertrags das Repowering nicht sichergestellt werden. Allerdings kann der regionale

---

18 Vgl. Söfker, in: Ernst/Zinkahn/Bielenberg/Krautzberger, BauGB. Loseblattsammlung, Stand: November 2011, § 249 Rn. 24.
19 Vgl. dazu, BVerwGE 28, 148; BVerwGE 115, 17; BVerwGE 122, 364.
20 Vgl. VGH Mannheim, ZfBR 2012, 678 ff.; VG Halle (Saale) U. v. 23. 11. 2010 – 4 A 38/10 – Juris; OVG Lüneburg, BRS 58 Nr. 4.

Planungsträger die Bereitschaft zum Abschluss von solchen Verträgen fördern, indem er auf die Anlagenbetreiber durch eine mindestens zweijährige Untersagung gem. § 14 Abs. 2 ROG während der Planungsphase einen gewissen Handlungsdruck ausübt, so dass diese sich unter Umständen bereit erklären, einen solchen Vertrag abzuschließen. Dadurch können sie in den Genuss kommen, mit dem Bau neuer Anlagen eher beginnen zu dürfen.

- Eine andere Möglichkeit besteht in der Unterlegung des Regionalplans durch Flächennutzungspläne oder Bebauungspläne, in denen die Repowering-Vorstellungen des Regionalplans aufgegriffen und mittels § 249 Abs. 2 BauGB verbindlich gemacht werden. Die dem Regionalplan vorenthaltene Möglichkeit zur Sicherung des Repowerings auf der Ebene des Regionalplans wird dadurch auf die Ebene der Bauleitplanung verlagert. Dadurch, dass die Gemeinden die regionalplanerischen Ziele in ihrer Bauleitplanung aufgreifen, haben sie zugleich die Möglichkeit, mit den oben genannten Instrumenten das Repowering auf kommunaler Ebene sicherzustellen. Zwar ist dieses Vorgehen sehr aufwendig, weil es einer beständigen Abstimmung bedarf und alle Gemeinden mitziehen müssen. Andererseits ist den Gemeinden ohnehin anzuraten, die Ziele des Regionalplans in Bezug auf die Nutzung der Windkraft auf der Ebene der Bauleitplanung nachzuzeichnen. Denn im Falle einer Unwirksamkeit des Regionalplans stehen sie nicht ohne Planung und Steuerungsmöglichkeit da. Diese Nachzeichnung setzt allerdings voraus, dass die Bauleitplanung auf einer eigenständigen Abwägung beruht. Andernfalls könnte der Mangel des Regionalplans die Bauleitplanung infizieren.

- Eine weitere Möglichkeit, die mangelnde Sicherung des Repowerings auf der Ebene des Regionalplans zu überwinden, besteht in dem Ersatz des Regionalplans durch einen regionalen Flächennutzungsplan. Nach Maßgabe des § 8 Abs. 4 ROG können regionale Flächennutzungspläne aufgestellt werden. Diese Pläne nehmen sowohl die Funktion von Regionalplänen, wie auch die Funktion von Flächennutzungsplänen wahr. Damit eröffnet sich die Möglichkeit, von der Sonderbestimmung des § 249 Abs. 2 Satz 3 BauGB Gebrauch zu machen. Dadurch kann für eine Region, also gemeindegebietsübergreifend, das Repowering geplant und zugleich sichergestellt werden. Es gelten insoweit die Ausführungen zu § 249 Abs. 2 BauGB.

IV. Fazit

Die Sicherung des Repowerings ist auf der Ebene der Bauleitplanung gut möglich. Das Planungsinstrumentarium dafür ist zwar begrenzt, aber ausreichend. § 249 Abs. 2 BauGB erlaubt den Gemeinden den wirkungsvollen Einsatz von bedingten Festsetzungen bzw. – für den Flächennutzungsplan – von bedingten Bestimmungen über die Zulässigkeit von Windkraftanlagen in Konzentrationszonen.

Unmittelbar auf der Ebene des Regionalplans ist eine solche Sicherung nicht möglich. § 249 Abs. 2 BauGB ist auf der Ebene des Regionalplans nicht, auch nicht analog anwendbar. Sollen die regionalplanerischen Vorgaben für ein Repowering umgesetzt werden, bedarf es der Hilfe der Bauleitplanung oder des Abschlusses von städtebaulichen Verträgen.

Die Bauleitplanung kann für die Regionalplanung hilfreich sein, wenn statt eines Regionalplans ein regionaler Flächennutzungsplan gem. § 8 Abs. 4 ROG aufgestellt wird. In diesem Plan kann von der Sonderregelung des § 249 Abs. 2 Satz 3 BauGB Gebrauch gemacht werden. Alternativ kann die Regionalplanung dadurch abgesichert werden, dass auf der Ebene der Bauleitplanung die Repowering-Ziele der Raumordnung nachgezeichnet und das Repowering mit Hilfe der Regelungstechnik des § 249 Abs. 2 BauGB gesichert wird.

Abschichtung zwischen Planungs- und Genehmigungsverfahren

Olaf Reidt

Zwischen Planungs- und Genehmigungsverfahren können Prüfungsgegenstände, die auf den jeweiligen Ebenen zu prüfen sind, abgeschichtet werden. Auf diese Weise können erhebliche Verfahrenserleichterungen erreicht werden. Im Folgenden sollen zunächst der Begriff der Abschichtung sowie deren Sinn und Zweck näher beleuchtet werden. Sodann werden die konkreten Möglichkeiten der Abschichtung im Zusammenhang mit der Genehmigung von Windenergieanlagen im Außenbereich dargestellt. Abschließend werden die verschiedenen Grenzen aufgezeigt, die der Möglichkeit einer Abschichtung entgegenstehen können.

I. Begriff der Abschichtung

Unter Abschichtung wird die Übertragung eines Prüfungsgegenstandes auf eine andere Planungs- bzw. Zulassungsebene verstanden. Die Abschichtung ist ein Verfahrenselement zur effizienten und praktikablen Durchführung von Planungs- und Zulassungsverfahren.[1] Sie kommt in Betracht, wenn auf zwei nacheinander geschalteten Prüfungsebenen zumindest teilweise inhaltsgleiche Prüfungsgegenstände auftreten. Dabei kann eine Abschichtung grundsätzlich in beide Richtungen erfolgen.[2] Einerseits können Einzelfragen in einem Planaufstellungsverfahren ausgeklammert und einem späteren Genehmigungsverfahren überlassen werden (Konflikttransfer). Andererseits können Ergebnisse aus vorgelagerten Planungsverfahren in nachfolgende Genehmigungsverfahren übernommen werden. Der Sinn und Zweck von Abschichtungen liegt vor allem in der Vermeidung von Doppelprüfungen. Durch eine frühzeitige Prüfung auf vorgelagerten Ebenen oder durch die Verlagerung auf spätere Ebenen können Verfahrensbeschleunigungen und -entlastungen erreicht werden.[3] Die Prüfung kann und soll dort erfolgen, wo sie am zweckmäßigsten durchzuführen ist.[4]

Bei der Zulassung von Windenergieanlagen im Außenbereich können insbesondere öffentliche Belange i. S. d. § 35 Abs. 3 Satz 1 BauGB, die einem solchen Vorhaben

---

[1] Schwarz, NuR 2011, 545, 546; Schink, NuR 2005, 143, 144.
[2] Sellner/Reidt/Ohms, Immissionsschutzrecht und Industrieanlagen, 3. Aufl. 2006, 2. Teil, Rn. 40 ff.
[3] Vgl. etwa die Gesetzesbegründung zu § 35 Abs. 3 Satz 2 BauGB, BT-Drs. 10/6166, 132 f.; s. auch Schwarz, NuR 2011, 545, 546.
[4] So auch die Begründung des Gesetzesentwurfes zu § 14f Abs. 3 UVPG, der die Möglichkeit von Abschichtungen bei Umweltverträglichkeitsprüfungen betrifft, BT-Drs. 15/3441, 31.

möglicherweise entgegenstehen, Gegenstand der Abschichtung sein. Die Prüfung entgegenstehender Belange findet zwar erst auf der Zulassungsebene, d. h. in der Regel im immissionsschutzrechtlichen Genehmigungsverfahren statt. Sofern aber vom Planvorbehalt i. S. d. § 35 Abs. 3 BauGB Gebrauch gemacht worden ist, indem eine Gemeinde einen Flächennutzungsplan oder die Raumordnungsbehörde einen Raumordnungsplan mit den Wirkungen des § 35 Abs. 3 Satz 3 BauGB erlassen hat, kann eine Prüfung auf Genehmigungsebene u. U. entfallen.[5]

II. Genehmigungsverfahren für Windenergieanlagen

1. Genehmigungsbedürftigkeit, Verfahrensarten

Die Errichtung und der Betrieb von Windenergieanlagen mit einer Gesamthöhe von mehr als 50 Metern sind gemäß Nr. 1.6 des Anhangs zur 4. BImSchV immissionsschutzrechtlich genehmigungsbedürftig.[6] Gemäß § 2 Abs. 1 Nr. 2 der 4. BImSchV ist das vereinfachte Genehmigungsverfahren nach § 19 BImSchV ausreichend, es sei denn für das Vorhaben ist eine Umweltverträglichkeitsprüfung nach dem UVPG durchzuführen (vgl. § 2 Abs. 1 Nr. 1c der 4c der 4. BImSchV). Die UVP-Pflichtigkeit von Windenergieanlagen, ergibt sich aus § 3 Abs. 1 Satz 1 UVPG i. V. m. Nr. 1.6 der Anlage 1 zum UVPG. Nach Nr. 1.6.1 sind die Errichtung und der Betrieb einer Windfarm[7] mit 20 oder mehr Windenergieanlagen, die jeweils eine Gesamthöhe von 50 Metern haben, generell UVP-pflichtig. Windfarmen mit 6-19 Windenergieanlagen sind gemäß Nr. 1.6.2 der Anlage 1 zum UVPG UVP-pflichtig, wenn eine allgemeine Vorprüfung des Einzelfalls zur UVP-Pflicht führt. Bei Windfarmen mit 3-5 Windenergieanlagen entscheidet eine standortbezogene Vorprüfung im Einzelfall über die UVP-Pflichtigkeit (Nr. 1.6.3 der Anlage 1 zum UVPG). Sieht das Gesetz die Durchführung des vereinfachten Verfahrens vor, kann der Vorhabenträger auf Antrag gleichwohl die Durchführung des förmlichen Verfahrens verlangen (§ 19 Abs. 3 BImSchG).[8]

Das vereinfachte Genehmigungsverfahren unterscheidet sich vom förmlichen Verfahren vor allem dadurch, dass die in § 19 Abs. 2 BImSchV genannten Vorschriften nicht anzuwenden sind.[9] Die bedeutendsten Vereinfachungen im Vergleich zum

---

5   S. noch unter IV.
6   Zur Genese der Rechtslage vgl. Gatz, Windenergieanlagen in der Verwaltungs- und Gerichtspraxis, 2009, Rn. 395 ff.
7   Zu den mit dem Begriff Windfarm zusammenhängenden Rechtsproblemen s. BVerwG, U. v. 30.6.2004 – 4 C 9.03, BVerwGE 121, 182; Gatz, Windenergieanlagen in der Verwaltungs- und Gerichtspraxis, 2009, Rn. 409 ff.
8   Jarass, BImSchG, 9. Aufl. 2012, § 19, Rn. 9; Sellner/Reidt/Ohms, Immissionsschutzrecht und Industrieanlagen, 3. Aufl. 2006, 2. Teil, Rn. 44.
9   Vgl. hierzu Kühling, in: Kotulla (Hrsg.), BImSchG, Stand: März 2005, § 19, Rn. 23 ff.

förmlichen Verfahren sind also der Verzicht auf die Bekanntmachung des Vorhabens, die Auslegung von Antrag und Unterlagen sowie der generelle Verzicht auf einen Erörterungstermin.[10] Andererseits kommt die sich aus § 10 Abs. 3 Satz 5 BImSchG ergebende Präklusionsregelung nicht zur Anwendung.

2. Genehmigungsvoraussetzungen

Die Genehmigung zur Errichtung und zum Betrieb einer Windkraftanlage richtet sich materiell-rechtlich nach § 6 Abs. 1 BImSchG. Sie ist zu erteilen, wenn die Erfüllung der immissionsschutzrechtlichen Pflichten sichergestellt ist (Nr. 1) und andere öffentlich-rechtliche Vorschriften der Errichtung und dem Betrieb nicht entgegenstehen (Nr. 2). Über § 6 Abs. 1 Nr. 2 BImSchG findet damit das gesamte anlagenbezogene öffentliche Recht Eingang in das immissionsschutzrechtliche Genehmigungsverfahren.[11] Dies gilt vor allem für das Bauplanungsrecht, mittelbar aber über § 35 Abs. 3 Satz 2 BauGB auch für das Raumordnungsrecht.

3. Prüfung der bauplanungsrechtlichen Zulässigkeit

Windenergieanlagen werden in der Regel im Außenbereich (§ 35 BauGB) realisiert. Sie sind dort gemäß § 35 Abs. 1 Nr. 5 BauGB privilegiert zulässig.[12] Zu den bauplanungsrechtlichen Prüfgegenständen gehören die dem Vorhaben entgegenstehenden öffentliche Belange sowie eine gesicherte Erschließung.

Die Genehmigungsbehörde hat daher insbesondere zu prüfen, ob die Darstellungen eines Flächennutzungsplans dem Vorhaben entgegenstehen, ob von der Windenergieanlage schädliche Umwelteinwirkungen (insbesondere Lärmimmissionen, Schatten- und Lichteffekte) ausgehen, ob erhebliche Auswirkungen auf Natura 2000-Gebiete zu erwarten sind, ob artenschutzrechtliche Verbotsstatbestände entgegenstehen, ob die naturschutzrechtliche Eingriffsregelung zu Ausgleichs- oder Ersatzmaßnahmen verpflichtet, ob Belange der Landschaftspflege oder des Denkmalschutzes erheblich berührt werden, ob das Landschaftsbild durch die zu errichtende Anlage schwerwiegend beeinträchtigt wird, ob dem Gebot der Rücksichtnahme in ausreichender Weise entsprochen wird (optisch bedrängende Wirkung) sowie ob bei (regelmäßig gegebener) Raumbedeutsamkeit dem Vorhaben Ziele der Raumordnung entgegenstehen (vgl. § 35 Abs. 3 Satz 2 BauGB). Jeder der genannten öffentlichen Belange kann grundsätzlich Gegenstand einer Abschichtung sein.

---

10   Sellner/Reidt/Ohms, Immissionsschutzrecht und Industrieanlagen, 3. Aufl. 2006, 2. Teil, Rn. 45.
11   Jarass, BImSchG, 9. Aufl. 2012, § 6, Rn. 23.
12   Zu den in der Rechtsprechung entwickelten Einschränkungen vgl. Gatz, Windenergieanlagen in der verwaltungs- und Gerichtspraxis, 2009, Rn. 44 ff.

III. Planungsverfahren für Windenergieanlagen

1. Planvorbehalt

Der Planvorbehalt des § 35 Abs. 3 Satz 3 1. Alt. BauGB ermöglicht es den Gemeinden, durch Darstellungen in ihrem Flächennutzungsplan oder in einem sachlichen Teilflächennutzungsplan (§ 5 Abs. 2b BauGB) Konzentrationsgebiete für Windenergieanlagen mit Ausschlusswirkung für die übrigen Gemeindeflächen festzusetzen.[13] Nur in Ausnahmefällen können Windenergieanlagen dann gleichwohl noch außerhalb der Vorranggebiete zugelassen werden („in der Regel"; nachvollziehende Abwägung).[14] Vergleichbares gilt gemäß § 35 Abs. 3 Satz 3 2. Alt. BauGB für Raumordnungspläne.[15] Diese können insbesondere Eignungsgebiete oder Vorranggebiete mit der Wirkung von Eignungsgebieten (vgl. § 8 Abs. 7 Satz 2 ROG)[16] für Windenergieanlagen enthalten.

2. Anforderungen an die Abwägung

Die Aufstellung eines Flächennutzungsplans mit den Wirkungen des § 35 Abs. 3 Satz 3 BauGB unterliegt der Abwägung der gegenläufigen öffentlichen und privaten Belange (§ 1 Abs. 7 BauGB). Gleiches gilt gemäß § 7 Abs. 2 ROG für die Aufstellung von Raumordnungsplänen mit den Wirkungen des § 35 Abs. 3 Satz 3 BauGB. In der Rechtsprechung sind die Anforderungen, die an diese Abwägungen in Bezug auf Windenergieanlagen zu stellen sind, präzisiert worden.

a) Schlüssiges gesamträumliches Planungskonzept

Nach der Rechtsprechung bedarf die wirksame Aufstellung eines Flächennutzungs- bzw. eines Raumordnungsplans mit den Ausschlusswirkungen des § 35 Abs. 3 Satz 3 BauGB eines schlüssigen gesamträumlichen Planungskonzeptes.[17] Das Konzept muss dabei nicht nur Auskunft darüber geben, von welchen Erwägungen die positive Standortzuweisung getragen wird, sondern auch deutlich machen, welche

---

13 S. hierzu etwa Gatz, Windenergieanlagen in der Verwaltungs- und Gerichtspraxis, 2009, Rn. 62 ff.
14 Vgl. BVerwG, U. v. 17.12.2002 – 4 C 15/01, BVerwGE 117, 287.
15 Zu den unterschiedlichen Wirkungsweisen von Flächennutzungs- und Regionalplänen vgl. Kirste, DVBl. 2005, 993, 1002 f.
16 Die Festlegung reiner Vorranggebiete sowie die Festlegung von Vorbehaltsgebieten können die Wirkungen des § 35 Abs. 3 Satz 3 BauGB nicht auslösen, vgl. BVerwG, U. v. 13.3.2003 – 4 C 4/02, BVerwGE 118, 33, 47 f.; Kirste, DVBl. 2005, 993, 999; Gatz, Windenergieanlagen in der Verwaltungs- und Gerichtspraxis, 2009, Rn. 129.
17 BVerwG, U. v. 17.12.2002 – 4 C 15.01, BVerwGE 117, 287, 298; dass., B. v. 12.7.2006 – 4 B 49/06, ZfBR 2006, 679; dass., U. v. 13.3.2003 – 4 C 3.02, NVwZ 2003, 1261; OVG Berlin-Brandenburg, U. v. 24.2.2011 – 2 A 2.09, NuR 2011, 794; vgl. auch BT-Drs. 13/4978, 7.

Gründe es rechtfertigen, den übrigen Planungsraum von Windenergieanlagen freizuhalten.[18] Vom Erfordernis der Gesamträumlichkeit des Planungskonzeptes kann bei Aufstellung eines sachlichen Teilnutzungsplans gemäß § 5 Abs. 2b BauGB abgesehen werden.[19] An dem erforderlichen Konzept fehlt es etwa, wenn die Begründung einer Zielfestlegung in einem Regionalplan den Planungshinweis enthält, dass für die als Vorranggebiete für Windenergieanlagen dargestellten Räume die Ausweisung lediglich angestrebt werde, dass aber aufgrund fehlender aktueller Beurteilungsgrundlagen eine abschließende raumordnerische Abstimmung noch nicht erfolgt sei.[20]

b) Ausarbeitung

Die Ausarbeitung eines schlüssigen gesamträumlichen Planungskonzeptes macht es erforderlich, dabei nachvollziehbar, stringent und widerspruchsfrei vorzugehen, um so den Anforderungen an den planerischen Abwägungsvorgang und an das Abwägungsergebnis Rechnung zu tragen. Eine solche Systematik kann vor allem mit harten und weichen Tabuzonen sowie dann verbleibenden Potenzialflächen arbeiten. Nach Auffassung des OVG Berlin-Brandenburg handelt es sich dabei sogar um eine zwingende Prüfungsabfolge.[21] Dies dürfte indes in dieser Allgemeinheit zu weit gehen.[22] Es sind, letztlich auch abhängig von Gemeindegröße und -struktur, durchaus auch andere Kriterien denkbar, um die planerische Abwägungsentscheidung ordnungsgemäß und rechtssicher zu strukturieren. Gleichwohl ist dies ein gut gangbarer und vor allem ein durch die Rechtsprechung akzeptierter Weg, bei dem sich die Gemeinde einen ausreichenden Überblick dazu verschaffen kann, welche Flächen überhaupt in einer abwägungsoffenen Planungsentscheidung für die Windenergienutzung zur Verfügung stehen.

aa) Abwägungsvorgang

In einem ersten Schritt sind danach harte und weiche Tabuzonen, einschließlich der ggf. notwendigen Pufferzonen,[23] zu ermitteln. Hinsichtlich des Verfahrens der Standortanalyse sind Gemeinden und Raumordnungsbehörden dabei frei.[24] Die

---

18 BVerwG, B. v. 15.9.2009 – 4 BN 25/09, BauR 2010, 82, 84; OVG Münster, U. v. 30.11.2001 – 7 A 4857/00, NVwZ 2002, 1135.
19 Vgl. Gaentzsch/Philipp, in: Berliner Kommentar zum BauGB, Stand Okt. 2009, § 5, Rn. 42b; Gatz, Windenergieanlagen in der Verwaltungs- und Gerichtspraxis, 2009, Rn 78; Kuschnerus, Der sachgerechte Bebauungsplan, 4. Aufl. 2010, Rn. 69.
20 VGH Kassel, U. v. 10.5.2012 – 4 C 841/11, DVBl. 2012, 981.
21 OVG Berlin-Brandenburg, U. v. 24.2.2011 – 2 A 2.09, NuR 2011, 848; bestätigt durch BVerwG, U. v. 13.12.2012 - 4 CN 2.11.
22 Vgl. auch OVG Bautzen, B. v. 19.7.2012 – 1 C 40/11, Juris, Rn. 45.
23 Vgl. OVG Bautzen, B. v. 16.3.2012 – 2 L 2/11, DVBl. 2012, 986; dass., U. v. 1.7.2011 – 1 C 25/08, NuR 2012, 58; OVG Münster, U. v. 30.11.2001 – 7 A 4857/00, NVwZ 2002, 1135.
24 Gatz, Windenergieanlagen in der Verwaltungs- und Gerichtspraxis, 2009, Rn. 80.

Abgrenzung von Tabuzonen und Potenzialflächen ist aber nachvollziehbar zu dokumentieren.[25] Harte Tabuzonen sind dabei solche, in denen die Errichtung und der Betrieb von Windenergieanlagen aus tatsächlichen (z. B. wegen mangelnder Windhöffigkeit[26]) oder rechtlichen Gründen schlechthin ausgeschlossen ist.[27] Weiche Tabuzonen sind Zonen, in denen die Errichtung und der Betrieb von Windenergieanlagen aus tatsächlichen oder rechtlichen Gründen zwar in Betracht kommt, in denen aber nach den raumordnerischen oder städtebaulichen Vorstellungen keine Windenergieanlagen errichtet werden sollen. Die bezüglich der weichen Tabuzonen durch die Plangeber zugrunde gelegten Kriterien sind abstrakt zu definieren und einheitlich anzulegen.[28]

Hinsichtlich der verbleibenden Flächen (Potenzialflächen) ist eine Abwägung durchzuführen zwischen den öffentlichen Belangen, die gegen die Ausweisung als Konzentrations- bzw. Eignungs- oder Vorranggebiet sprechen und dem Anliegen, der Windenergie an geeigneten Standorten eine Chance zu geben. Dabei ist zu beachten, dass die gesetzliche Privilegierung von Windenergieanlagen im Außenbereich (§ 35 Abs. 1 Nr. 5 BauGB) eine besondere Durchschlagskraft gegenüber anderen Belangen vermittelt.[29]

bb) Abwägungsergebnis

Bei der Ausweisung von Konzentrationsflächen mit Ausschlusswirkung nach § 35 Abs. 3 Satz 3 BauGB muss der Errichtung von Windenergieanlagen im Abwägungsergebnis in substanzieller Weise Raum geschaffen werden.[30] Nicht notwendig ist es allerdings, die Windenergie bestmöglich zu fördern.[31] Die Grenze zwischen einer zulässigen Kontingentierungsplanung und einer unzulässigen Verhinderungsplanung lässt sich dabei nicht abstrakt allein anhand von Größen- oder Flächenangaben bestimmen. Es bedarf vielmehr einer wertenden Betrachtung der tatsächli-

---

25 OVG Berlin-Brandenburg, U. v. 24.2.2011 – 2 A 2.09, NuR 2011, 848; a. A. OVG Bautzen, U. v. 19.7.2012 – 1 C 40/11, Juris, Rn. 45.
26 Bei einer durchschnittlichen Windstärke von weniger als 3 bis 3,5m/Sek in Rotornabenhöhe liegt eine nicht ausreichende Windhöffigkeit vor, vgl. Gatz, Windenergieanlagen in der Verwaltungs- und Gerichtspraxis, 2009, Rn. 81.
27 BVerwG, B. v. 15.9.2009 – 4 BN 25/09, BauR 2010, 82, 84; VGH Kassel, U. v. 10.5.2012 – 4 C 841/11, DVBl. 2012, 981.
28 BVerwG, B. v. 15.9.2009 – 4 BN 25.09, BauR 2010, 82, 84; dass., U. v. 13.12.2012 - 4 CN 2.11.
29 BVerwG, B. v. 15.9.2009 – 4 BN 25.09, BauR 2010, 82, 84; VGH Koblenz, U. v. 26.11.2003 – 8 A 10814/03, UPR 2004, 198; Gatz, Windenergieanlagen in der Verwaltungs- und Gerichtspraxis, 2009, 88.
30 BVerwG, B. v. 15.9.2009 – 4 BN 25.09, BauR 2010, 82, 84; OVG Berlin-Brandenburg, U. v. 24.2.2011 – 2 A 2.09, NuR 2011, 794; OVG Münster, U. v. 30.11.2001 – 7 A 4857/00, NVwZ 2002, 1135.
31 BVerwG, U. v. 17.12.2002 – 4 C 15/01, BVerwGE 117, 287; Gatz, Windenergieanlagen in der Verwaltungs- und Gerichtspraxis, 2009, Rn. 89.

chen Verhältnisse des jeweiligen Planungsraumes.[32] Dabei ist das Vorgehen eines Plangebers umso mehr zu hinterfragen, je kleiner die für eine Windenergienutzung bestimmten Konzentrationsflächen ausfallen.[33] Von einer Verhinderungsplanung wurde etwa im Fall eines Regionalplanes ausgegangen, der nur 0,02566 % seiner Gesamtfläche von rund 2.554 km² als Konzentrationsfläche für insgesamt etwa 25 Windenergieanlagen auswies.[34]

IV. Abschichtungsmöglichkeiten

Wie sich aus den vorstehenden Vorgaben für die Abwägung auf Raumordnungsplan- und Flächennutzungsplanebene ergibt, kann öffentlichen Belangen, denen an sich erst auf der Stufe der Vorhabenzulassung Rechnung zu tragen ist, schon auf der vorgelagerten Planungsebene rechtliche Bedeutung zukommen.[35] Ist die Konzentrationsflächenplanung wirksam, weil die Abwägung frei von Fehlern ist oder Abwägungsmängel unbeachtlich sind, dürfen öffentliche Belange, die nach § 35 Abs. 3 Satz 1 BauGB erheblich sind, bei der Entscheidung über die Zulassung eines Vorhabens auf der Konzentrationsfläche grundsätzlich nicht wieder als Genehmigungshindernis aktiviert werden (Abschichtung).[36] Daraus können Rückschlüsse für die Abwägung auf Raumordnungs- und Flächennutzungsplanebene sowie für die Möglichkeiten der Abschichtung im Rahmen der Zulassung von Windenergieanlagen im Außenbereich gezogen werden.

1. Ermittlung harter Tabuzonen

Wie dargelegt, haben die Gemeinden und Raumordnungsbehörden im Rahmen des Abwägungsvorgangs harte und weiche Tabuzonen zu ermitteln.[37] Aus der Begriffsbestimmung für „harte Tabuzonen" folgt im Umkehrschluss, dass in den festgesetzten Konzentrations- bzw. Eignungsgebieten grundsätzlich keine absoluten tatsächlichen und rechtlichen Hindernisse für die Errichtung und den Betrieb von Windenergieanlagen bestehen. Wenn solche Hindernisse bereits auf der vorgelagerten, höheren Planungsstufe ausgeschlossen werden, müssen sie gebietsbezogen auf

---

32 BVerwG, U. v. 17.12.2002 – 4 C 15.01, BVerwGE 117, 287; kritisch *v. Nicolai*, ZUR 2004, 74, 78; *Gatz*, Windenergieanlagen in der Verwaltungs- und Gerichtspraxis, 2009, Rn. 92 ff.
33 BVerwG, U. v. 24.1.2008 – 4 CN 2.07, NVwZ 2008, 559; OVG Bautzen, U. v. 19.7.2012 – 1 C 40/11, Juris.
34 OVG Bautzen, U. v. 19.7.2012 – 1 C 40/11, Juris.
35 BVerwG, U. v. 17.12.2002 – BVerwGE 117, 287, 300; dass., U. v. 20.5.2010 – 4 C 7.09, BVerwGE 137, 74, 83.
36 Vgl. BVerwG, U. v. 18.8.2005 – 4 C 13.04, BVerwGE 124, 132, 144; dass., U. v. 20.5.2010 – 4 C 7.09, BVerwGE 137, 74, Rn. 46
37 S. vorstehend unter III., 2., a).

der Zulassungsebene nicht erneut geprüft werden (zu den diesbezüglichen Grenzen der Abschichtungsmöglichkeiten s. noch V.).

„Absolute" rechtliche Hindernisse können sich etwa ergeben aus Gründen der öffentlichen Sicherheit oder aus der Unverträglichkeit der Errichtung und/oder des Betriebs einer Windenergieanlage mit den Erhaltungszielen eines FFH-Gebietes oder eines Europäischen Vogelschutzgebietes. Tatsächliche Hindernisse bilden vor allem Siedlungsbereiche, insbesondere solche mit überwiegender Wohnnutzung[38], aber auch Flächen, die etwa mit Hochspannungsfreileitungen, Bahntrassen, Bundes- oder Landesstraßen u. ä. belegt sind. In der Rechtsprechung werden auch bestehende Naturschutzgebiete und Landschaftsschutzgebiete zu den harten Tabuzonen gezählt, obwohl hier, wenn auch nur unter den strengen Anforderungen des § 67 BNatSchG, Befreiungen erteilt werden können.[39] Keine absoluten rechtlichen Hindernisse bestehen gebietsbezogen etwa in Bezug auf Eingriffe in Natur und Landschaft oder in Bezug auf Lärmimmissionen, da hier durch Ausgleichs- oder Ersatzmaßnahmen oder durch die Auferlegung von Lärmschutzmaßnahmen weitreichende Möglichkeiten bestehen, um die nachteiligen Wirkungen von Windenergieanlagen im Genehmigungsverfahren abzufedern. Ganz generell ist ohnehin zu berücksichtigen, dass der Begriff „hart" nicht im ganz strikten Wortsinn verstanden werden darf. Er hat in der Regel auch ein wertendes Element, da die meisten rechtlichen Beschränkungen ausnahme- oder befreiungsfähig sind und tatsächlichen Schranken vielfach auch mit technischen oder baulichen Schutzvorkehrungen begegnet werden kann. Dies verdeutlicht, dass das insofern zugrunde gelegte Prüfkonzept zwar zweckmäßig und gut handhabbar, gleichwohl aber nicht zwingend ist.[40]

2. Kriterien zur Abgrenzung von weichen Tabuzonen und Potenzialflächen

Zur Abgrenzung von weichen Tabuzonen und Potenzialflächen legt die Gemeinde (bei der Aufstellung eines Flächennutzungsplanes) bzw. die Raumordnungsbehörde (bei der Aufstellung eines Raumordnungsplanes) bestimmte Tabukriterien fest. Dem jeweiligen Plangeber kommt dabei ein Gestaltungsspielraum zu.[41] Als Tabukriterien kommen etwa in Betracht Pufferzonen um Wohngebiete oder um Sondergebiete mit einer Zweckbestimmung für Kur- oder Klinikanlagen, Siedlungserweiterungsflächen, festgesetzte Naturschutz- bzw. Landschaftsschutzgebiete,[42] gesetzlich geschützte Biotope u. a. Kein Tabukriterium stellt hingegen nach der Rechtsprechung in der Regel die Beeinträchtigung des Landschaftsbildes i. S. v. § 35 Abs. 3 Nr. 5 BauGB durch Windenergieanlagen dar, weil sich diesbezüglich im

---

38 Hierzu OVG Magdeburg, B. v. 16.3.2012 – 2 L 2/11, NuR 2012, 636.
39 S. etwa VGH München, U. v. 17.11.2011 – 2 BV 10.2295, ZfBR 2012, 170.
40 S. bereits vorstehend unter III., 2., b).
41 Zu den Grenzen der Gestaltungsfreiheit bei der Festlegung von Tabukriterien D.
42 Sofern an sie nicht als harte Tabuzonen einordnet, s. vorstehend unter 1.

Voraus keine abstrakten und für das Plangebiet einheitlich zu bewertenden Kriterien festlegen lassen. Eine solche Beeinträchtigung sei vielmehr im Rahmen der Einzelfallbetrachtung auf Genehmigungsebene zu prüfen.[43] Allerdings dürfte es auch insofern letztlich auf die konkrete Planungssituation und die örtlichen Gegebenheiten ankommen.

Wird als Tabukriterium festgelegt, dass die Beeinträchtigung eines bestimmten öffentlichen Belangs i. S. v. § 35 Abs. 3 Satz 1 BauGB ausgeschlossen sein soll, ist im Rahmen des Genehmigungsverfahrens einer Windenergieanlage, die in einer Konzentrationszone errichtet werden soll, dieser öffentliche Belang grundsätzlich nicht mehr erneut zu prüfen.[44] In der Rechtsprechung wird jedoch eine derartige Festlegung als Tabukriterium nicht generell als zulässig anerkannt. Verneint wird diese Möglichkeit etwa hinsichtlich der Beeinträchtigung des Landschaftsbildes i. S. d. § 35 Abs. 3 Nr. 5 BauGB.

3. Zulassung von Windenergieanlagen auf Potenzialflächen

Nach Abzug der harten und weichen Tabuzonen verbleibenden die Potenzialflächen für die Errichtung und den Betrieb von Windenergieanlagen. Hinsichtlich der Zulassung von Windenergieanlagen innerhalb dieser Potenzialflächen sind ebenfalls noch Abschichtungsmöglichkeiten gegeben, sofern auf der Planungsebene eine ausreichende Prüfungstiefe für das Einzelvorhaben, also über ein gesamträumliches Planungskonzept hinaus, gewährleistet ist.

Wird etwa in einem Flächennutzungsplans mit den Wirkungen nach § 35 Abs. 3 Satz 3 BauGB eine Höhenbegrenzung der in einer Konzentrationszone zu errichtenden Windenergieanlagen auf 100 m festgesetzt und damit begründet, dass auf diese Weise Beeinträchtigungen des Landschaftsbildes (vgl. § 35 Abs. 3 Satz 1 Nr. 5 BauGB) mit weitgehend ungestörten Sichtbeziehungen in Grenzen gehalten werden sollen, kann im Genehmigungsverfahren eine Prüfung der Beeinträchtigung des Landschaftsbildes durch die Errichtung einer niedrigeren Windenergieanlage entfallen.[45]

4. Darstellung von Windenergievorhaben als Ziel der Raumordnung

§ 35 Abs. 3 Satz 2 Halbs. 2 BauGB enthält eine Sonderregelung für raumbedeutsame privilegierte Vorhaben. Einem Windenergievorhaben können danach in einem Genehmigungsverfahren öffentliche Belange nicht mehr entgegengehalten werden, soweit diese Belange bereits bei der Festsetzung von Zielen der Raumordnung (in

---

43 OVG Magdeburg, B. v. 16.3.2012 – 2 L 2/11, DVBl. 2012, 986; anders OVG Münster, U. v. 4.7.2012 – 10 D 47.10.
44 S. vorstehend unter IV.
45 OVG Münster, U. v. 4.7.2012 – 10 D 47.10, Juris.

der Regel in einem Regionalplan) abgewogen wurden. Bei der Regelung des Satz 2 Halbs. 2 handelt es sich um eine gesetzlich normierte Abschichtungsregelung. Sie dient ausweislich der Beschlussempfehlung des Ausschusses für Raumordnung, Bauwesen und Städtebau der Verwaltungsvereinfachung, indem sie die Ergebnisse der landesplanerischen Prüfung für das weitere Genehmigungsverfahren nutzbar macht.[46]

V. Grenzen der Abschichtung

Die Möglichkeit Prüfungsgegenstände in vor- bzw. nachgelagerte Planungs- oder Zulassungsebene zu übernehmen, besteht nicht grenzenlos. Allgemein lassen sich verschiedene Fallgruppen hervorheben, in denen die Abschichtung von Prüfelementen ausgeschlossen sein kann.

1. Gesetzliche Grenzen

Ausdrückliche gesetzliche Grenzen für die Abschichtung bestehen nicht. Eine solche gesetzliche Grenze könnte sich zumindest auf den ersten Blick aus § 7 Abs. 2 Satz 1 Halbs. 2 ROG ergeben. Danach sind Festlegungen mit Zielqualität in Raumordnungsplänen (zumindest hinsichtlich des Zielkerns)[47] abschließend abzuwägen. Der Wortlaut könnte darauf schließen lassen, dass in den Fällen der Zielfestlegung eine Abschichtung von Prüfungselementen auf nachgelagerte Verfahren nicht oder jedenfalls nur eingeschränkt möglich ist.[48] Allerdings sind Ziele der Raumordnung stets konkretisierungsfähig und auch konkretisierungsbedürftig. Die Raumordnungsplanung darf eine Bauleitplanung auch durch die Festlegung von letztabgewogenen Zielen der Raumordnung nicht vorwegnehmen. Die in § 7 Abs. 2 Satz 1 Halbs. 2 ROG enthaltene Formulierung soll daher vor allem die Ziele der Raumordnung von den Grundsätzen der Raumordnung abgrenzen. Dass die Abwägung als solche abschließender Natur sein muss, gilt auch für § 1 Abs. 7 BauGB, ohne dass dies ausdrücklich geregelt ist. Beide Abwägungen stellen der Sache nach auf einen abzuschließenden Entscheidungsprozess ab. Eine gesetzliche Abschichtungsgrenze bildet die Regelung des § 7 Abs. 2 Satz 1 Halbs. 2 ROG jedoch ebenso wenig wie § 1 Abs. 7 BauGB.

---

46 Vgl. BT-Drs. 10/6166, 132 f.
47 S. zur Unterscheidung von Zielkern und Zielrahmen *Runkel*, in: Spannowsky/ Runkel/Goppel, ROG, 2010, § 7, Rn. 29.
48 Vgl. *Runkel*, in: Spannowsky/Runkel/Goppel, ROG, 2010, § 7, Rn. 31.

2. Zwischenzeitliche Änderungen im Hinblick auf abwägungserhebliche Belange

Von der Abschichtung kann kein Gebrauch (mehr) gemacht werden, wenn seit der Abwägung auf Planungsebene Änderungen von für die Abwägung maßgeblichen Umständen eingetreten sind. Zwischenzeitliche Änderungen, die einer Abschichtung entgegenstehen, können sowohl tatsächlicher als auch rechtlicher Natur sein.[49] In diesem Zusammenhang ist auch die Abhängigkeit etwa des Flächennutzungsplanes von der tatsächlichen städtebaulichen Entwicklung zu nennen. Diese kann dazu führen, dass sich das Gewicht der Planaussagen bis hin zum Verlust ihrer Aussagekraft abschwächt.[50] Dies setzt einer Abschichtung entsprechende Grenzen.

3. Unterschiedliche Prüfungstiefen

Die wohl wichtigste Abschichtungsgrenze ergibt sich aus den Differenzen hinsichtlich der Planungstiefe auf den aufeinander folgenden Planungs- und Zulassungsebenen. Sie ist eine Folge der ebenenspezifischen Abwägung. Besonders augenscheinlich wird dies hinsichtlich der Abschichtung zwischen Raumordnungs- und Zulassungsebene. Die Abwägung auf Raumordnungsebene hat nur zwischen Belangen zu erfolgen, soweit sie dort erkennbar und von Bedeutung sind (§ 7 Abs. 2 Satz 1 Halbs. 1 ROG). So muss sich etwa die raumordnungsrechtliche Abwägung mit artenschutzrechtlichen Belangen (etwa in Bezug auf Vögel oder Fledermäuse) in der Regel auf überörtlich bedeutsame Rastplätze und Lebensräume beschränken. Es stellt daher keinen unzulässigen Konflikttransfer dar, wenn etwa für konkrete örtliche avifaunistische oder fledermauskundliche Untersuchungen sowie für die artenschutzrechtliche Bewertung der für Windenergieanlagen vorgesehenen Flächen auf das vorhabenbezogene Genehmigungsverfahren verwiesen wird.[51]

---

49 Vgl. zur Abschichtung zwischen Bebauungsplanverfahren und einem nachfolgenden Genehmigungsverfahren *Sellner/Riedt/Ohms*, Immissionsschutzrecht und Industrieanlagen, 3. Aufl. 2006, 2. Teil Rn 42.
50 So BVerwG, U. v. 18.8.2005 – 4 C 13.04, BVerwGE 124, 132, 144; dass., B. v. 20.7.1990 – 4 N 3.88, NVwZ 1991, 262; dass., U. v. 15.3.1967 – IV C 205.65, BVerwGE 26, 287, 293.
51 VGH Kassel, U. v. 10.5.2012 – 4 C 841/11, DVBl. 2012, 981, 983.

Auswirkungen von windkraftbezogenen Zielen der Raumordnung auf Bauleitpläne unter besonderer Berücksichtigung von Haftungs- und Entschädigungsfragen

Wolfgang Schrödter

Einführung[1]

In allen Bundesländern ist gegenwärtig ein Trend zu erkennen, dass die Träger der Raumordnungsplanung im Rahmen der Energiewende verstärkt von der Möglichkeit Gebrauch machen, nach § 35 Abs. 3 Satz 3 BauGB[2] Vorrangflächen für Windkraftanlagen als Ziele der Raumordnung festzulegen. Damit sind Konflikte mit den Gemeinden vorprogrammiert, die baurechtliche Vorranggebiete mit Ausschlusswirkung festgelegt haben oder, insbesondere in den süddeutschen Ländern, entsprechende Planungen eingeleitet haben. Die damit zusammenhängenden Rechtsfragen sollen im Folgenden angesprochen werden. Dabei werden auch die oft „stiefmütterlich" behandelten haftungs- und entschädigungsrechtlichen Risiken erörtert, die sich aus dieser Konkurrenz von städtebaulicher und raumordnungsrechtlicher Vorrangplanung für Windkraftanlagen ergeben. Ein geradezu klassischer Konflikt liegt zwei neuen Entscheidungen des VG Magdeburg aus dem Jahr 2012 zugrunde, in denen über die Frage zu entscheiden war, ob die Raumordnungsbehörde berechtigt ist, eine Gemeinde im Wege einer kommunalrechtlichen Anordnung zu „motivieren", einen Bebauungsplan an ein später festgelegtes raumordnungsrechtliches Vorranggebiet für Windkraftanlagen anzupassen und zur Sicherung dieser Anpassung im Wege der Ersatzvornahme eine Veränderungssperre zu erlassen.[3]

---

1   Der Beitrag beruht auf einem Gutachten, dass der Verfasser zu bauplanungsrechtlichen Zulässigkeit und haftungsrechtlichen Problemen einer für ein raumordnungsrechtliches Vorranggebiet festgesetzten Höhenbegrenzung erstellt hat.
2   Baugesetzbuch (BauGB), v. 23. September 2004 (BGBl. I S. 2414), zuletzt geändert. durch Art. 1 G. v. 11. Juni 2013 (BGBl. I S. 1548).
3   VG Magdeburg, Beschl. v. 25.09.2012 – 9 B 120/12 – NVwZ, RR 2013, 202 (Leitsatz)= BeckRS 2012, 57537 und VG Magdeburg, Urt. v. 30.10.2012 – 2 A 140/12 – BeckRS 2013, 46892.

I. Auswirkungen von bestehenden windkraftbezogenen Zielen der Raumordnung auf „neue" Bauleitpläne

1. Anpassungspflicht nach § 1 Abs. 4 BauGB

Die Gemeinden sind nach § 1 Abs. 4 BauGB verpflichtet, ihre Bauleitpläne „den Zielen der Raumordnung anzupassen". Hat somit der Träger des Raumordnungsplanes ein Vorranggebiet für raumbedeutsame Windkraftanlagen mit Ausschlusswirkung nach § 35 Abs. 3 Satz 3 BauGB festgelegt, darf die Gemeinde außerhalb dieser Flächen weder im Flächennutzungsplan raumbedeutsame Windkraftanlagen zulassen noch in einem Bebauungsplan Festsetzungen zugunsten raumbedeutsamer Windkraftanlagen oder zum Repowering dieser Anlagen nach § 249 Abs. 2 BauGB treffen.[4] Diese Anpassungspflicht begründet einen Planungsleitsatz, der nicht im Wege der Abwägung überwunden werden kann. Die Gemeinde hat aber die Möglichkeit, auf der Grundlage einer Ausnahme nach § 6 Abs. 1 ROG[5] oder einer Zielabweichung nach § 6 Abs. 2 ROG Darstellungen bzw. Festsetzungen zu treffen, die von dem windkraftbezogenen Ziel der Raumordnung abweichen. In der Praxis wird von diesen Instrumenten aber bisher eher selten Gebrauch gemacht.[6]

Ob der Entwurf eines Bauleitplanes mit einem Ziel der Raumordnung übereinstimmt, bestimmt sich, abweichend von § 214 Abs. 3 Satz 1 BauGB, nach der Rechtslage im Zeitpunkt des Inkrafttretens des Bauleitplanes. Wird somit das Ziel der Raumordnung nach dem Satzungs- oder Feststellungsbeschluss wirksam, darf der Bauleitplan nicht mehr in Kraft gesetzt werden[7].

Diese Pflicht zur Anpassung begründen nur rechtmäßig festgelegte Ziele der Raumordnung.[8] Hält die Gemeinde die Festsetzung eines „klassischen" Vorranggebietes mit Ausschlusswirkung für raumbedeutsame Windkraftanlagen[9] wegen eines Abwägungsfehlers für rechtswidrig, muss sie dieses Ziel der Raumordnung den-

---

4 Zum Repowering auf der Ebene der Raumordnungsplanung Otto, in diesem Band, S. 55 ff.
5 Raumordnungsgesetz (ROG), v. 22. Dezember 2008 (BGBl. I S. 2986), zuletzt geändert durch Art. 9 G. v. 31. Juli 2009 (BGBl. I S. 2585).
6 Zum Rechtsschutz von Gemeinden gegen eine Zielabweichung ausführlich Patella, BayVBl. 2012, 420; VG Neustadt (Weinstraße), Urt. v. 30.06.2011 – 4 K 61/11 – Juris, nachgehend OVG Koblenz, Urt. v. 15.2.2012 – 8 A 10965/11 – BauR 2012, 1230. Zur Tatbestandswirkung einer rechtskräftigen Zielabweichungsentscheidung OVG Münster, Urt. v. 4.07.2012 – 10 D 47/10 – NE-BauR 2013, 506 (Leitsatz) NWVBl. 2012, 452.
7 BVerwG, Urt. v. 8.03.2006 – 4 B 75.05 – BRS 70 Nr. 2 für den Flächennutzungsplan.
8 BVerwG, Urt. v. 17.09.2003 – 4 C 14.01 – BRS 66 Nr.1 = BVerwGE 119, 25; BVerwG, Beschl. v. 25.06.2007 – 4 BN 77.07 – BauR 2007, 1712; Nds. OVG, Urt. v. 8.12.2011 – 12 KN 208/09 – BRS 78 Nr. 10.
9 Zur Raumbedeutsamkeit von Windkraftanlagen Scheidler, ZNER 2012, 124, 125; i. d. R. sind Windkraftanlagen mit einer Höhe von 100 m in einer „normalen" Landschaft raumbedeutsam, dazu OVG Lüneburg, Beschl. v. 12.10.2011 – 12 LA 219/10 – ZUR 2012, 55; BayVGH, Urt. v. 17.11.2011 – II BV 10.2295 – Juris.

noch im Planaufstellungsverfahren für einen von diesem Ziel der Raumordnung abweichenden Bauleitplan beachten. Sie hat nämlich nach der wohl herrschenden, aber bisher nicht durch eine höchstrichterliche Entscheidung bestätigten Auffassung nicht die Möglichkeit, im Planaufstellungsverfahren ein rechtswidriges Ziel der Raumordnung zu „verwerfen", sich also über dieses hinwegzusetzen.[10] Erst in einem gerichtlichen Verfahren, etwa im Rahmen einer auf Erteilung einer Genehmigung des Flächennutzungsplans nach § 6 Abs. 1 BauGB erhobenen Verpflichtungsklage, kann die Gemeinde eine gerichtliche Entscheidung über die von ihr geltend gemachte Rechtswidrigkeit des Zieles der Raumordnung zu erreichen. Den Gemeinden ist in jedem Fall zu empfehlen, nach § 12 Abs. 5 Satz 1 ROG und ggf. weitergehenden landesrechtlichen Bestimmungen[11] innerhalb der Frist von einem Jahr schriftlich die Rechtswidrigkeit des Raumordnungsplanes zu rügen. Denn nur unter dieser Voraussetzung kann sie den Fehler noch in einem gegen das Ziel gerichteten gerichtlichen Verfahren mit Erfolg geltend machen. Für diese Rüge gelten die von der Rechtsprechung zu § 215 Abs. 1 Satz 1 BauGB entwickelten Grundsätze entsprechend.[12] Erfahrungen aus der Beratungspraxis zeigen, dass die Gemeinden aus Unkenntnis oder im Interesse eines Konsenses mit dem Träger der Raumordnungsplanung zu selten von dieser Möglichkeit Gebrauch machen und damit ihr Recht, im Rahmen eines gerichtlichen Verfahrens gegen den Raumordnungsplan Rechtsfehler geltend zu machen, voreilig „verwirken".

2. Feinsteuerung der im Vorranggebiet des Raumordnungsplanes zugelassenen Windkraftanlagen durch die Bauleitplanung

Für das vom Träger der Raumordnungsplanung festgelegte Vorranggebiet für raumbedeutsame Windkraftanlagen nach § 35 Abs. 3 Satz 3 BauGB mit Ausschlusswirkung begründet § 1 Abs. 4 BauGB aber kein „Überplanungsverbot". Vielmehr ist die Gemeinde berechtigt, im Wege einer sog. „Feinsteuerung" Darstellungen oder Festsetzungen zu treffen, die die vom Raumordnungsplan zugelassene Errichtung von Windkraftanlagen konkretisieren.[13] Diese Feinsteuerung kann für die im raumordnungsrechtlichen Vorranggebiet zulässigen Windkraftanlagen standort- oder nutzungsbezogene Regelungen treffen, die nicht im Raumordnungsplan festgelegt wurden oder ausdrücklich vom Träger des Raumordnungsplans auf die Ebene der Bauleitplanung delegiert wurden. Zu nennen sind beispielhaft städ-

---

10 Zur umstrittenen Frage der sog. Normerwerfungskompetenz der Verwaltungsbehörden ausführlich etwa Kalb/Külpmann, in: Ernst/Zinkahn/Bielenberg/Krautzberger, BauGB, Loseblattsammlung, Stand: September 2010, § 10 Rn. 365f. sowie Schrödter, in: Schrödter (Hrsg.), BauGB, 7. Auflage 2006, § 10 Rn. 10 ff.; der Kommentar erscheint voraussichtlich Ende 2013 in 8. Auflage im Nomos-Verlag; eine Verwerfungskompetenz für rechtswidrige Raumordnungspläne bejaht Anders, NuR 2007, 657.
11 Beispiel für die Rüge gegen einen Regionalplan mit windkraftbezogenen Festlegungen Sächs. OVG, Urt. v. 19.7.2012 – 1 C 40/11 – BauR 2012, 1994 (Leitsatz).
12 Kukk, in: Schrödter (Hrsg.), a. a. O. (Fn. 10), § 215 Rn. 12ff.
13 Zu dieser Feinsteuerung ausführlich Fricke, NdsVBl. 2012, 313, 317.

tebaulich begründete Höhenbegrenzungen der im Vorranggebiet raumordnungsrechtlich unbeschränkt zulässigen Windkraftanlagen[14], die Begrenzung der Zahl der Anlagen durch Festsetzung von Baufenstern[15] oder von Schutzabständen, etwa zu Gemeindestraßen oder untergeordneten Gewässern, zu Hochspannungsleitungen oder zu benachbarten Windkraftanlagen.[16] Diese Feinsteuerung durch die Bauleitplanung kann auch die für Windkraftanlagen festgelegten Bereiche aus städtebaulichen Gründen reduzieren. Die städtebaulichen Darstellungen/ Festsetzungen einer Feinsteuerung raumbedeutsamer Windkraftanlagen dürfen aber nicht dazu führen, dass Windkraftanlagen im raumordnungsrechtlichen Vorranggebiet praktisch ausgeschlossen sind oder so stark eingeschränkt werden, dass im Wege einer „verkappten Verhinderungsplanung" die Realisierung des Raumordnungsplanes „konterkariert" wird.[17] Als unzulässige Feinsteuerung hat die Rechtsprechung z. B. eine Reduzierung der Vorrangfläche um ein Drittel bewertet.[18]

3. Haftungs- und entschädigungsrechtliche Risiken für die Gemeinden bei der Feinsteuerung durch die Bauleitplanung

Die nur unter engen Voraussetzungen zulässige Feinsteuerung der im Vorranggebiet des Raumordnungsplanes zulässigen raumbedeutsamen Windkraftanlagen durch Bauleitpläne ist allerdings mit haftungs- und entschädigungsrechtlichen Risiken verbunden, die in der gemeindlichen Praxis nicht immer erkannt werden.[19] Sie sollen im Folgenden für die kommunale Praxis in Grundzügen erläutert werden.

---

14 Söfker, in: Ernst/Zinkahn/Bielenberg/Krautzberger, BauNVO, Stand: Oktober 2009, § 16 Rn. 22; VG Stade, Urt. v. 14.9.2011 – 2 A 866/10 – ZNER 2011, 653.
15 OVG Koblenz, Urt. v. 21.01.2011 – 8 C 10850/10 – LKRZ 2011, 226.
16 OVG Koblenz, Urt. v. 9.04.2008 – C 11217/07 – BADK-Information 2009, 96 = NuR 2008, 419.
17 Dazu ausführlich Scheidler, ZNER 2012, 124, 125 f.
18 OVG Koblenz, Urt. v. 9.04.2008 – C 11217/07 – BADK-Information 2009, 96 = NuR 2008, 419; siehe auch OVG Berlin, Beschl. v. 9.09.2009 – 2 S 6/09 – BeckRS 2009, 40000; OVG Münster, Urt. v. 14.01.2008 – 7 D 12/07 – BeckRS 2008, 40145 und OVG Münster, Urt. v. 14.04.2011 – 8 A 320/09 – BeckRS 2011, 50513= NWVBl. 2011, 468; weitere Beispiele einer unzulässigen Feinsteuerung bei Scheidler, ZNER 2012, 124, 126.
19 Wichtige Aufsätze und nahezu alle Entscheidungen zu Haftungsrisiken im Baurecht veröffentlicht die Zeitschrift BADK-Information, die von den Mitgliedern der Bundesarbeitsgemeinschaft Deutscher Kommunalversicherer herausgegeben wird und die ab Jahrgang 2010 im Internetauftritt der jeweiligen Versicherung eingesehen werden kann (Beispiel: KSA Niedersachsen www.KSAHannover.de Zugriff am 7.06.2013). Diese Zeitung ist leider in den Bauverwaltungen der Städte und Gemeinden überwiegend nicht bekannt.

a) Keine Pflicht zur Entschädigung nach den §§ 39 und 42 BauGB für den rechtmäßigen Entzug von Baurechten in Vorranggebieten

In der Praxis stellt sich die Frage, ob eine rechtmäßige Feinsteuerung der im raumordnungsrechtlichen Vorranggebiet zulässigen Windkraftanlagen Entschädigungsansprüche nach den §§ 39 und 42 Abs. 2 BauGB begründen kann. Zu denken ist, um wiederum ein Beispiel zu nennen, an einen Bauleitplan, der in zulässiger Weise im Wege der Feinsteuerung durch eine Festsetzung von Baufenstern die Zahl der im Vorranggebiet zulässigen Windkraftanlagen beschränkt oder zum Schutz eines reizvollen Landschaftsbildes eine städtebaulich nur unter sehr engen Voraussetzungen zulässige Höhenbegrenzung festgesetzt hat.[20] Bei dieser nicht seltenen Konstellation entsteht nach der überwiegenden Meinung kein Entschädigungsanspruch nach § 42 Abs. 2 BauGB. Denn ein im Vorranggebiet des Raumordnungsplanes begründetes „Baurecht" für raumbedeutsame Windkraftanlagen steht nach dieser h. M. unter dem sog. Planungsvorbehalt des § 35 Abs. 3 Satz 3 BauGB. Eine Änderung oder Aufhebung durch den Raumordnungsplan oder einen Bauleitplan greift daher, so die h. M., nicht in eine eigentumskräftig verfestigte Rechtspositionen ein und kann damit, ähnlich wie die erstmalige Ausweisung eines Vorranggebietes mit Ausschlusswirkung, keine Entschädigungspflicht nach § 42 Abs. 2 BauGB begründen.[21] Es sollte allerdings erwähnt werden, dass zu dieser Frage bisher keine Entscheidung des für Entschädigungsfragen nach den §§ 39 ff. BauGB zuständigen BGH vorliegt. Sollte eine Anwendung des § 42 Abs. 2 BauGB entgegen der hier vertretenen Auffassung dennoch bejaht werden, dürfte die Durchsetzung des Entschädigungsanspruches in vielen Fällen daran scheitern, dass die Sieben-Jahresfrist § 42 Abs. 2 BauGB, die ab Inkrafttreten der Darstellung nach § 35 Abs. 3 Satz 3 BauGB zu laufen beginnt, schon abgelaufen ist.[22]

Hat ein Investor von Windkraftanlagen im Vertrauen auf den Bestand des raumordnungsrechtlichen Vorranggebietes Vorbereitungen für die Verwirklichung von

---

20 Zur Höhenbegrenzung von Windkraftanlagen neuerdings OVG Münster, Urt. v. 4.07.2012 – 10 D 47/10.NE – BauR 2012, 452, bestätigt durch BVerwG, Beschl. v. 4.02.2013 – 4 BN 37/12 – Juris (ein wirtschaftlicher Betrieb soll nach dieser Rechtsprechung gewährleistet sein, wenn sich trotz einer Höhenbegrenzung Gewinne von ca. 3 % bis 4 % erzielen lassen).

21 BVerwG 11.04.2013 – 4 CN 2.12, aus dem Schrifttum etwa Scheidler, ZNER 2012, 125, 126; Gatz, Windenergieanliegen in der Verwaltungs- und Gerichtspraxis, 1. Auflage Bonn 2009, Rn. 172ff; Breuer, in: Schrödter (Hrsg.), a. a. O. (Fn. 10), § 42 Rn. 26a; ähnlich unter Hinweis auf die Gesetzesgründung schon BVerwG, Urt. v. 27.01.2005 – 4 C 5.04 – NVwZ 2005, 578; OVG Lüneburg, Urt v. 28.10.2010 – 12 KN 65/07 – BauR 2010, 1043, 1047; OVG Lüneburg, Urt. v. 8.05.2012 – 12 LB 265/10 – ZfBR 2012, 674, 677; OLG Hamm, Urt. v. 21.09.2006 – 16 U (Bau) 5/06 – NVwZ-RR 2007, 381 für die erstmalige Ausweisung eines Vorranggebietes; a. A. Paetow, in: Berliner Kommentar zum Baugesetzbuch, Köln, Stand: Dezember 2008, § 39 Rn. 12 und Zweifel aber bei Dirnberger, in: KommJuR 2004, 201, 208, soweit die Gemeinde Vorrangflächen aufhebt oder beschränkt.

22 Zur Berechnung dieser Frist Breuer, in: Schrödter u. a., BauGB, a. a. O. (Fn. 10), § 44 Rn. 52.

Nutzungsmöglichkeiten getroffen, etwa ein Grundstück erworben oder Projekte erarbeitet, die in diesem Vorranggebiet zulässig sind, stehen ihm allerdings nach Auffassung von Gatz Ansprüche auf Ersatz eines Vertrauensschadens nach § 39 BauGB zu. Gatz leitet diese Ansprüche aus einer entsprechenden Anwendung des § 39 BauGB ab.[23] Das überwiegende Schrifttum und das OLG Hamm haben sich dieser Auffassung bisher allerdings nicht angeschlossen.[24]

b) Haftungs- und entschädigungsrechtliche Risiken einer rechtswidrigen Bauleitplanung, die die Windkraftnutzung in raumordnungsrechtlichen Vorranggebieten beschränkt hat

Anders kann die Rechtslage sein, wenn ein rechtswidriger Bauleitplan als sog. „Schein-Bebauungsplan"[25] „Baurechte" für Windkraftanlagen im raumordnungsrechtlichen Vorranggebiet rechtswidrig einschränkt oder aufhebt, etwa die Zahl der im raumordnungsrechtlichen Vorranggebiet möglichen Anlagen im Wege einer rechtswidrige schuldhaften Verhinderungsplanung reduziert oder eine rechtswidrige Höhenbegrenzung festsetzt. Hier dürfte Folgendes gelten:

aa) Kein Anspruch nach Amtshaftungsgrundsätzen bei schuldhaft rechtswidriger Feinsteuerung

Eine Haftung der Gemeinde wegen Amtspflichtverletzung nach Art. 34 GG i. V. m. § 839 BGB besteht in diesem Fall nicht. Die Pflicht der Gemeinde, die Aufgabe der Bauleitplanung – entsprechendes gilt für die Regionalplanung - rechtmäßig zu erfüllen, dient vorrangig dem öffentlichen Interesse und begründet damit zumindest i. d. R. keine Amtspflichten gegenüber planbetroffenen Dritten, nur rechtmäßige Bauleitpläne und Raumordnungspläne aufzustellen.[26] Ist ein Bauleitplan, etwa wegen Verstoßes gegen Verfahrens- oder Formvorschriften unwirksam und erleidet ein Dritter durch eine darauf beruhende Verzögerung, aufgrund eines erfolgreichen Normenkontrollverfahrens, einen Vermögensschaden, kann die Gemeinde somit nicht nach Amtshaftungsgrundsätzen zum Schadensersatz verurteilt

---

23 Gatz, a. a. O. (Fn. 21), Rn. 169 f.; derselbe, DVBl 2009, 737, 741; ebenso Paetow, in: Schlichter/Stich/Driehaus/Paetow (Hrsg.), a. a. O. (Fn. 21), § 39 Rn. 7.
24 OLG Hamm, Urt. v. 21.09.2006 – 16 U (Bau) 5/06 – NVwZ-RR 2007, 381; Breuer: in: Schrödter (Hrsg.), a. a. O. (Fn. 10), § 39 Rn. 40 mit umfassenden Nachweisen über den Meinungsstand; Stüer, ZfBR 2004, 338, 341 sowie Runkel, in: Ernst/Zinkahn/Bielenberg/Krautzberger, Baugesetzbuch Kommentar, Loseblattsammlung, München, Stand: April 2012, § 39 Rn. 17.
25 So anschaulich Breuer, in: Schrödter (Hrsg.), a. a. O. (Fn. 10), § 39 Rn. 40.
26 BGH, Urt. v. 24.06.1982 – III ZR 169/30 – BGHZ 84, 292, 301f; zustimmend die h. M., etwa Wöstmann, Staudinger BGB, München 2013, § 839 Rn. 550; anders z. T. Papier, MünchKommBGB, 4. Auflage München 2004, § 839 Rn. 263 ff.; eher kritisch für Verfahrensfehler auch Degenhart, Die Haftung der Gemeinde für verfahrensfehlerhafte Bauleitplanung, in: NJW, 1981, S. 2666 f.

werden.[27] Eine Ausnahme hat der BGH in Anlehnung an seine Altlasten-Rechtsprechung[28] nur bei einem schuldhaft rechtswidrigen Verstoß gegen das Abwägungsgebot anerkannt, wenn die Gemeinde auf schutzwürdige Interessen eines Dritten, insbesondere seines Eigentums oder seines Rechtes auf gesunde Wohnverhältnisse, abwägungsfehlerhaft keine Rücksicht genommen hat.[29] Die Ausweisung von Flächen für Windkraftanlagen erfolgt aber gerade nicht im schutzwürdigen Interesse von Eigentümern der im Plangebiet liegenden Grundstücke bzw. Inhabern von vergleichbaren Rechten an diesen Grundstücken. Diese Pflicht besteht, um eine einprägsame Formulierung von Gatz zu zitieren, "gegenüber der Allgemeinheit, die ein Interesse daran hat, dass die Landschaft nicht verspargelt wird. Sie dient nicht dem Schutz potenzieller Anlagenbetreiber vor dem Fehlschlag von Investitionen, die in der Erwartung darauf getätigt werden, dass der Ausweisung der Konzentrationszonen im Flächennutzungsplan die Rechtswirkungen des § 35 Abs. 3 Satz 3 BauGB nicht zukommen."[30] Sie habe somit die allein im öffentlichen Interesse liegende Aufgabe, einen möglichen „Anlagenwildwuchs" zu verhindern.[31]

bb) Kein Anspruch aus enteignungsgleichem Eingriff bei rechtswidriger Feinsteuerung

Ein Anspruch aus enteignungsrechtlichem Eingriff wegen einer rechtwidrigen, aber nicht schuldhaften Aufhebung oder Einschränkung eines raumordnungsrechtlichen Vorranggebietes durch einen Bauleitplan im Wege der „Feinsteuerung" scheitert ebenfalls daran, dass die rechtswidrige Feinsteuerung nicht in eigentumskräftig verfestigte Rechtspositionen eingreift.[32] Der Investor muss nämlich damit rechnen, dass die Gemeinde ihren Plan nachbessert, wenn das Ziel einer Feinsteuerung Kraft gerichtlicher Entscheidung nicht rechtmäßig erreicht wurde.

---

27 BGH, Urt. v. 24.06.1982 – III ZR 169/80 – BGHZ 84, 292, 301 zum Verstoß gegen das Entwicklungsgebot; BGH, Urt. v. 27.09.1990 – III ZR 97/89 – BayVBl 1991, 187 zur fehlerhaften ortsüblichen Bekanntmachung nach § 3 Abs. 2 BauGB; BGH, Urt. v. 11.05.1989 – III ZR 88/87 – NJW 1990, 245, 246 zur fehlerhaften Schlussbekanntmachung. Eine umfassende und zum Teil kritische Darstellung der Rechtsprechung des BGH zur Amtspflichtverletzung wegen fehlerhafter Bauleitplanung gibt Hebeler, Die BGH - Rechtsprechung zur Drittbezogenheit der Amtspflichtverletzung im Baurecht, in: VerwArch.98, Köln 2007, S. 136 ff.
28 Grundlegend BGH, Urt. v. 26.01.1989 – III ZR 194/87 – BGHZ 106, 323; Zusammenfassung bei Hebeler, VerwArch. 98, Köln 2007, 136, S. 142 f.
29 BGH, Urt. v. 28.06.1984 – III ZR 35/83 – BauR 1984, 480. mit Anmerkungen von Papier, Juristenzeitung, 1984, 994; Schwabe, DÖV, 1985, 27 und Dolde, NVwZ, 1986, 252; bestätigt durch BGH, Urt. v. 21.12.1989 – III ZR 49/88 – BGHZ 110, 1,7 (Ausweisung eines WA-Gebietes neben einem Asbest verarbeitenden Betrieb).
30 Gatz, a. a. O. (Fn. 21), Rn. 183.
31 Gatz, a. a. O. (Fn. 21), Rn. 184; ähnlich im Ergebnis Scheidler, ZNER, 2012, 124, 126.
32 So zu Recht Gatz, a. a. O. (Fn. 21), Rn. 184; zum Problem auch OVG Lüneburg, Urt. v. 28.10.2010 – 12 KN 65/07 – BauR 2010, 1043, 1047; OVG Lüneburg, Urt. v. 8.05.2012 – 12 LB 265/10 – ZfBR 2012, 674, 677.

4. Haftungs- und entschädigungsrechtliche Risiken für die Gemeinde beim Erlass einer rechtswidrigen Veränderungssperre für die Feinsteuerung von Windkraftanlagen im raumordnungsrechtlichen Vorranggebiet

a) Amtshaftung wegen einer rechtswidrigen Veränderungssperre

aa) Allgemeines

Haftungs- und entschädigungsrechtliche Risiken können entstehen, wenn die Gemeinde die grundsätzlich zulässige planungsrechtliche Feinsteuerung der im Vorranggebiet zulässigen raumbedeutsamen Windkraftanlagen durch eine rechtswidrige Veränderungssperre nach § 14 Abs. 1 BauGB „gesichert" hat. Beispielhaft sind die in einer umfangreichen Rechtsprechung dokumentierten Fälle zu erwähnen, in denen eine Veränderungssperre nach § 14 Abs. 1 BauGB rechtswidrig war, weil die materiellen Voraussetzungen, insbesondere eine halbwegs konkretisierte Planung oder ein Sicherungsbedürfnis für die künftige Planung, nicht vorlagen.[33] Zu nennen ist auch der Fall, dass der nach § 2 Abs. 1 Satz 2 BauGB zwingend notwendige Aufstellungsbeschluss wegen Verstoßes gegen das Kommunalrecht, etwa gegen ein Mitwirkungsverbot, rechtswidrig war und/ oder die Satzung nicht nach den jeweiligen kommunalrechtlichen Bestimmungen ortsüblich bekannt gemacht wurde.[34] Eine Veränderungssperre ist auch rechtswidrig, wenn sie auf vier Jahre nach § 17 Abs. 2 BauGB verlängert wurde, obwohl die vom Gesetz geforderten „besondere(n) Umstände" nicht vorlagen. Nach der Rechtsprechung sind diese Voraussetzungen nur in seltenen atypischen Fällen zu bejahen.[35] Hier drohen bei schuldhaftem Verhalten der Gemeinde, also auch bei grober oder leichter Fahrlässigkeit, Ansprüche aus Amtshaftung zum Ersatz des durch die rechtswidrige Veränderungssperre verursachten Vermögensschäden nach Art. 34 GG i. V. m. § 839 BGB, dass durch die rechtswidrige Veränderungssperre entstandenen Verzögerungsschäden umfassen.[36]

---

33 Zu diesen beiden Voraussetzungen einer Veränderungssperre Rieger, in: Schrödter (Hrsg.), a. a. O. (Fn. 10), § 14 Rn 7 ff. sowie Jäde, Gemeinde und Baugesuch – Einvernehmen, Veränderungssperre Zurückstellung, 3. überarbeitete Auflage, Stuttgart 2009, S. 88, Rn. 172 ff. mit vielen Beispielen.

34 Zur Bekanntmachung des Aufstellungsbeschlusses als Voraussetzung einer Veränderungssperre und der Zurückstellung nach § 15 Abs.1 BauGB; BGH, Beschl. v. 28.09.1995 – III ZR 202/94 – NVwZ-RR 1994, 65; BGH, Urt. v. 12.07.2001 – III ZR 282/400 – NVwZ 2002, 124; mit Anm. von Baden, IBR 2002, 103; BVerwG, Beschl. v. 1.10.2009 – 4 BN 34.09 – ZfBR 2010, 75 mit Hinweisen zu einer möglichen Heilung bei einer ursprünglich fehlenden Bekanntmachung nach § 214 Abs. 4 BauGB.

35 Grundlegen BVerwG, Urt. v. 10.09.1976 – IV C. 39.74 – BauR 1977, 31; OVG Lüneburg, Urt. v. 16.08.2012 – 1 KN 21/09 – NordÖR 2013, 274.

36 De Witt/Krohn, in: Hoppenberg/De Witt, Handbuch des öffentlichen Baurechts, Loseblattsammlung, München, Rn. 137 ff. 164; ähnlich Wöstmann, a. a. O. (Fn. 26), § 839 Rn. 568.

Die Grundlage dieser Amtspflicht beschreibt Wöstmann prägnant wie folgt:[37]

„Allerdings hat die Gemeinde in diesen Fällen die selbstverständliche Amtspflicht, bei der inhaltlichen Gestaltung der Veränderungssperre deren Rechtmäßigkeitsvoraussetzungen zu wahren. Verletzt sie diese Amtspflicht, können Amtshaftungsansprüche des in seiner Baufreiheit beeinträchtigten Bauherrn begründet sein. Diese Ansprüche können nicht etwa daran scheitern, dass die wahrzunehmenden Amtspflichten nicht drittgerichtet im Sinne des § 839 Abs. 1 S. 1 gewesen wären. Denn die Veränderungssperre hat insoweit den Charakter eines „Maßnahmegesetzes" zu Lasten des betroffenen Bauherrn, wenn damit ein bestimmtes Bauvorhaben verhindert werden soll."

Die haftungsrechtlichen Risiken bei einer rechtswidrigen Veränderungssperre bzw. einer rechtswidrigen Zurückstellung von Baugesuchen nach § 15 Abs. 1 und 3 BauGB (dazu im Folgenden unter 5) sind für die Gemeinde somit höher als bei einer rechtswidrigen Bauleitplanung, da diese nach der Rechtsprechung des BGH nur unter engen Voraussetzung eine Amtspflicht gegenüber planbetroffenen Dritten begründen kann (oben I 3. b) aa).

Dieser Anspruch setzt aber voraus, dass die Veränderungssperre einen Rechtsanspruch auf Erteilung einer Baugenehmigung, etwa in Gebieten mit Baurechten nach den §§ 30 Abs. 1 und 34 BauGB, rechtswidrig und schuldhaft verzögert hat. Damit stellt sich die bisher, soweit ersichtlich, weder im Schrifttum noch in der Rechtsprechung erörterte Frage, ob auch die rechtswidrige Sperre von „Baurechten" in bau- und raumordnungsrechtlichen Vorranggebieten nach § 35 Abs. 3 Satz 3 BauGB einen Amtshaftungsanspruch gegen die Gemeinde begründen kann. Gegen diese Auslegung könnte immerhin geltend gemacht werden, dass die „Baurechte" in den Vorranggebieten nach § 35 Abs. 3 Satz 3 BauGB unter einem allgemeinen Planungsvorbehalt stehen, der nach den unter I. 3a) dargestellten Grundsätzen einen Eingriff in eine eigentumskräftig verfestigte Rechtsposition ausschließt. Da die Rechtsprechung des BVerwG aber den Vorranggebieten i. S. d. § 35 Abs. 3 Satz 3 BauGB „eine dem Bebauungsplan vergleichbare Funktion" verleiht,[38] ist zumindest nicht auszuschließen, dass eine rechtswidrige Veränderungssperre, die eine „Feinsteuerung" in raumordnungsrechtlichen Vorranggebieten nach § 35 Abs. 3 Satz 3 BauGB vorbereiten soll, Amtshaftungsansprüche wegen dieses Eingriffs in „Baurechte" auslösen kann. Städte und Gemeinden, die die Absicht haben, im Wege einer „Feinsteuerung" von raumbedeutsamen Windkraftanlagen die Nutzung von Windkraftanlagen in Vorranggebieten nach § 35 Abs. 3 Satz 3 BauGB zu steuern, etwa eine Höhenbegrenzung festzusetzen, müssen daher mit außerordentlicher Sorgfalt nicht nur die Rechtmäßigkeit der geplanten Feinsteuerung, etwa durch eine Höhenbegrenzung, prüfen, sondern auch die formelle und materielle Rechtmäßigkeit der Veränderungssperre bzw. der noch zu erörternden

---

37 Wöstmann, a. a. O. (Fn. 26), § 839 Rn. 568.
38 BVerwG, Urt. v. 26.04.2007 – 4 CN 3.06 – BRS 71 Nr. 33; ähnlich BVerwG, Urt. v. 31.01.2013 – 4 CN 1.12 – BeckRS 50245.

Zurückstellung von Baugesuchen nach § 15 Abs. 1 und 3 BauGB gewährleisten, um die im Folgenden geschilderten hohen Haftungsrisiken auszuschließen.

bb) Umfang des „normalen" Verzögerungsschadens

Der durch eine rechtswidrige Veränderungssperre möglicherweise verursachte Vermögensschaden besteht insbesondere in erhöhten Baukosten, im entgangenen Gewinn sowie in dem Ausfall der Vergütung nach dem EEG[39] für den rechtswidrig gesperrten Zeitraum. Voraussetzung dieses Verzögerungsschadens ist, dass ein uneingeschränkter Anspruch auf Erteilung der beantragten Genehmigung bestanden hat. Schon diese wenigen Beispiele eines möglichen Schadens zeigen, dass eine auf einer schuldhaft rechtswidrigen Veränderungssperre beruhende Verzögerung der Genehmigung von Windkraftanlagen Haftungsrisiken der planenden Gemeinde begründen kann.

cc) Amtshaftung wegen „Totalausfalls" des Projektes nach Änderung der Rechtslage im Zeitraum der rechtswidrigen Veränderungssperre

„Fatale" Rechtsfolgen kann eine rechtswidrige Veränderungssperre haben, wenn der Investor einen Anspruch auf Genehmigung der von ihm beantragten Windkraftanlagen gerade in Folge der rechtswidrigen Verzögerung der Genehmigung verloren hat. Zu denken ist, um auch hier ein Beispiel zu nennen, daran, dass der Träger der Raumordnungsplanung das Vorranggebiet mit dem Beginn der rechtswidrigen Veränderungssperre, etwa in dem Zeitraum einer rechtswidrigen Verlängerung der Veränderungssperre auf vier Jahre nach § 17 Abs. 2 BauGB, aufgehoben oder eingeschränkt hat und der Antrag des Investors auf Genehmigung der beantragten Windkraftanlagen nach dieser neuen Rechtslage abzulehnen war. Zur Begründung dieses in der Praxis oft nicht erkannten Haftungsrisikos darf auf die folgenden Ausführungen von de Witt/Krohn verwiesen werden:[40]

„Wurde der Antrag auf Erteilung eines Bauvorbescheides z. B. rechtswidrig zurückgestellt und hat die Gemeinde im Zeitpunkt der mündlichen Verhandlung vor dem Verwaltungsgericht inzwischen den Bebauungsplan so geändert, dass dem Verpflichtungsantrag nicht mehr stattgegeben werden kann, bleibt dem Antragsteller nur der Schadensersatzanspruch. Vor den Verwaltungsgerichten kann er dann nur noch die Rechtswidrigkeit der Verzögerung feststellen lassen. (...) Sein Schadensersatzanspruch richtet sich in einem solchen Fall auf das positive Interesse. Er ist also so zu stellen als hätte er den Vorbescheid erhalten und dann die Baugenehmigung, das Bauvorhaben verwirklicht und z. B. mit Ertrag vermietet oder das Kraftwerk mit Ertrag betrieben. Ein solcher Anspruch setzt jedoch voraus, dass er subjektiv bereit und in der Lage war, das Bauvorhaben auch zu verwirklichen und objektiv dem

---

39 Gesetz für den Vorrang Erneuerbarer Energien (Erneuerbare-Energien-Gesetz) v. 25.10.2008 (BGBl. I, 2074) i. d. F. vom 20.12.2012 (BGBl. I, 2730).
40 De Witt/Krohn, a. a. O. (Fn. 36), Rn. 165

Vorhaben keine weiteren Hinderungsgründe entgegenstanden. Der Bauherr muss also auch den Nachweis führen, dass seinem Vorhaben nicht andere Hinderungsgründe entgegenstanden, z. B. des Natur- oder Denkmalschutzes oder fehlende Stellplätze."

Bei dieser Konstellation wäre der Investor so zu stellen, als hätte er die Genehmigung für die Windkraftanlagen erhalten. Es wären somit nicht nur die Schäden auszugleichen, die durch die rechtswidrige Verzögerung entstanden sind. Vielmehr wären ihm alle Vermögensnachteile zu ersetzen, die durch den allein auf der rechtswidrigen Veränderungssperre beruhenden „Totalausfall" des Projektes entstanden sind. Voraussetzung dieses Anspruchs ist aber, dass das Projekt während des Zeitraums der rechtswidrigen Veränderungssperre, auch unter Beachtung der in § 10 Abs. 6a BImSchG bestimmten Genehmigungsfristen von maximal sieben Monaten bzw., im vereinfachten Verfahren, von drei Monaten, in jedem Fall hätte genehmigt werden müssen, also die Erschließung gesichert war, dem Vorhaben keine sonstigen Rechtsvorschriften, keine öffentlichen Belange entgegenstanden und der Investor auch die Absicht hatte und wirtschaftlich in der Lage war, das Projekt zu realisieren.[41]

b) Mögliche Ansprüche wegen enteignungsgleichen Eingriffs aufgrund einer rechtswidrigen Veränderungssperre

Trifft die Gemeinde wegen einer besonders schwierigen Rechtslage an der rechtswidrigen Veränderungssperre kein Verschulden, kommt eine Haftung der Gemeinde wegen enteignungsgleichen Eingriffs in Betracht. Der Entschädigungsanspruch ist zwar nicht so umfassend wie der Schadensersatzanspruch aus Amtshaftung, da der enteignungsgleiche Eingriff „nur" zu einer Entschädigung in Höhe des Wertverlustes des betroffenen Grundstückes verpflichtet, nicht aber zum Ausgleich des Verzögerungsschadens.[42] Auch diese Entschädigung kann aber einen erheblichen Umfang erreichen, da dem Investor die sog. Bodenrente, also insbesondere der infolge der rechtswidrigen Verzögerung ausgefallene Mietzins, Pachtzins und Erbbauzins zu erstatten ist.[43] Zu beachten ist, dass die kommunalen Haftpflichtversicherungen der Gemeinden für Schäden aus enteignungsgleichem Eingriff keinen Deckungsschutz gewähren. Den Anspruch aus enteignungsgleichem Eingriff kann aber nur der Eigentümer oder der Inhaber eines vergleichbaren dinglichen Rechtes, nicht aber ein Pächter, etwa ein Projektträger, geltend machen, der eine Genehmigung zur Errichtung von Windkraftanlagen beantragt hat.[44]

---

41 Zu den vielfältigen Fragen des § 10 Abs. 6a BImSchG Jarass, Probleme um die Entscheidungsfrist der immissionsschutzrechtlichen Genehmigung, DVBl. 2009, 205.
42 Breuer, in: Schrödter (Hrsg.), a. a. O. (Fn. 10), § 18 Rn. 70f.
43 BGH, Urt. v. 3.07.1997 – III ZR 205/96 – NJW 1997, 3432; BGH, Urt. v. 10.03.1994 – III ZR 9/93 – Juris; De Witt/Krohn, a. a. O. (Fn. 37), Rn. 248 f.; ausführlich zur Berechnung der Entschädigung in Wöstmann, a. a. O. (Fn. 26), § 839, Rn. 478 f.
44 De Witt/Krohn, a. a. O. (Fn. 36), Rn. 246; BGH, Beschl. v. 7.05.1992 – III ZR 95/91 – NVwZ 1992, 1119.

5. Haftungsrisiken der zuständigen Genehmigungsbehörde im Zusammenhang mit einer Veränderungssperre bzw. der Zurückstellung von Baugesuchen nach § 15 Abs. 1 und 3 BauGB

a) Keine Normverwerfungskompetenz für eine rechtswidrige Veränderungssperre; Informationspflichten der Genehmigungsbehörde

Eine rechtswidrige Veränderungssperre, die zur „Feinsteuerung" von raumbedeutsamen Windkraftanlagen in einem Vorranggebiet erlassen wurde, kann auch haftungs- und entschädigungsrechtliche Risiken der Genehmigungsbehörde begründen. Zwar hat die Genehmigungsbehörde für Satzungen und damit auch für eine Veränderungssperre keine sog. Normverwerfungskompetenz, muss also auch eine nach ihrer Auffassung rechtswidrige Veränderungssperre anwenden.[45] Die Genehmigungsbehörde ist aber verpflichtet, die Gemeinde über die Rechtswidrigkeit der Veränderungssperre zu unterrichten und ihr damit die Gelegenheit zu geben, entweder die Veränderungssperre aufzuheben oder das Einvernehmen zu einer Ausnahme von der Veränderungssperre nach § 14 Abs. 2 Satz 2 BauGB zu erteilen.[46] Außerdem muss die Genehmigungsbehörde auch den Investor über die mögliche Rechtswidrigkeit der Veränderungssperre unterrichten, um ihm die Möglichkeit zu eröffnen, gegen die Versagung der Genehmigungen frühzeitig Rechtsmittel einzulegen und auch einen Antrag nach § 47 Abs. 6 VwGO zu stellen (s. unten I. 6). Im Übrigen hat die Genehmigungsbehörde auch die Möglichkeit, nach § 47 Abs. 1 Nr. 1 VwGO ein Normenkontrollverfahren gegen den Plan bzw. die Veränderungssperre einzuleiten mit dem Ziel, dass diese Veränderungssperre für unwirksam erklärt wird.[47] Dieses Verfahren ist aber nicht mehr zulässig, wenn bereits die Jahresfrist nach § 47 Abs. 1 Nr. 1 VwGO abgelaufen ist. Sollte ein Antrag nach § 47 Abs. 1 Nr. 1 VwGO nicht mehr zulässig sein, kann die Genehmigungsbehörde bei erkennbarer Rechtswidrigkeit zur Vermeidung möglicher Haftungsrisiken zumindest die Veränderungssperre ggf. im Wege einer für sofort vollziehbar erklärten kommunalaufsichtlichen Anordnung aufheben.[48] Sie hat sogar die Möglichkeit, für einen nach ihrer Auffassung rechtswidrigen Raumordnungs- oder Bauleitplan oder eine Veränderungssperre im Wege der Ersatzvornahme in Kraft zu setzen mit der

---

45 Nachweise zur Normverwerfungskompetenz oben Fn. 10.
46 Zur Informationspflicht der Genehmigungsbehörde über eine rechtswidrige Veränderungssperre BGH, Urt. v. 25.03.2004 – III ZR 227/02 – NVwZ 2004, 1143; ähnlich zur Informationspflicht der Genehmigungsbehörde über die Rechtswidrigkeit eines der Genehmigung einer Windkraftanlage entgegenstehenden Flächennutzungsplans BGH, Beschl. v. 19.03.2008 – III ZR 49/07 – NVwZ 2008, 815.
47 BVerwG, Beschl. v. 11.08.1989 – 4 NB 23.89 – BRS 49 Nr. 40; VGH München, Urt. v. 16.11.1992 – 14 N 91.2258 – BRS 55 Nr. 19 für eine Genehmigungsbehörde und OVG Münster, Urt. v. 6.06.2005 – 10 D 148/04.NE – NVwZ 2005, 1201 für eine Bezirksregierung.
48 Zum Erlass einer Veränderungssperre im Wege einer kommunalaufsichtlichen Anordnung VG Magdeburg, Beschl. v. 25.09.2012 – 9 B 120/12 – NVwZ-RR 2013, 203 (Leitsatz) = BeckRS 2012, 57357, weitere Nachweise unten Fn. 88.

Folge, dass Genehmigungen zunächst nicht erteilt werden können.[49] Die Genehmigungsbehörden sollten im Übrigen beachten, dass sie zwar nach der herrschenden Meinung keine Verwerfungspflicht für eine Veränderungssperre haben. Der BGH weist aber zu Recht auf „eine von der Bauaufsichtsbehörde in eigener Verantwortung vorzunehmende Berechnung der Geltungsdauer der Sperre hin"[50].

b) Pflicht zur Prüfung der Voraussetzungen von Zurückstellungen nach § 15 Abs. 1 und 3 BauGB

Die Genehmigungsbehörde ist aber, anders bei der Ablehnung einer Baugenehmigung aufgrund einer Veränderungssperre verpflichtet, die rechtlichen Voraussetzungen einer Zurückstellung von Bauanträgen nach § 15 Abs. 1 und 3 BauGB uneingeschränkt auf deren Voraussetzungen zu prüfen, sie hat insoweit eine „Verwerfungspflicht" für rechtswidrige Anträge auf Zurückstellung.[51] Mit dem BauGB 2013 wurde mit Wirkung zum 20. September 2013 den Gemeinden die Möglichkeit eröffnet, die Dauer einer Zurückstellung nach § 15 Abs. 3 BauGB um ein weiteres Jahr zu verlängern, „wenn besondere Umstände es erfordern". Ob diese Voraussetzungen erfüllt sind, bestimmt sich nach den strengen Kriterien nach § 17 Abs. 2 BauGB, die schon unter I 4 aa angesprochen wurden. Diese besonderen Umstände müssen sich aus der Planung selbst ergeben. Sie dürften etwa zu bejahen sein, wenn sich erst im Verfahren herausstellt, dass für die Ausweisung des Vorranggebietes neue Gutachten erforderlich sind, deren Notwendigkeit vorher nicht erkennbar war, wenn etwa, um ein Beispiel zu nennen, ein faktisches Vogelschutzgebiet identifiziert wurde. Fehlende Entscheidungskraft der Gemeinde, eine mangelnde personelle Ausstattung der Verwaltung, ein Wechsel der politischen Mehrheit in der Gemeindevertretung sowie Proteste der Bürgerschaft oder eine Verzögerung durch mehrfache Bürgerbeteiligung bzw. eine Mediation nach § 4b BauGB 2013 sind in der Regel keine besonderen Umstände, die es rechtfertigen, die Frist der Zurückstellung um ein weiteres Jahr zu verlängern.[52]

---

49 Zur Haftung der Genehmigungsbehörde wegen der Erteilung einer rechtswidrigen Baugenehmigung De Witt/Krohn, a. a. O. (Fn. 36), Rn. 88 f.
50 BGH, Urt. v. 30.11.2006 – III ZR 352/04 – ZfBR 2007, 263, 264; ähnlich Wöstmann, a. a. O. (Fn. 26), § 839 Rn. 572; De Witt/Krohn, a. a. O. (Fn. 37), Rn. 141.
51 Ausführlich zur Zurückstellung nach § 15 Abs. 3 BauGB Rieger, Die Zurückstellung und Flächennutzungsplanung, in: ZfBR, 2012, S. 430 ff.; Scheidler, Die Zurückstellung von Baugesuchen für Windkraftanlagen – Zur Anwendung des § 15 Abs. 3 BauGB, in: ZNER. 2012, S. 368 f.; zu haftungsrechtlichen Risiken einer Zurückstellung nach § 15 Abs.3 BauGB zur Steuerung von Tierhaltungsanlagen Schrödter, Aktuelle Fragen zur Planung und Genehmigung von Anlagen der Intensivtierhaltung im Außenbereich, in: AUR, 2011, 177, 182 f.
52 Beispiele aus der sehr strengen Rechtsprechung zu § 17 Abs. 2 BauGB OVG Berlin, Beschl. v. 31.01.1997 – 2 A 5.96 – BRS 59 Nr. 98 für die Überplanung eines Mauergrundstückes; BayVGH, Beschl. v. 30.07.2008 – 1 B 05. 616 – BeckRS 2010, 53406.

c) Anordnung der sofortigen Vollziehung des Zurückstellungsbescheides

Erfahrungen aus der Praxis zeigen, dass die Genehmigungsbehörden nicht immer die sofortige Vollziehung der Zurückstellung von Bauanträgen nach § 15 Abs. 1 und 3 BauGB anordnen. Auch dieser Umstand kann zu einer rechtswidrigen Verzögerung und damit zur Amtshaftung nach Art. 34 GG i. V. m. 839 BGB führen. Legt nämlich der Investor ein Rechtsmittel gegen die rechtswidrige Zurückstellung ein, hat dieses nach § 80 Abs. 1 VwGO aufschiebende Wirkung.[53] Daraus folgt, dass die Genehmigungsbehörde trotz der Zurückstellung über die Anträge innerhalb der baurechtlichen bzw. nach § 10 Abs. 6a BImSchG maßgeblichen Fristen zu entscheiden hat, also bei UVP-pflichtigen Projekten innerhalb von sieben Monaten und bei vorprüfungspflichtigen Projekten innerhalb von drei Monaten. Verstößt die Genehmigungsbehörde gegen diese Verpflichtung, kann auch insoweit ein Verzögerungsschaden nach Amtshaftungsgrundsätzen oder, bei fehlendem Verschulden, ein Entschädigungsanspruch wegen enteignungsgleichen Eingriffs entstehen.[54] Für diese Ansprüche gelten die Ausführungen unter I. 4. entsprechend.

6. Hinweise für die Praxis zum Umfang des Amtshaftungsanspruches

Ein Anspruch aus Amtshaftung wegen schuldhaft rechtswidriger Bauleitplanung bzw. einer Veränderungssperre ist nach allgemeinen Grundsätzen ausgeschlossen, wenn der möglicherweise geschädigte Investor entgegen § 839 Abs. 3 BGB kein Rechtsmittel eingelegt hat, also gegen die nach seiner Auffassung rechtswidrige Ablehnung der bau- oder immissionsschutzrechtlichen Genehmigung der Windkraftanlagen keine Klage erhoben hat und auch kein Normenkontrollverfahren nach § 47 Abs. 1 VwGO gegen die Veränderungssperre eingereicht hat.[55] Nicht entschieden wurde bisher die Frage, ob der Investor auch im Rahmen seiner versicherungsrechtlichen „*Obliegenheit*", den Schaden auszuschließen oder zu vermindern, versuchen muss, eine Aussetzung der Planung bzw. Veränderungssperre nach § 47 Abs. 6 VwGO gerichtlich durchzusetzen.[56] Diese Frage ist zu bejahen, da es einem Investor zuzumuten ist, eine nach seiner Auffassung schuldhaft rechtswidrige Veränderungssperre, die ein Projekt blockiert, auch im Wege des vorläufigen Rechtsschutzes anzugreifen.

Anzumerken ist in diesem Zusammenhang, dass die Amtspflicht, die Erteilung von Baugenehmigungen durch eine rechtswidrige Veränderungssperre bzw. Zurückstellung nicht zu verzögern, jedem Bauherrn gegenüber besteht. Auch Investoren, die nicht Grundstückseigentümer sind, dieses ist bei der Projektierung von Windkraft-

---

53 BGH, Beschl. v. 26.07.2001 – III ZR 206/00 – NVwZ 2002, 123; Krohn, in: De Witt/Krohn, a. a. O. (Fn. 36), Rn. 150.
54 Wöstmann, a. a. O. (Fn. 26), § 839 Rn. 573.
55 De Witt/Krohn, a. a. O. (Fn. 36), Rn. 327 für den Fall eines nichtigen Bebauungsplanes.
56 Wöstmann, a. a. O. (Fn. 26), § 839 Rn. 339.

anlagen fast der Regelfall, können daher Amtshaftungsansprüche geltend machen.[57] In diesen Fällen ist der Eigentümer regelmäßig nicht Dritter.[58] Wird dagegen ein Amtshaftungsanspruch auf eine sonstige schuldhaft rechtswidrige Planungsentscheidung gestützt, soll nach Auffassung des LG Münster ein Pächter nicht Dritter sein, da die Amtspflicht zur Aufstellung eines rechtmäßigen Planes, soweit sie ausnahmsweise überhaupt Drittbezug hat, nur gegenüber dem Eigentümer oder sonstigen dinglichen Berechtigten gegenüber besteht.[59]

Entgegen den Vorstellungen vieler Gemeinden gewähren die Haftpflichtversicherungen der Kommunen (Deutsche Kommunalversicherer) nicht bei jeder Amtspflichtverletzung unbeschränkten Deckungsschutz. So ist z. B. der Deckungsschutz beim kommunalen Schadensausgleich Niedersachsen ausgeschlossen für „Aufwendungen aufgrund von Ansprüchen wegen Vermögensschäden, die auf bewusst gesetz- oder vorschriftswidriges Handeln zurückzuführen sind".[60] Wurde die Gemeinde, also die Verwaltung oder auch die Gemeindevertretung,[61] von der Genehmigungsbehörde oder der Kommunalaufsichtsbehörde schriftlich auf die Rechtswidrigkeit einer Veränderungssperre oder der beantragten Zurückstellung von Bauanträgen hingewiesen, kann dieser Umstand zur Aufhebung des Deckungsschutzes führen.

Den Gemeinden ist angesichts der schwierigen Rechtslage zu empfehlen, bei Zweifeln über die Rechtmäßigkeit einer Veränderungssperre zur Sicherung einer Feinsteuerung, die Baurechte in raumordnungsrechtlichen Vorranggebieten einschränken kann, sich mit der jeweiligen Haftpflichtversicherung Verbindung aufzunehmen, um den Eintritt eines bei einer rechtswidrigen Verzögerung einer Genehmigung von Windkraftanlagen besonders hohen Schadensrisiken auszuschließen.[62]

---

57 BGH, Beschl. v. 26.6.2008 – III ZR 118/07 – BauR 2008, 1866; Krohn, in: De Witt/Krohn, a. a. O. (Fn. 36), Rn. 119; LG Münster, Urt. v. 17.04.2009 – 11 O 176/08 – BADK-Information 2009, 140.
58 Dazu De Witt/Krohn, a. a. O. (Fn. 36), Rn 172.
59 LG Münster, Urt. v. 17.04.2009 – 11 O 176/08 – BADK-Information 2009, 140, Juris, dazu Anmerkung von Otto, Kommunalpraxis Bayern, 2009, S. 419; ähnlich wohl Degenhart, NJW 1981, S. 2666 f.
60 § 2 Abs. 2 Nr. 17 der Satzung und Verrechnungsgrundsätze des kommunalen Schadensausgleich Hannover, Stand 1.01.2010 (im Internet unter www.KSAHannover.de Zugriff am 12.06.2013).
61 Zur Haftung von Mitgliedern der Gemeindevertretung wegen schuldhaft rechtswidriger Amtspflichtverletzung BGH, Urt. v. 21.12.1989 – III ZR 118/88 – BGHZ 109, 380, 388.
62 Zu den vielfältigen und außerordentlich schwierigen Haftungsfragen im Zusammenhang mit einer rechtswidrigen Veränderungssperre lesenswert BGH, Urt. v. 30.11.2006 – III ZR 352/04 – ZfBR 2007, 263.

II. Auswirkungen von neuen Zielen der Raumordnung auf bestehende Bauleitpläne

Im Folgenden soll die Frage erörtert werden, welche Auswirkungen ein Raumordnungsplan mit windkraftbezogenen Zielen der Raumordnung hat, wenn diese nach dem Inkrafttreten eines Bauleitplanes aufgestellt wurden. Wird etwa, um an die in der Einleitung erwähnten beiden Entscheidungen des VG Magdeburg anzuknüpfen, ein Vorranggebiet für raumbedeutsame Windkraftanlagen mit Ausschlusswirkung im Raumordnungsplan festgelegt, stellt sich die Frage, ob und in welcher Weise die Gemeinde ihre Bauleitpläne an diese nachträglich festgesetzten Ziele der Raumordnung anpassen muss und wie sich diese Ziele der Raumordnung auf Genehmigungsverfahren für Windkraftanlagen auswirken.

1. Keine Unwirksamkeit der den neuen Zielen der Raumordnung widersprechenden Bauleitpläne

a) Die Position der herrschenden Meinung

Nach der bisher weitaus h. M. wird ein Bauleitplan nicht unwirksam oder funktionslos, wenn seine Darstellungen oder Festsetzungen nachträglich festgesetzten Zielen der Raumordnung widersprechen.[63] Diese, soweit ersichtlich, erstmals im Jahre 1982 vom OVG Lüneburg vertretene Auffassung[64] hat der BayVGH[65] in einer lesenswerten Entscheidung vom 16.11.1993 ausführlich begründet. Der VGH Kassel[66] und das OVG Greifswald[67] haben sich dieser Auslegung angeschlossen. Auch das BVerwG scheint dieser Auffassung zumindest für den Bebauungsplan zuzuneigen. In einer Entscheidung vom 14.5.2007 hat das Gericht nämlich Folgendes ausgeführt:[68]

„Die Pflicht, die Bauleitplanung den Zielen der Raumordnung anzupassen (§ 1 Abs. 4 BauGB), bezweckt die Gewährleistung umfassender Konkordanz zwischen der übergeordneten Landesplanung und der gemeindlichen Bauleitplanung (Urteil vom

---

63 Kümper, Flächennutzungsplan, Raumordnungsplan und Fachplan - Vertikale Anpassungs- und horizontale Koordinierungserfordernisse, ZfBR, 2012, S. 631 f.; Gaentzsch, in: Berliner Kommentar zum BauGB, Stand: Dezember 2005, Köln, § 1 Rn. 41; Runkel, in: Ernst/Zinkahn/Bielenberg/Krautzberger, BauGB Kommentar, Stand: April 2009, München, § 1 Rn. 69; Battis, in: Battis/Krautzberger/Löhr, BauGB Kommentar, München 2007, § 1 Rn. 42; Dirnberger, in: Spannowsky/Uechtritz, BauGB Kommentar, München 2009, § 1 Rn. 70; Gierke, in: Brügelmann, BauGB Kommentar, Stand: März 2010, § 1 Rn. 430.
64 OVG Lüneburg, Urt. v. 16.06.1982 – 1 A 194/80 – BRS 39 Nr. 58.
65 BayVGH, Urt. v. 16.11.1993 – 8 B 92.3559 – BRS 55 Nr. 45
66 HessVGH, Beschl. v. 10.09.2009 – 4 B 2068/09 – BauR 2010, 878, 879.
67 OVG Greifswald, Urt. v. 5.11.2008 – 3 L 281/03 – BauR 2009, 1399, 1404.
68 BVerwG, Beschl. v. 14.05.2007 – 4 BN 8/07 – ZfBR 2007, 576.

17. September 2003 – BVerwG 4 C 14.01 – BVerwGE 119, 25). Aus ihr folgt das Gebot, einen bereits in Kraft getretenen Bebauungsplan zu ändern, wenn neue oder geänderte Ziele der Raumordnung dies erfordern".

Allerdings kann dieses Urteil wohl nicht als Beleg für eine gefestigte Rechtsprechung des BVerwG dienen, dass Bauleitpläne, die einem nachträglich festgelegten Ziel der Raumordnung widersprechen, uneingeschränkt bis zu einer Anpassung an das neue Ziel der Raumordnung wirksam bleiben. Das BVerwG hat nämlich für das Verhältnis zwischen dem Flächennutzungsplan und nachträglich festgesetzten Zielen der Raumordnung ausgeführt, dass Darstellungen eines Flächennutzungsplanes, die einem neuen Ziel der Raumordnung widersprechen, nicht mehr als Grundlage eines Entwicklungsgebotes nach § 8 Abs. 2 S. 1 BauGB dienen können.[69] Nicht eindeutig ist die in diesem Zusammenhang getroffene Aussage, „ein Flächennutzungsplan, der zunächst mit den Zielen der Regionalplanung übereinstimmt," verleihe „einem Bebauungsplan, der aus den Darstellungen des Flächennutzungsplanes entwickelt worden ist, gegenüber dem geänderten Regionalplan keinen bauleitplanerischen „Bestandsschutz".[70]

b) Die abweichende Auffassung von Waechter

Im Gegensatz zu dieser h. M. vertritt Waechter in einem umfangreichen Beitrag aus dem Jahr 2010 dezidiert die Auffassung, ein Bauleitplan sei kraft Gesetzes unwirksam, wenn seine Darstellungen bzw. Festsetzungen einem nach Inkrafttreten des Bauleitplanes festgelegten Ziel der Raumordnung widersprechen würden.[71]

Die von Waechter vorgetragenen Argumente können nicht überzeugen.[72] Schon der Wortlaut des § 1 Abs. 4 BauGB („sind ... anzupassen") spricht für die h. M., nach der eine Anpassungspflicht einen noch bestehenden und auch wirksamen Bebauungsplan voraussetzt. Nicht überzeugen kann auch das Argument, die Raumordnungspläne seien im Verhältnis zur Bauleitplanung „höherrangiges Recht", dessen Inkrafttreten zur Unwirksamkeit der ihnen widersprechenden „älteren" Bauleitpläne führe.[73] So wird, um nur ein Beispiel zu nennen, ein Bebauungsplan nicht dadurch unwirksam, dass sein Geltungsbereich durch eine Verordnung als Überschwemmungsgebiet festgesetzt wird.[74] Etwas anderes gilt nur, wenn ein Bau-

---

69 BVerwG, Urt. v. 30.01.2003 – 4 CN 14/01 – BRS 66 Nr. 9.
70 BVerwG, Urt. v. 30.01.2003 – 4 CN 14/01 – BRS 66 Nr. 9 S. 60; ähnlich BFH, Beschl. v. 8.03.2006 – 4 B 75.05 – BRS 70 Nr. 2 S. 10.
71 Waechter, Raumordnungsziele als höherrangiges Recht, in: DÖV, Heft 12, 2010, 493 ff.
72 Kümper, a. a. O. (Fn. 63), S. 631 f.
73 Waechter, a. a. O. (Fn. 71), S. 493 f.
74 Ähnlich Dirnberger, a. a. O. (Fn. 63), § 1 Rn 70.

leitplan nachträglich festgesetztem Gemeinschaftsrecht widerspricht, da Gemeinschaftsrecht vorrangig anzuwenden ist.[75]

2. Auswirkungen von nachträglich festgelegten windkraftbezogenen Zielen der Raumordnung auf Genehmigungsverfahren nach den §§ 30 und 35 Abs. 1 Nr. 6 BauGB

In der Praxis stellt sich somit auf der Grundlage der h. M. die Frage, wie sich nachträglich festgelegte windkraftbezogene Ziele der Raumordnung auf Baurechte für Windkraftanlagen in Gebieten nach den §§ 30 und § 35 Abs. 3 Satz 3 BauGB auswirken. Diese Frage dürfte in den nächsten Jahren an Bedeutung gewinnen, weil in den Raumordnungsplänen immer häufiger Vorranggebiete für raumbedeutsame Anlagen, auch zum Repowering, festgelegt werden und damit Konflikte zu Bauleitplänen geradezu „vorprogrammiert" sind.[76] Zu unterscheiden ist zwischen Baurechten nach § 30 BauGB (im Folgenden a) und Baurechten in Vorranggebieten nach § 35 Abs. 1 Nr. 5 BauGB (im Folgenden b).

a) Windkraftanlagen im Geltungsbereich eines Bebauungsplanes

Im Geltungsbereich eines Bebauungsplanes nach § 30 BauGB stehen nach Wortlaut, Ziel und Systematik dieser Bestimmung auch nachträglich festgelegte Ziele der Raumordnung der Genehmigung eines Vorhabens nicht entgegen, wenn dieses den Festsetzungen des Bebauungsplanes entspricht, die Erschließung gesichert ist und die sonstigen Voraussetzungen, insbesondere nach dem Immissionsschutzrecht und dem Naturschutzrecht, erfüllt sind. Hat somit der Träger eines Raumordnungsplans ein Vorranggebiet für raumbedeutsame Windkraftanlagen nach Inkrafttreten eines Bebauungsplanes festgesetzt, ist eine raumbedeutsame Windkraftanlage im Geltungsbereich dieses Bebauungsplanes zu genehmigen, soweit die Voraussetzungen des § 30 BauGB erfüllt sind[77] und die Raumordnungsbehörde nicht ein Anpassungsgebot, ggf. im Wege der Kommunalaufsicht, durchgesetzt hat (unten III, 2). In jedem Fall sollten die Gemeinde und der Investor über die schwierige Rechtslage informiert werden.

---

75 Ausführlich hierzu Berkemann, in: Berkemann/Halama (Hrsg.), Handbuch zum Recht der Bau- und Umweltrichtlinien der EU, 2. erweiterte Auflage, Bonn 2011, Teil 1 Rn. 258 f., 273 und 427 f.; Demleitner, Die Normverwerfungskompetenz der Verwaltung bei entgegenstehendem Gemeinschaftsrecht, in: NVwZ, 2009, S. 1525 f.
76 Instruktiv VG Magdeburg, Beschl. v. 25.09.2012 – 9 B 120/12 – NVwZ-RR 2013, 202 (Leitsatz).
77 So ausdrücklich Runkel in Bielenberg/Runkel/Spannowsky, ROG, § 4 Rn 258, „Für Erfordernisse der Raumordnung ist im Rahmen der Zulässigkeitsvorschrift des § 30 Abs. 1 BauGB kein Raum"; ähnlich Goppel, in: Spannowsky/Runkel/Goppel (Hrsg.), ROG Kommentar, München 2010, § 4 Rn. 71, der dieses Ergebnis aus § 4 Abs. 2 ROG ableitet.

b) Auswirkungen nachträglich festgelegter Ziele der Raumordnung auf Genehmigungen für Windkraftanlagen im Vorranggebietes eines Flächennutzungsplanes

Anders ist die Rechtslage, wenn ein nachträglich festgelegtes raumordnungsrechtliches Vorranggebiet für raumbedeutsame Windkraftanlagen Darstellungen eines Flächennutzungsplanes widerspricht, etwa ein raumordnungsrechtliches Vorranggebiet für raumbedeutsame Windkraftanlagen für einen Teil des Gemeindegebietes festgesetzt wurde, das bisher nicht als Vorranggebiet im Flächennutzungsplan dargestellt ist. In diesem Fall stehen den im Flächennutzungsplan begründeten „Baurechten" die nachträglich festgesetzten Ziele der Raumordnung nach § 35 Abs. 3 Satz 2 BauGB entgegen. Gewisse Zweifel an dieser Auslegung können sich aber darauf stützen, dass das BVerwG erstmals in seinem Urteil vom 26.4.2007 „in entsprechender Anwendung des § 47 Abs. 1 Nr. 1 VwGO" die prinzipale Normenkontrolle gegen Darstellungen mit den Wirkungen des § 35 Abs. 3 Satz 3 BauGB zugelassen hat.[78] Diese Auffassung begründet das BVerwG damit, dass der Flächennutzungsplan „im Anwendungsbereich von § 35 Abs. 3 Satz 3 BauGB [...] eine dem Bebauungsplan vergleichbare Funktion" erfülle.[79] Allein diese Auffassung rechtfertigt es jedoch nicht, einen Flächennutzungsplan mit Darstellungen nach § 35 Abs. 3 Satz 3 BauGB auch im Genehmigungsverfahren für Windkraftanlagen „wie einen Bebauungsplan" zu behandeln und die raumbedeutsamen Windkraftanlagen im Vorranggebiet von der Bindung an die nachträglich festgesetzten rechtmäßigen Ziele der Raumordnung freizustellen. Für die hier vertretene Auffassung spricht der Umstand, dass das BVerwG mit der entsprechenden Anwendung des § 47 Abs. 1 Nr. 1 VwGO nur eine „unter Rechtsschutzgesichtspunkten planwidrige Regelungslücke" geschlossen hat.[80] Außerdem stehen „Baurechte" in Vorranggebieten nach § 35 Abs. 3 Satz 3 BauGB unter einem Planungsvorbehalt, der eine jederzeitige Änderung oder Aufhebung des Vorranggebietes rechtfertigt (oben I. 3. a). Demgegenüber plädiert Söfker „für eine Weitergeltung von im Flächennutzungsplan ausgewiesenen Standorten bis zu ihrer Anpassung an die Ziele der Raumordnung, auch wenn solche im Raumordnungsplan nicht festgelegt sind."[81] Auch Petz vertritt die Auffassung, Positivflächen der Konzentrationsflächenplanung würden „wie (eine) Baurechtszuweisung durch einen einfachen Bebauungsplan" wirken.[82]

---

[78] BVerwG, Urt. v. 26.04.2007 – 4 CN 3.06 – ZfBR 2007, 271=BRS 71 Nr. 33; ähnlich BVerwG, Urt. v. 31.01.2013 – 4 CN 1.12 – Beck RS 50245.

[79] BVerwG, Urt. v. 26.04.2007 – 4 CN 3.06 – BRS 71 Nr. 33 S. 157.

[80] BRS 71 Nr. 33 S. 158.

[81] Söfker, Repowering von Windenergieanlagen - Planungsrechtliche Grundlagen für die Kommunen, in: KommunalPraxis-spezial, Heft 4/2010, S. 199 f.; ders., Repowering von Windenergieanlagen – Zum Verhältnis von Regionalplanung zur Bauleitplanung, in: Repowering Info Börse, Stand 03/2011, S. 8 f., unter: www.repowering-kommunal.de (Zugriff am 26.06.2013).

[82] In diesem Band S. 183 ff.

Rechtsprechung zu den Auswirkungen eines nachträglich festgelegten raumordnungsrechtlichen Vorranggebietes auf Baurechte für raumbedeutsame Windkraftanlagen im „älteren" Vorranggebiet eines Flächennutzungsplanes liegt bisher, soweit ersichtlich, aber noch nicht vor. Bei einem Widerspruch zwischen einem städtebaulichen Vorranggebiet für raumbedeutsame Windkraftanlagen und einem später als Ziel der Raumordnung festgelegten Vorranggebiet muss die zuständige Genehmigungsbehörde somit ohne gesicherte Rechtsprechung die Entscheidung treffen, ob der Flächennutzungsplan schon wie ein Bebauungsplan wirkt und die Genehmigung erteilt werden muss oder ob der Raumordnungsplan vorrangig ist und die Genehmigung für Windkraftanlagen im Geltungsbereich des Flächennutzungsplans daher abzulehnen ist.

III. Pflicht zur Anpassung der Bauleitpläne an nachträglich festgesetzte windkraftbezogene Ziele der Raumordnung

1. Allgemeines

Die Ausführungen unter II. haben gezeigt, dass nachträglich festgesetzte Vorranggebiete für raumbedeutsame Windkraftanlagen zumindest im Geltungsbericht eines Bebauungsplanes nach § 30 BauGB einen Anspruch auf Genehmigung dieser Anlagen nicht verhindern. Für die Genehmigung von Windkraftanlagen im Außenbereich ist dagegen nicht abschließend geklärt, ob sich das bauplanungsrechtliche Vorranggebiet für Windkraftanlagen wegen seiner nach Meinung des BVerwG einem „Bebauungsplan vergleichbare(n) Funktion" den Zielen der Raumordnung gegenüber durchsetzt. Aus dem Blickwinkel der durch § 1 Abs. 4 BauGB geforderten Übereinstimmung der Bauleitplanung mit den Zielen der Raumordnung ist dieses Ergebnis unbefriedigend. Es kann nur dadurch vermieden werden, dass die Gemeinde zeitnah nach dem Inkrafttreten des neuen Zieles der Raumordnung die für raumbedeutsame Windkraftanlagen ausgewiesenen Festsetzungen/ Darstellungen ihrer Bauleitpläne an diese Ziele anpasst.[83] Die damit zusammenhängenden verfahrensrechtlichen und entschädigungsrechtlichen Fragen sollen im Folgenden kurz dargestellt werden. Die bereits in der Einleitung erwähnten Entscheidungen des VG Magdeburg[84] zeigen, dass dieses hier angesprochene Problem eine erhebliche Bedeutung erlangen kann.

---

83 So auch die Empfehlung von Söfker, a. a. O. (Fn. 81), S. 199 f.
84 VG Magdeburg, Beschl. v. 25.09.2012 – 9 B 120/12 – NVwZ-RR 2013, 202 (Leitsatz) BeckRS 2012, 57357, VG Magdeburg, Urt. v. 30.10.2012 – 2 A 140/12 – BeckRS 2013, 46892.

2. Instrumente zur Durchsetzung der Anpassungspflicht

Rechtsgrundlage des raumordnungsrechtlichen Anpassungsgebotes ist § 1 Abs. 4 BauGB, der in den meisten Ländern durch höchst unterschiedliche landesrechtliche Planungsgebote ergänzt wird.[85] In den Ländern, die keine Planungsgesetze erlassen haben,[86] kann diese Pflicht zur Anpassung durch Maßnahmen der Kommunalaufsicht durchgesetzt werden.[87] Sollte sich eine Gemeinde, etwa wegen dieser „unübersichtlichen" Rechtslage oder wegen möglicher Entschädigungsansprüche nach den §§ 39, 42 BauGB, weigern, ihre Bauleitpläne an das nachträglich festgelegte windkraftbezogene Ziel der Raumordnung anzupassen, kann sie von der landesrechtlich zuständigen Behörde, ggf. im Wege der Kommunalaufsicht, zu dieser Anpassung „motiviert" werden. Das VG Magdeburg hat, ähnlich wie schon vorher das OVG Koblenz, der VGH Mannheim und das VG Stuttgart, sogar für den kommunalaufsichtlich verfügten Erlass einer Veränderungssperre, die die Aufhebung des zielwidrigen Bebauungsplans sichern sollte, „grünes Licht" gegeben.[88] Die Länder haben aber bisher nur selten Planungsgebote erlassen, um einen Bebauungsplan an ein nachträglich festgelegtes Ziel der Raumordnung anzupassen. Ein Grund für diese auffällige „raumordnungsrechtliche Zurückhaltung" ist möglicherweise darin zu sehen, dass eine im Wege eines Planungsgebotes durchgesetzte Änderung bzw. Aufhebung von Bebauungsplänen hohe Entschädigungs- und möglicherweise auch Amtshaftungsansprüche gegen die Länder begründen können, die im Folgenden erläutert werden sollen.

3. Entschädigungsrechtliche Konsequenzen einer im Wege eines Planungsgebotes erfolgten Anpassung von Bauleitplänen an neue Ziele der Raumordnung

a) Für windkraftbezogene Festsetzungen eines Bebauungsplanes

Passt eine Gemeinde „freiwillig" Festsetzungen eines Bebauungsplanes an windkraftbezogene Ziele des Raumordnungsplanes an, muss sie die Eigentümer bzw. die in sonstiger Weise betroffenen Berechtigten, etwa Erbbauberechtigte, nicht aber Pächter und Mieter, unter den Voraussetzungen der §§ 39, 42 BauGB entschädigen.

---

85 Übersicht über das Landesrecht nach dem Stand von 12.2012 bei Bielenberg/Runkel/Spannowsky (Hrsg.), ROG Kommentar, Loseblattsammlung, Band 1, Berlin unter D 001.
86 Sachsen, Sachsen-Anhalt, Hessen, Niedersachsen und die drei Stadtstaaten.
87 BVerwG, Urt. v. 17.9.2003 – 4 C 14.01 – BVerwGE 119, 25; VG Magdeburg, Beschl. v. 25.9.2012 – 9 B 120/12 – NVwZ-RR 2013, 202 (Leitsatz) = BeckRS 2012, 57537; VG Magdeburg, Urt. v. 30.10.2012 – 2 A 140/12 – BeckRS 2013, 46892.
88 VG Magdeburg, Beschl. v. 25.09.2012 – 9 B 120/12 – NVwZ – RR 2013, 202 (Leitsatz) = BeckRS 2012, 57537.; ähnlich OVG Koblenz, Urt. v. 23.03.2012 – 2 A 11176/11 – LKRZ 2012, 280; VGH Mannheim, Beschl. v. 9.12.2005 – 8 S 1754/05 – ZfBR 2006, 483; vorher VG Stuttgart, Beschl. v. 27.07.2005 – 12 K 2082/05 – Juris.

Wurde z. B. in einem Bebauungsplan ein Sondergebiet für Windkraftanlagen ohne Höhenbegrenzung festgesetzt, muss die Gemeinde den Berechtigten nach § 42 Abs. 2 BauGB entschädigen, soweit durch die Nutzung eine „nicht nur unwesentliche Wertminderung" des Grundstückes eingetreten ist und die weiteren Voraussetzungen des § 42 Abs. 2 BauGB erfüllt sind. Eine unwesentliche Wertminderung dürfte ab 5 % zu bejahen sein.[89]

Die Landesplanungsgesetze der Länder enthalten neben der Ermächtigung zum Erlass eines Anpassungsgebotes auch Regelungen, nach denen die zuständigen Behörden diese Entschädigung übernehmen oder die Gemeinde von diesem sog. „Landesplanerischen Planungsschaden"[90] freistellen müssen.[91] In den Ländern, die eine „Entschädigungsklausel" in ihre Landesplanungsgesetze aufgenommen haben, ist die Übernahme des Planungsschadens z. T. an weitere Voraussetzungen, etwa an ein Verlangen der Landesplanungsbehörde oder eine Forderung des Landes auf Anpassung des Bauleitplanes gebunden. Daraus folgt, dass bei einer „freiwilligen" Anpassung der Bauleitpläne eine Entschädigungspflicht der Gemeinde entsteht, obgleich der Träger der Raumordnungsplanung allein die Ursache für diese Anpassungspflicht gesetzt hat. Eine Gemeinde sollte sich auf das entschädigungsrechtliche „Abenteuer" einer Anpassung windkraftbezogener Festsetzungen eines Bebauungsplanes an später festgelegte Ziele der Raumordnung nur einlassen, wenn sie in einem das Landesrecht ergänzenden öffentlich-rechtlichen Vertrag alle mit dieser Entschädigung zusammenhängenden Fragen geregelt hat. Dieser Vertrag sollte vorsorglich auch Ansprüche aus Amtshaftung oder enteignungsgleichem Eingriff dem Land auferlegen. War Grundlage der Anpassung und damit auch des Entzuges eines Baurechtes nach § 30 BauGB nämlich ein rechtswidriges Ziel der Raumordnung, sind neben Ansprüchen nach den §§ 39 bis 42 BauGB auch Ansprüche aus Amtshaftung nach Art. 34 GG i. V. m. § 839 BGB mit letzter Sicherheit nicht auszuschließen.

b) Für windkraftbezogene Festsetzungen eines Flächennutzungsplanes

Eine vertragliche Regelung einer möglichen Entschädigungspflicht ist den Gemeinden erst recht für den Fall zu empfehlen, dass eine Gemeinde Darstellungen ihres Flächennutzungsplanes an nachträglich festgelegte windkraftbezogene Ziele der Raumordnung anpasst. Für diese Variante einer Anpassung des Flächennutzungsplanes an ein Ziel der Raumordnung sehen die Landesplanungsgesetze nämlich bisher keine Entschädigungsregelung vor. Eine Ursache hierfür ist darin zu sehen, dass die Entschädigungsklauseln der Landesplanungsgesetze überwiegend zu einem Zeitpunkt erlassen wurden, in dem noch keine Möglichkeit bestanden hat,

---

89 Breuer, in: Schrödter (Hrsg.), a. a. O. (Fn. 10), § 42 Rn. 54 mit Übersicht über die Rechtsprechung.
90 Dazu Berg, Landesplanerischer Planungsschaden, Münster 2003; sowie die Übersicht bei Runkel, a. a. O. (Fn. 63), § 1 Rn 78 f.
91 Bayern, Brandenburg, Niedersachsen, NRW, Rheinland-Pfalz, Thüringen.

für Vorhaben nach § 35 Abs. 1 Nr. 2 bis 6 BauGB und damit auch für Windkraftanlagen im Geltungsbereich eines Flächennutzungsplanes „Baurechte" durch Darstellung von Vorranggebieten mit Ausschlusswirkung nach § 35 Abs. 3 Satz 3 BauGB zu begründen. Solange nicht höchstrichterlich entschieden wurde, ob die Aufhebung von „Baurechten" für Windkraftanlagen in einem Vorranggebiet eines Flächennutzungsplanes Entschädigungsansprüche nach §§ 39, 42 Abs. 2 BauGB begründet (oben I. 3), sollten die Gemeinden Vorranggebiete des Flächennutzungsplanes zugunsten raumbedeutsamer Windkraftanlagen ebenfalls nur aufheben, wenn die damit zusammenhängenden Fragen des Landesplanerischen Planungsschadens mit der zuständigen Landesplanungsbehörde vertraglich geregelt wurden.

IV. Durchsetzung nachträglich festgesetzter Ziele der Raumordnung im Wege der Untersagung nach § 14 ROG

Nach § 14 Abs. 1 ROG, der mit gewissen Änderungen an die Stelle des § 12 ROG 1998 getreten ist, kann die Raumordnungsbehörde, „raumbedeutsame Planungen und Maßnahmen sowie die Entscheidung über deren Zulässigkeit" gegenüber den in § 4 genannten öffentlichen Stellen unbefristet untersagen, wenn diese Planungen/ Maßnahmen/ Entscheidungen Zielen der Raumordnung „entgegenstehen". Wird ein Raumordnungsplan aufgestellt oder geändert, kommt unter den gleichen Voraussetzungen eine auf maximal drei Jahre befristete Untersagung in Betracht (§ 14 Abs. 2 ROG). Im Folgenden soll erläutert werden, welche Funktion dieses bisher nur selten eingesetzten Instrumente zur Durchsetzung von Zielen der Raumordnung im „Wettbewerb" zwischen Bauleitplanung und Raumordnungsplanung um Standorte für raumbedeutsame Windkraftanlagen haben.

1. Die unbefristete Untersagung von raumbedeutsamen Maßnahmen, Planungen und Entscheidungen über deren Zulässigkeit nach § 14 Abs. 1 ROG

a) Untersagung des Inkrafttretens von raumordnungswidrigen Bauleitplänen

Diese erste Variante einer unbefristeten Untersagung von raumordnungswidrigen Maßnahmen, Planungen und Entscheidungen über deren Zulässigkeit kommt im Verhältnis zur Bauleitplanung insbesondere in Betracht, wenn eine Gemeinde sich entgegen § 1 Abs. 4 BauGB weigert, einen Bauleitplan an ein Ziel der Raumordnung anzupassen. Soll z. B. ein Bebauungsplan aufgestellt werden, der unter Verletzung eines raumordnungsrechtlichen Vorranggebietes ein Sondergebiet für raumbedeutsame Windkraftanlagen des Repowering nach § 249 Abs. 2 BauGB festsetzen soll, kann die Raumordnungsbehörde das Inkrafttreten dieses Bebauungsplans untersagen. Die Raumordnungsbehörde kann mit dieser Untersagung verhindern, dass ein rechtswidriger Bebauungsplan in Kraft tritt, dessen Anwendung im Genehmigungsverfahren auf raumbedeutsame Windkraftanlagen die oben beschriebenen Probleme verursachen würde.[92] Auf der Grundlage des § 14 Abs. 1 ROG hat z. B. die Region Hannover versucht, das Inkrafttreten eines Bebauungsplanes für ein großflächiges Einzelhandelszentrum „Garbsen-Mitte" zu untersagen, da dieser nach Auffassung der Region gegen die zur Steuerung des großflächigen Einzelhandels geltende Ziele der Raumordnung, etwa das Beeinträchtigungsverbot und das Kongruenzgebot, verstoßen würde.[93] Das VG Hannover hat diese Untersagungsverfügung im Verfahren des vorläufigen Rechtsschutzes mit der Begründung aufgehoben, dass die Region Hannover das Ermessen fehlerhaft ausgeübt habe.[94]

b) Keine unbefristete Untersagung von Genehmigungen nach § 30 BauGB

Dagegen begründet § 14 Abs. 1 ROG kein Recht der Raumordnungsbehörde, die Erteilung der Genehmigung für eine raumbedeutsame Windkraftanlage im Geltungsbereich eines Bebauungsplanes zu untersagen. Der Wortlaut des § 14 Abs. 1 ROG schließt eine derartige Auslegung zwar nicht eindeutig aus, da, anders als nach der Vorläuferregelung des § 12 Abs. 1 ROG 1998, nunmehr auch „Entscheidungen" über die Zulässigkeit raumbedeutsamer Maßnahmen untersagt werden können.[95] Eine Untersagung der Genehmigung im Geltungsbereich eines Bebauungsplans zulässigen raumbedeutsamen Vorhabens auf der Grundlage des § 14 Abs. 1 ROG ist nach zutreffender Auffassung dennoch unzulässig, weil im Geltungsbereich eines Bebauungsplanes nach § 30 BauGB der Genehmigung Ziele der Raumordnung einer Genehmigung gerade nicht „entgegenstehen",[96] sich das Baurecht nach § 30 BauGB also gegenüber dem Ziel der Raumordnung, durchsetzt (oben II. 2 a). Will die Raumordnungsbehörde erreichen, dass die Genehmigung nicht erteilt wird, hat sie die Möglichkeit, das unter III. 3a) erläuterte Anpassungsgebot zu erlassen und durch eine für sofort vollziehbar erklärte Veränderungssperre eine Erteilung von raumordnungswidrigen Genehmigungen im Geltungsbereich des Bebauungsplanes zu verhindern. Die dabei maßgeblichen Grundsätze hat das

---

92 Schmitz, in: Bielenberg/Runkel/Spannowsky (Hrsg.), a. a. O. (Fn. 85), § 12 ROG a. F. Rn. 20 f.
93 Zu diesen Zielen neuerdings die zusammenfassende Darstellung bei Bunzel/Hanke (Hrsg.), Grenzen der Regelungskompetenz der Raumordnungsplanung im Verhältnis zu kommunalen Planungshoheit, Wiesbaden 2011.
94 VG Hannover, Beschl. v. 23.06.2010 – 4 B 961/10 – BeckRS 2010, 51685; siehe auch OVG Lüneburg, Beschl. v. 7.07.2010 – 1 ME 128/10 – teilweise abgedruckt in NVwZ-RR 2010, 790 = BeckRS 2010, 50771.
95 Zum früheren Recht Goppel, BayVBl. 2002, 617.
96 So im Ergebnis Goppel, in: Spannowsky/Runkel/Goppel a.a.O. (Fn. 77), § 4 Rn. 71.

VG Magdeburg in der Entscheidung vom 25.09.2012 im Wesentlichen zutreffend erläutert.[97]

c) Untersagung von Baugenehmigungen für raumbedeutsame Windkraftanlagen im Außenbereich nach § 35 Abs. 1 Nr. 6 BauGB

Unter II 2b wurde ausgeführt, dass bisher nicht geklärt ist, ob eine Windkraftanlage im Geltungsbereich eines städtebaulichen Vorranggebietes auch zulässig ist, wenn die Darstellung des Vorranggebietes gegen ein später als Ziel der Raumordnung festgelegtes Raumordnungsrechtliches Vorranggebiet verstoßen würde. Die zuständige Raumordnungsbehörde ist angesichts dieser unsicheren Rechtslage gut beraten, in diesen Fällen auf eine Untersagung nach § 14 Abs. 1 ROG zu verzichten. Sie sollte vielmehr versuchen, diesen „Konflikt" zwischen dem Flächennutzungsplan und dem später festgelegten windkraftbezogenen Ziel der Raumordnung in Kooperation mit der Gemeinde, den Träger der Regionalplanung und der Bau- oder Immissionsschutzbehörde in einer Weise zu lösen, dass Haftungs- und Entschädigungsansprüche nach Möglichkeit verhindert werden. Im Übrigen hat die zuständige Genehmigungsbehörde auch die Möglichkeit, die obere Fachaufsichtsbehörde einzuschalten und um eine Weisung zu bitten. Dieses Verfahren hätte aus der Sicht der Genehmigungsbehörde den Vorteil, dass die obere Fachaufsichtsbehörde nach einer Weisung und wohl auch nach einer Beratung für die finanziellen Folgen einer rechtswidrigen Ablehnung der beantragten Windkraftanlagen verantwortlich wäre. Die damit zusammenhängenden schwierigen Rechtsfragen können in diesem Beitrag nicht abschließend erörtert werden.

d) Haftungs- und entschädigungsrechtliche Risiken einer unbefristeten Untersagung nach § 14 Abs. 1 ROG

Angesichts der ungeklärten Reichweite des § 14 Abs. 1 ROG für die Genehmigung raumbedeutsamer Anlagen ist den zuständigen Raumordnungsbehörden dringend zu empfehlen, auf eine Untersagung der Genehmigung von raumbedeutsamen Windkraftanlagen nach § 14 Abs. 1 ROG zu verzichten, soweit diese Anlage im Geltungsbereich eines Bebauungsplanes nach § 30 BauGB plangerecht errichtet werden sollen. Sollte eine derartige Untersagung, dafür sprechen viele Gründe, nämlich rechtswidrig sein und erst nach Jahren gerichtlich aufgehoben werden, muss die Raumordnungsbehörde mit Schadensersatzansprüchen nach Amtshaftungsgrundsätzen oder mit Entschädigungsansprüchen wegen enteignungsgleichen Eingriffs in beachtlicher Höhe rechnen. Insoweit gelten die Grundsätze, die für die Haftung bzw. Entschädigung aufgrund einer rechtswidrigen Veränderungssperre bzw. der rechtswidrigen Zurückstellung von Baugesuchen maßgeblich sind (oben I. 4). Der Erlass einer Veränderungssperre im Wege einer für sofort vollziehbar er-

---

[97] VG Magdeburg, Beschl. v. 25.09.2012 – 9 B 120/12 – NVwZ, RR 2013, 202 (Leitsatz)=BeckRS 2012, 57357.

klärten kommunalaufsichtlichen Anordnung ist zumindest ein mit geringeren Risiken behafteter Weg, um einen raumordnungswidrigen Bauleitplan an ein nachträglich rechtmäßiges festgesetztes Ziel der Raumordnung anzupassen und zur Sicherung dieser Planung die Erteilung von Genehmigungen im Geltungsbereich dieser Pläne zu verhindern. Ist allerdings ein Raumordnungsplan rechtswidrig, etwa wegen einer fehlenden Abwägung der von der Planung betroffenen Bauleitpläne, kann dieser Fehler auch die Untersagungsverfügung infizieren.

2. Die befristete Untersagung von raumbedeutsamen Planungen und Maßnahmen nach § 14 Abs. 2 ROG

a) Allgemeines

Nach § 14 Abs. 2 ROG kann die zuständige Raumordnungsbehörde „raumbedeutsame Planungen und Maßnahmen sowie die Entscheidung über deren Zulässigkeit" befristet untersagen, wenn ein Raumordnungsplan aufgestellt wird und „zu befürchten ist, dass die Planung oder Maßnahme die Verwirklichung der vorgesehenen Ziele der Raumordnung unmöglich machen oder wesentlich erschweren würde". Nach den obigen Ausführungen zu § 14 Abs. 1 ROG kann die Genehmigung einer raumbedeutsamen Windkraftanlage nach dieser Bestimmung nur untersagt werden, wenn diese im Außenbereich, also auch im Geltungsbereich eines baurechtlichen Vorranggebietes, errichtet werden soll. Anlagen, auf die nach § 30 BauGB ein Rechtsanspruch auf Erteilung einer Genehmigung besteht, können dagegen nicht nach § 14 Abs. 1 ROG und damit erst recht nicht nach § 14 Abs. 2 ROG untersagt werden.

Die Voraussetzungen dieser „raumordnungsrechtlichen Veränderungssperre" sollten in Anlehnung an die zu § 14 BauGB von der Rechtsprechung entwickelten Grundsätze bestimmt werden.[98] Eine raumordnungsrechtliche Untersagung nach § 14 Abs. 2 ROG setzt voraus, dass, erstens, sich ein Raumordnungsplan mit einem windkraftbezogenen Ziel „in Aufstellung befindet". Diese Voraussetzung ist nur erfüllt, wenn der Träger der Raumordnungsplanung nach Maßgabe des Landesrechts durch das zuständige Organ beschlossen hat, Ziele der Raumordnung aufzustellen oder zu ändern. Außerdem muss dieser Beschluss, ähnlich wie der Aufstellungsbeschluss für eine Veränderungssperre oder die Zurückstellung von Baugesuchen, nach § 10 Abs. 1 Satz 3 ROG und dem diese Bestimmung ergänzenden Landesrecht öffentlich bekannt gemacht werden.[99] Grundlage dieser raumordnungsrechtlichen Veränderungssperre kann, zweitens, nur der möglichst konkrete Ent-

---

98 So ausdrücklich OVG Magdeburg, Beschl. 23.12.2008 – 2 M 216/08 – NVwZ 2013, S. 519 (Leitsatz) zur Rechtmäßigkeit einer Verfügung, mit der die Raumordnungsbehörde das Inkrafttreten eines Bebauungsplanes untersagt hat, dessen windkraftbezogene Festsetzungen gegen künftige Ziele der Raumordnung verstoßen hätten.
99 Goppel, a. a. O. (Fn. 77), § 14 Rn. 21 und Runkel, a. a. O. (Fn. 77), § 3 Rn. 70.

wurf eines Raumordnungsplanes sein. Im idealen Fall sollte ein Entwurf vorliegen, der bereits die Vorrangflächen bezeichnet, die auf der Grundlage des vom BVerwG[100] definierten schlüssigen Gesamtkonzepts ausgesucht wurden.[101] Drittens, müssen Anhaltspunkte dafür vorliegen, dass das Vorhaben oder die Planung den Zielen des künftigen Raumordnungsplanes widersprechen würden. Die Untersagung ist auf zwei Jahre beschränkt und kann nach § 14 Abs. 2 Satz 3 ROG noch um ein Jahr verlängert werden. Eine weitere Verlängerung ist somit, anders als nach § 17 Abs. 2 BauGB noch um ein Jahr verlängert werden, nicht zulässig. Die Frist ist in jedem Fall im Untersagungsbescheid zu benennen, da die Zweijahresfrist unterschritten werden kann.

b) Haftungsrechtliche und entschädigungsrechtliche Risiken einer befristeten Untersagung der Genehmigung von raumordnungswidrigen Windkraftanlagen nach § 14 Abs. 2 ROG

Auch eine befristete Untersagung einer Entscheidung über die Zulässigkeit einer raumbedeutsame Windkraftanlage, also das Verbot, die planungsrechtliche Genehmigung zu erteilen, ist ein einschneidender Eingriff in Baurechte für raumbedeutsame Windkraftanlagen im Außenbereich. Ist diese Untersagungsverfügung, etwa wegen einer fehlenden Konkretisierung des in Aufstellung befindlichen Zieles der Raumordnung, rechtswidrig, sind die damit verbundenen Haftungs- und Entschädigungsrisiken nach den für eine rechtswidrige Veränderungssperre bzw. Zurückstellung von Baugesuchen geltenden Grundsätzen zu beurteilen. Insoweit kann auf die Aufführungen unter I 4. a) verwiesen werden.

3. Verfahren; Rechtsschutz gegen Untersagungsverfügungen nach § 14 Abs. 1 und 2 ROG

Die raumordnungsrechtliche Untersagung ist ein Verwaltungsakt, den die Gemeinde nach Maßgabe des Landesrechts im Wege des Widerspruches bzw. unmittelbar durch Anfechtungsklage angreifen kann. Diese Rechtsmittel haben, anders als ein Rechtsmittel gegen Zurückstellungen nach § 15 Abs. 1 und 3 BauGB (siehe oben II. 5. c), nach § 14 Abs. 3 ROG keine aufschiebende Wirkung. Will die Gemeinde das mit der Verfügung „blockierte" Planungsverfahren dennoch fortführen, muss sie nach § 80 Abs. 2 Nr. 4 VwGO beim Verwaltungsgericht beantragen, die aufschiebende Wirkung des Rechtsmittels wieder herzustellen.[102] In diesem Verfahren können die Gemeinde oder ein Investor als möglicher Adressat einer Untersagung

---

100 BVerwG, Urt. v. 13.12.2012 – 4 CN 1.11 – Juris, dazu Petz in diesem Band S. 185 f.; ähnlich OVG Lüneburg 16.05.2013- 12 LA 49/12- BeckRS 2013, 50948.
101 Goppel, a. a. O. (Fn. 77), § 14 Rn. 21; unter Bezug auf Schmitz, a. a. O (Fn. 85), § 12 Rn. 44.
102 Interessantes Beispiel: VG Hannover, Beschl. v. 23.06.2010 – 4 B 961/10 – BeckRS 2010, 51685.

inzident geltend machen, dass die festgelegten (§ 14 Abs. 1 ROG) oder geplanten (§ 14 Abs. 2 ROG) Ziele der Raumordnung materiell oder formell rechtswidrig waren. Diese Möglichkeit ist aber daran gebunden, dass die Antragsteller die geltend gemachten Rechtsfehler innerhalb der Jahresfrist des § 12 Abs. 5 Satz 1 ROG bzw. des entsprechenden Landesrechtes gerügt haben (siehe oben I. 1.).

V. Ausblick

Der vorliegende Beitrag hat gezeigt, dass die „Konkurrenz" zwischen der gemeindlichen Bauleitplanung und Zielen der Raumordnung, die jeweils raumbedeutsame Windkraftanlagen zulassen, zahlreiche Fragen aufwirft, die bisher nicht geklärt sind.

Den Gemeinden ist zu empfehlen, die Aufstellung von windkraftbezogenen Zielen der Raumordnung kritisch aus dem Blickwinkel ihrer Planungshoheit zu begleiten. Sollten die Gemeinden Zweifel an der Rechtmäßigkeit der geplanten oder festgelegten Ziele der Raumordnung haben, sollten die Gemeinden diese Bedenken in jeder Phase des Aufstellungsverfahrens und auch nach Inkrafttreten des Raumordnungsplanes nach den §§ 12, 28 ROG und dem jeweiligen Landesrecht geltend machen und den Raumordnungsplan ggf. in einem Normenkontrollverfahren oder im Rahmen einer Inzidentkontrolle gerichtlich überprüfen zu lassen.

Die Träger der Raumordnungsplanung, die gegenwärtig bundesweit verstärkt neue Vorranggebiete für Windkraftanlagen ausweisen, sind in jedem Fall gut beraten, die Bauleitpläne der Gemeinden sorgfältig im Rahmen der Abwägung zu berücksichtigen. Da auch ein Raumordnungsplan, ähnlich wie ein Flächennutzungsplan, BVerwG eine dem Bebauungsplan vergleichbare Funktion hat, müssen die Träger der Raumordnungsplanung das Verfahren formell und materiell wie ein Bebauungsplanverfahren durchführen, um zu vermeiden, dass haftungsrechtlich zumindest riskante rechtswidrige Raumordnungspläne für Windkraftanlagen aufgestellt werden.[103] In jedem Fall ist den Beteiligten, also der Gemeinde, dem Träger der Raumordnungsplanung, der Genehmigungsbehörde und auch der Raumordnungsbehörde zu empfehlen, sich bei einem erkennbaren Widerspruch zwischen windkraftbezogenen Festlegungen in einem Raumordnungsplan und den diesem widersprechenden Regelungen in Bauleitplänen frühzeitig „an einen Tisch" zu setzen, um Konflikte beim Vollzug dieser Planungen und damit auch Haftungsrisiken möglichst zu vermeiden.

---

103 Zu den Anforderungen einer Abwägung im Regionalplan neuerdings BVerwG, Urt. v. 11.04.2013 – 4 CN 2.12 – (Regionalplan Westsachsen).

Immissionsschutzbezogene Belange bei der Planung und Zulassung von Windenergieanlagen

Alexander Schink

I. Einleitung

Die Windenergie zählt aktuell zu den tragenden Säulen der Nutzung erneuerbarer Energien in Deutschland. Mitte 2012 waren 22.664 Windenergieanlagen mit einer Gesamtleistung von 30.016 MW installiert.[1] Mit 20,1 % tragen erneuerbare Energien im Strombereich bereits zu 1/5 zur Energieerzeugung bei. Führend dabei ist die Windenergie mit einem Anteil von etwa 10 % des Gesamtstrombedarfs der Bundesrepublik.[2] Der Ausbau der Windenergie soll dabei weiter fortschreiten. So sieht etwa der Koalitionsvertrag der Landesregierung in NRW vor, dass der Anteil der Windenergie an der Stromerzeugung bis 2020 auf mindestens 15 % ansteigen soll.[3] Ähnliches soll in Baden-Württemberg mit einer Steigerung der Stromerzeugungsrate aus Windenergie auf mindestens 10 %[4] und in Rheinland-Pfalz gelten, wo eine Verfünffachung der Stromerzeugung aus Windenergie bis 2020 angestrebt wird.[5] Bei all diesen Vorhaben soll dem Repowering für Onshore-Windenergieanlagen erhebliche Bedeutung zukommen: Durch Ersetzung alter Anlagen durch neue mit einem höheren Energieleistungspotential soll die begrenzte Flächenverfügbarkeit für die Errichtung von Windenergieanlagen ausgeglichen und die Anlagen so modernisiert werden, dass sie dem Stand der Technik entsprechen und optimale Energieleistungen bringen.[6] Der Ausbau der Windenergie wird dabei sicher-

---

1 Bundesverband Windenergie, Deutscher Markt für Windenergieanlagen wächst stabil, Pressemitteilung vom 01.08.2012, im Internet unter www.wind-energie.de/presse/ pressemitteilungen/2012/deutscher-markt-fuer-windenergieanlagen-waechst-stabil (letzter Zugriff am 15.08.2012).
2 Dazu: Steigende Zahl an Windkraftanlagen in Deutschland, im Internet unter www.wind kraftanlage.de/nc/news/detailseite/datum/steigende-zahl-an-windkraftanlagen-in-deutsch land letzter Zugriff am 15.08.2012; vgl. auch Bundesverband Windenergie, erneuerbare Energien machen Brennstoffimporte in Höhe von 11 Mrd. € überflüssig, Pressemitteilung vom 07.02.2012, im Internet unter www.wind-energie.de (letzter Zugriff am 15.08.2012).
3 NRW SPD-Bündnis90/ Die Grünen NRW, Koalitionsvertrag 2012 bis 2017, TZ 2278 ff. (S. 50).
4 Koalitionsvertrag Grüne-SPD, S. 41, im Internet unter www.gruene-bw.de. (letzter Zugriff am 15.08.2012).
5 Vgl. ebenda, S. 21.
6 Zu den Potentialen des Repowerings in Deutschland vgl. KPMG, Onshore-Windenergie-Repowering-Potentiale in Deutschland, 2009; Deutscher Städte- und Gemeindebund (Hrsg.), Repowering von Windenergieanlagen – Kommunale Handlungsmöglichkeiten, Dokumentation Nr. 94, DStGB 9/2009, S. 25 ff., im Internet unter www.dstgb.de (letzter Zugriff am 15.08.2011).

lich nicht konfliktfrei erfolgen. Auch beim Repowering bleiben die alten Probleme, wenngleich sie sich hier in neuem Gewand stellen: Flächen für die Windenergienutzung müssen im Außenbereich verfügbar gemacht werden. Dabei stellen sich vielfältige planerische Herausforderungen.[7] Einer Windenergienutzung können überdies häufig naturschutz- und artenschutzrechtliche Regelungen entgegenstehen[8]; auch das Landschaftsbild können sie in unverträglicher Weise beeinträchtigen.[9] Schließlich weisen Windenergieanlagen erhebliche immissionsschutzrechtliche Probleme auf: Sie führen zu Lärmeinwirkungen, verursachen Schattenwurf und können durch Eiswurf zu erheblichen Problemen in der Nachbarschaft führen.[10]

Den immissionsschutzrechtlichen Fragestellungen soll im Folgenden näher nachgegangen werden. Dabei wird zunächst zum immissionsschutzrechtlichen Zulassungsverfahren und zu den richtigen Verfahrensarten sowie zur Umweltverträglichkeitsprüfung Stellung genommen (2.). Im Anschluss daran werden die materiellrechtlichen immissionsschutzrechtlichen Fragestellungen behandelt (3.).

II. Verfahrensrechtliche Anforderungen der immissionsschutzrechtlichen Zulassung von Windenergieanlagen

1. Immissionsschutzrechtliche Genehmigungsbedürftigkeit von Windenergieanlagen

Nach Nr. 1.6 der seit dem 01.07.2005 geltenden Fassung der 4. BImSchV sind alle Windkraftanlagen mit einer Gesamthöhe von mehr als 50 m unabhängig von ihrer Anzahl immissionsschutzrechtlich genehmigungsbedürftig.[11] Die Zulassung erfolgt dabei im vereinfachten Verfahren, da Windenergieanlagen ausschließlich der Spalte 2 der 4. BImSchV zugeordnet sind.[12] Nur in den Fällen, in denen die Gesamthöhe einer Windenergieanlage unter 50 m bleibt, kommt ein Baugenehmigungsverfahren zur Anwendung.[13] Diese Fälle werden indessen angesichts des technischen

---

7 Vgl. etwa *Gatz*, Rechtsfragen der Windenergienutzung, DVBl. 2009, 737 ff. Zum Repowering: DStGB (Hrsg.). Repowering von Windenergieanlagen (Fn. 6), S. 48 ff.
8 Überblick dazu bei *Gatz*, DVBl. 2009 (Fn. 7), 743 ff.
9 Vgl. *Gatz*, DVBl. 2009 (Fn. 7), 744 ff.
10 Dazu: *Hinsch*, Schallimmissionsschutz bei der Zulassung von Windenergieanlagen, ZUR 2008, 567 ff.; *Scheidler*, Windräder in Deutschland – Zur Diskussion in Rechtsprechung und Literatur, NWVBl. 2009, 412 ff.; *ders.*, Errichtung und Betrieb von Windkraftanlagen aus öffentlich-rechtlicher Sicht, WiVerw 2011, 117, 168 ff.; *ders.*, Immissionsschutzrechtliche Anforderungen an die Errichtung und den Betrieb von Windkraftanlagen, I+E 2011, 83 ff.
11 Dazu und zu den Gründen für die seinerzeitige Änderung der Nr. 1.6 der 4. BImSchV: *Scheidler*, Die Bedeutungsverlagerung des Begriffs „Windfarm", UPR 2008, 52, 53.
12 *Scheidler,* UPR 2008 (Fn. 11), 52.
13 *Czajka*, in: Feldhaus, BImSchG, Stand: 9/2007, § 67 Rn. 73; *Scheidler*, UPR 2008 (Fn. 11), 52.

Fortschritts, der dazu geführt hat, dass Windenergieanlagen unterhalb einer Höhe von 50 m heute kaum noch errichtet werden, so gut wie nicht mehr vorkommen. Die nachfolgenden Ausführungen konzentrieren sich deshalb auf die immissionsschutzrechtlichen Zulassungsverfahren.

Ob eine Windenergieanlage in einem Windpark[14] errichtet wird oder als Einzelanlage zugelassen werden soll, spielt für die Frage des Genehmigungsverfahrens heute[15] keine Rolle mehr. Für das Zulassungsverfahren ist diese Frage indessen nicht ohne Bedeutung: Nach Nr. 1.6 des Anhangs 1 UVPG kann die Errichtung einer Windenergieanlage in einer Windfarm einer UVP unterliegen. Muss hierfür eine UVP durchgeführt werden, genügt das vereinfachte immissionsschutzrechtliche Zulassungsverfahren gemäß § 19 BImSchG für die Genehmigung einer Windkraftanlage nicht; dann ist vielmehr ein förmliches Verfahren mit Öffentlichkeitsbeteiligung durchzuführen (§ 2 Abs. 1 S. 1 Nr. 1c der 4. BImSchV).[16] Für die Wahl des richtigen Genehmigungsverfahrens kommt es deshalb darauf an, ob die Errichtung oder Änderung einer Windenergieanlage UVP-pflichtig ist oder nicht.

2. UVP-Pflicht der Errichtung oder Änderung von Windenergieanlagen

Nach Nr. 1.6.1 der Anlage 1 UVPG besteht eine Verpflichtung zur Durchführung einer Umweltverträglichkeitsprüfung für Errichtung und Betrieb einer Windfarm mit Anlagen in einer Höhe von jeweils mehr als 50 m. Bei einem Windpark mit 6 bis weniger als 20 Windkraftanlagen findet eine allgemeine Vorprüfung, bei einer Windfarm von 3 bis weniger als 6 Windkraftanlagen eine standortbezogene Vorprüfung statt. Die Anwendung dieser Regelung wirft Zweifelsfragen in zweierlei Richtung auf: Was ist eine Windfarm und wie ist im Fall von Änderungen oder Zubau von Anlagen zu einer bestehenden Windfarm zu verfahren?

2.1. Begriff der Windfarm

Den Begriff der Windfarm hat das BVerwG im Beschluss vom 08.05.2007[17] und im Urteil vom 30.06.2004[18] näher konkretisiert.[19] Danach setzt der Begriff der Wind-

---

14 Zum Begriff der Windfarm: BVerwG, Beschl. v. 08.05.2007 – 4 B 11/07 – BauR 2007, 1698 = BRS 71 Nr. 101; *Scheidler*, UPR 2008 (Fn. 11), 54 f.
15 Zu den Anwendungsproblemen der früheren Fassung der Nr. 1.6 der 4. BImSchV auf der Grundlage des Urteils des BVerwG vom 30.06.2004, UPR 2004, 442: *Wustlich*, Die Änderungen in Genehmigungsverfahren für Windenergieanlagen, NVwZ 2005, 996, 997; *Scheidler*, UPR 2008 (Fn. 11), 53.
16 BayVGH, Urt. v. 12.01.2007 – 1 B 05.3387 u. a. – Juris Rn. 21; *Koch/Kahle*, Aktuelle Rechtsprechung zum Immissionsschutzrecht, NVwZ 2006, 1124; *Scheidler*, UPR 2008 (Fn. 11), 54.
17 BVerwG, Beschl. v. 08.05.2012 – 4 B 11/07 – BauR 2007, 1698 f. = BRS 71 Nr. 101.
18 BVerwG, Urt. V. 30.06.2004 – 4 C 9/03 – BVerwGE 121, 182, 185 ff.

farm voraus, dass drei oder mehr Windkraftanlagen einander räumlich so zugeordnet werden, dass sich ihre Einwirkungsbereiche überschneiden oder wenigstens berühren. Maßgebend ist damit ein räumlicher Zusammenhang der einzelnen Anlagen. Sind sie so weit voneinander entfernt, dass die nach der UVP-Richtlinie maßgebenden Auswirkungen, wie die Beeinträchtigung des Landschaftsbildes oder Immissionen der Anlagen sich nicht summieren, handelt es sich bei jeder Anlage um eine Einzelanlage.[20]

In der Verwaltungspraxis werden für die Frage, ob sich die Einwirkungsbereiche der Anlagen überschneiden oder wenigstens berühren, bestimmte Abstandsmaße herangezogen. Überwiegend wird dabei angenommen, dass ein Überschreiben oder Berühren der Einwirkungsbereiche in der Regel nicht mehr gegeben ist, wenn zwischen zwei Anlagen eine Entfernung von nicht mehr als dem Zehnfachen des Rotordurchmessers liegt[21]. Bei diesen Kriterien, die die Anwendung des Begriffs der Windfarm wesentlich erleichtern, handelt es sich nach dem Beschluss des BVerwG vom 08.05.2007[22] allerdings nicht um einen verbindlichen Rechtssatz oder einen rechtsverbindlichen Grenzwert. Vielmehr stellt diese Regel lediglich ein „qua Konvention zu Grunde gelegtes Abstandsmaß für den Regelfall" dar, „das als zweckmäßig angesehen wird, um den räumlichen Umgriff einer Anlagengesamtheit in Relation zur Größe der einzelnen Anlagen zu beurteilen".[23] Das BVerwG weist darauf hin, dass die Bewertungskriterien, die im Einzelfall heranzuziehen sind, nach den tatsächlichen Gegebenheiten im Einzelfall zu entwickeln sind. Insbesondere dann, wenn besondere tatsächliche Umstände vorliegen, kann eine Einzelfallbetrachtung angebracht sein, die sich von einer typisierenden Beurteilung löst.

Nach dieser Rechtsprechung dürfte es für den Regelfall schon aus Praktikabilitätsgründen sinnvoll sein, die bisherige Übung beizubehalten und eine Windfarm dann anzunehmen, wenn zwischen den einzelnen Anlagen keine Entfernung von mehr als dem Zehnfachen des Rotordurchmessers liegt. Bei besonderen topografischen Gegebenheiten können diese Abstände auch unterschritten werden, ohne dass im Einzelfall eine Windfarm gegeben ist.

---

19 Vgl. dazu auch *Gatz*, Anmerkung zu BVerwG, Urt. v. 30.06.2004, Juris PR-BVerwG 1/2004 Anm. 5; *Scheidler*, UPR 2008 (Fn. 11), 54 f.; *Dienes*, in: Hoppe/Beckmann (Hrsg.), UVPG, 4. Aufl. 2012, Anlage 1 Rn. 17 ff.; *Wustlich*, NVwZ 2005 (Fn. 11), 998.
20 Vgl. *Scheidler*, NWVBl. 2009 (Fn. 10), 414.
21 BayVGH, Urt. v. 12.01.2007 – 1 B 05.3387 u. a. – NVwZ 2007, 1213, 1214; OVG Rh.-Pf, Beschl. v. 25.01.2005 – 7 E 12117/04 – NVwZ 2005, 1208; OVG NRW, Beschl. v. 13.03.2006 – 7 A 3414/04 – NWVBl. 2006, 418. Auf das Zehnfache der Anlagenhöhe stellt ab: VG Magdeburg, Urt. v. 03.06.2005 – 4 A 276/03.
22 BVerwG, Beschl. v. 08.05.2007 – 4 B 11/07 – BauR 2007, 1698 f. = BRS 71 Nr. 101.
23 Ebenda.

2.2. Vorprüfung in der UVP

Bei Vorhaben, die einer Vorprüfung zu unterziehen sind, ist eine UVP durchzuführen, wenn eine vorläufige Prüfung der zuständigen Behörde unter Berücksichtigung der Anlage 1 UVPG aufgeführten Kriterien ergibt, dass das Vorhaben erhebliche nachteilige Umweltauswirkungen haben kann, die nach § 12 UVPG bei der Entscheidung über die Zulässigkeit des Vorhabens zu berücksichtigen wären. Dabei verlangt § 3c S. 1 UVPG für die Vorprüfung eine „überschlägige Prüfung". Nach der Rechtsprechung des BVerwG beschränkt sich diese Prüfung in ihrer Prüftiefe deshalb auf eine überschlägige Vorschau, die die eigentliche UVP nicht vorwegnehmen darf.[24] Im Rahmen der UVP muss – und darf – deshalb nicht wie bei einer Vollprüfung der UVP „durchermittelt" werden. Andererseits darf sich die Vorprüfung auch nicht in einer nur oberflächlichen Abschätzung spekulativen Charakters erschöpfen. Sie muss vielmehr auf der Grundlage geeigneter und ausreichender Informationen erfolgen.[25] Ob erhebliche Umweltauswirkungen zu erwarten sind, stellt die Behörde im Wesentlichen auf der Grundlage der vom Antragsteller eingereichten und ihr sonst zugänglichen Unterlagen fest. Ggf. kann sie bei Zweifeln auch Sachverständigengutachten einholen.[26] Der Behörde steht bei der Einschätzung, ob erhebliche Umweltauswirkungen zu erwarten sind, ein gerichtlich nur beschränkt überprüfbarer Einschätzungsspielraum zu.[27] Bei der Vorprüfung ist weiter zu berücksichtigen, inwieweit Umweltauswirkungen durch Vermeidungs- und Verminderungsmaßnahmen, die der Träger des Vorhabens vorgesehen hat, offensichtlich ausgeschlossen werden (§ 3c S. 3 UVPG). Solche Vermeidungs- und Verminderungsmaßnahmen müssen Umweltauswirkungen offensichtlich ausschließen, was dann der Fall ist, wenn bei überschlägiger Prüfung keine Zweifel an der Ausschlusswirkung bestehen; aufwändige Untersuchungen dürfen zu dieser Feststellung nicht erforderlich sein.[28] Bei der allgemeinen Vorprüfung ist darüber hinaus zu berücksichtigen, inwieweit Werte für die Größe oder Leistung des Vorhabens, die die Vorprüfung eröffnen, überschritten werden (§ 3c S. 4 UVPG). Je mehr sich das Projekt von seiner Größenordnung her den X-Werten der Anlage 1 UVPG annähert, umso eher ist es einer UVP zu unterziehen; umgekehrt scheidet diese umso eher aus, je mehr die unteren Leistungswerte für A- oder S-Vorhaben der Anlage 1 UVPG erreicht werden.[29] Für Windenergieanlagen lässt sich daraus folgern, dass

---

24 BVerwG, Urt. v. 20.08.2008 – 4 C 11.07 – BVerwGE 131, 352 Rn. 35; Urt. v. 10.12.2011 – 9 A 31.10 – NVwZ 2012, 573 Rn. 25.

25 BVerwG, Urt. v. 20.12.2011 – 9 A 31.10 – NVwZ 2012, 573, Rn. 25. Ebenso: *Sangenstedt*, in: Landmann/ Rohmer, Umweltrecht, Stand: 2012, § 3 UVPG Rn. 11.

26 BVerwG, Urt. v. 20.12.2011 – 9 A 31.10 – NVwZ 2012, 573, Rn. 25.

27 BVerwG, Urt. v. 07.09.2006 – 4 C 16.04 – BVerwGE 127, 208, Rn. 49; Urt. v. 20.08.2008 – 4 C 11.07 – BVerwGE 131, 252 Rn. 35; Urt. v. 20.12.2011 – 9 A 31.10 – NVwZ 2012, 573, Rn. 26.

28 *Sangenstedt*, in: Landmann/ Rohmer, Umweltrecht (Fn. 25), § 3 c UVPG Rn. 20; *Bunge*, in: Storm/ Bunge, Handbuch der Umweltverträglichkeitsprüfung, Kommentar zum UVPG, § 3c Rn. 77; *Schink*, Die Vorprüfung in der Umweltverträglichkeitsprüfung nach § 3c UVPG, NVwZ 2004, 1182, 1184.

29 *Schink*, Der Vorhabenbegriff bei der Umweltverträglichkeitsprüfung, NuR 2012.

eine UVP als Ergebnis einer allgemeinen Vorprüfung umso eher durchzuführen ist, je größer die Zahl der Anlagen ist; nähert sie sich der Zahl von 20 an, ist in der Tendenz zugunsten einer UVP zu entscheiden.

Insgesamt hat die Behörde bei der Vorprüfung alle denkbaren Auswirkungen des Projekts in ihre Prüfung einzubeziehen. Eine UVP ist nach Abschluss dieser Prüfung dann nicht erforderlich, wenn alle möglichen Wirkungen des Projekts mit negativem Resultat geprüft wurden.[30] Andererseits genügt für die Feststellung einer UVP-Pflicht als Ergebnis einer Vorprüfung schon die Möglichkeit der erheblichen Beeinträchtigung eines der in § 3 Abs. 1 UVPG genannten Schutzgüter der UVP.[31]

2.3. Änderungsgenehmigungen

Besondere Schwierigkeiten kann die Beurteilung der Frage auslösen, ob bei der Erweiterung eines vorhandenen Windparks eine UVP erforderlich ist.

Änderungsverfahren können nach dem UVPG in zwei Fällen UVP-pflichtig sein:

- Nach § 3b Abs. 3 UVPG sind solche Verfahren UVP-pflichtig, die wegen der Überschreitung von Größenwerten der Anlage 1 UVPG für ein Vorhaben erstmals die UVP-Pflicht auslösen (sog. Hineinwachsen in die UVP-Pflicht).

- § 3e UVPG bestimmt darüber hinaus, dass Änderungsverfahren bei bislang schon UVP-pflichtigen Vorhaben dann UVP-pflichtig sind, wenn die Änderungen selbst die Leistungswerte der Anlage 1 UVPG überschreiten.

Ein Hineinwachsen in die UVP-Pflicht gemäß § 3b Abs. 3 UVPG ist in zwei Fällen möglich: UVP-pflichtig sind solche Änderungsverfahren, die dazu führen, dass die Größenverhältnisse der Spalte 1 Nr. 1.6 Anlage 1 UVPG durch den Zubau von Windenergieanlagen erreicht oder überschritten werden, oder die nach einer Vorprüfung gemäß § 3c UVPG eine UVP zu unterziehen sind. Waren bislang z. B. nur 3 Windenergieanlagen vorhanden und soll jetzt ein Windpark mit 20 Windenergieanlagen einschließlich der 3 vorhandenen entstehen, so löst diese Änderung eine UVP-Pflicht nach § 3d Abs. 3 UVPG aus, denn die Grenze der zwingenden UVP-Pflicht nach Nr. 1.6.1 Anlage 1 UVPG wird durch die Änderung erstmals überschritten. Die Umweltauswirkungen der bestehenden Anlagen sind bei der Durchführung der UVP mit zu berücksichtigen (§ 3b Abs. 3.1 UVPG).[32]

Anders ist zu verfahren, wenn die Anlage bislang bereits UVP-pflichtig war. Dann kommt es nach § 3e UVPG darauf an, ob das Änderungsverfahren selbst UVP-

---

30 *Bunge*, in: Storm/ Bunge, UVPG (Fn. 28), § 3c, Rn. 40; *Schink*, NVwZ 2004 (Fn. 28), 1185.
31 *Bunge*, in: Storm/ Bunge, UVPG (Fn. 28), § 3c, Rn. 51.
32 *Dienes*, in: Hoppe/ Beckmann, UVPG (Fn. 19), § 3b, Rn. 40.

pflichtig ist. Hierbei wiederum sind die Regelungen über allgemeine und standortbezogene Vorprüfung anzuwenden. Sind z. B. in einer Windfarm bereits 10 Windenergieanlagen mit UVP zugelassen worden und sollen 8 Anlagen hinzugebaut werden, kommt es für die UVP-Pflichtigkeit der Änderung darauf an, ob nach einer allgemeinen Vorprüfung des Vorhabens der 8 Anlagen eine UVP durchgeführt werden muss. Die Umweltauswirkungen der bestehenden Anlagen finden bei der UVP in diesem Fall keine Berücksichtigung; sie können allenfalls als Vorbelastung von Bedeutung sein.[33]

Besondere Probleme kann der Tatbestand der Kumulation aufweisen. Nach § 3b Abs. 2 UVPG liegt eine Kumulation bei gleichzeitiger Zulassung mehrerer Anlagen durch einen oder mehrere Vorhabenträger vor, die in einem engen räumlichen Zusammenhang stehen und zusammen die maßgebenden Größenwerte der Anlage 1.6 UVPG überschreiten (§ 3b Abs. 2 UVPG). Bei der Anwendung dieser Regelung für Windfarmen ist zu berücksichtigen, dass nach der Rechtsprechung des BVerwG für das Vorliegen einer Windfarm nicht darauf ankommt, ob das Vorhaben von einem oder mehreren Antragsstellern beantragt wurde. Entscheidend ist der räumliche Zusammenhang der einzelnen Anlagen. Auf die Anzahl der Betreiber kommt es nicht an.[34] Bei Anwendung der Kumulationsregelung des § 3b Abs. 2 UVPG kommt es bei Windenergieanlagen deshalb nur auf die zeitliche und räumliche Nähe der Errichtung der Anlagen an. Es kommt für die Anwendung der Nr. 1.6 Anlage 1 UVPG ausschließlich darauf an, ob eine Windfarm in einer Größenordnung zur Genehmigung gestellt wird, die die Schwellenwerte in Nr. 1.6 Anlage 1 UVPG überschreitet; dasselbe gilt für Änderungsverfahren. Nicht von Bedeutung ist hingegen, ob der Antrag von einem oder mehreren Betreibern gestellt wird.[35] Erforderlich ist eine zeitlich parallele Verwirklichung der Anlagen. Diese Voraussetzung ist dann gegeben, wenn Genehmigungsverfahren für Windenergieanlagen für eine Windfarm zu irgendeinem Zeitpunkt parallel durchgeführt werden. Aus Gründen des Schutzes von Antragstellern wird allerdings überwiegend dafür plädiert, dass ein „bestandsgeschützter Antrag" wie ein bestehendes Vorhaben gem. § 3b Abs. 3 UVPG zu behandeln ist. Die Kumulationsregelung soll deshalb nach Abschluss der Vollständigkeitsprüfung gem. § 7 der 9. BImSchV nicht mehr zur Anwendung kommen.[36]

---

33 *Dienes*, in: Hoppe/ Beckmann, UVPG (Fn. 19), § 3e Rn. 12.2.
34 BVerwG, Urt. v. 30.06.2004 – 4 C 9.03 – BVerwGE 121, 182, 185 ff. Dazu: *Wustlich*, NVwZ 2005 (Fn. 15), 996, 997; *Gellermann*, Die Windfarm im Lichte des Artikelgesetzes, NVwZ 2004, 1199; *Dienes*, in: Hoppe/ Beckmann, UVPG (Fn. 19), Anlage 1 Rn. 19 f.
35 *Dienes*, in: Hoppe/ Beckmann, UVPG (Fn. 19), Anlage 1 Rn. 21.
36 *Dienes*, in: Hoppe/ Beckmann, UVPG (Fn. 19), § 3b Rn. 25; *Sangenstedt*, in: Landmann/ Rohmer (Fn. 25), § 3b UVPG Rn. 22, 24.

3. Rechtsschutz

Für den Rechtsschutz ist es nach der Rechtsprechung des BVerwG[37] unerheblich, ob eine standortbezogene oder eine allgemeine Vorprüfung des Einzelfalls durchgeführt worden ist, falls beide zum selben Ergebnis gekommen wären.[38] Entgegen der vom BVerwG in seiner früheren Rechtsprechung vertretenen Auffassung, kommt es auf die Kausalität der fehlenden UVP oder UVP-Vorprüfung für den Erfolg einer Klage von Nachbarn oder Umweltverbänden gegen die immissionsschutzrechtliche Zulassung von Windenergieanlagen nicht mehr an:[39] Gemäß § 4 Abs. 1 UmwRG hat eine Klage Erfolg, wenn eine UVP oder eine Vorprüfung nicht durchgeführt worden sind.[40] Nachgeholt werden kann dabei nur eine fehlende Vorprüfung.[41] Unerheblich ist es für den Erfolg einer Klage hingegen, ob ein Baugenehmigungsverfahren oder ein immissionsschutzrechtliches Verfahren durchgeführt worden ist und ob dabei ggf. die Öffentlichkeitsbeteiligung unterblieben ist. Liegen die materiellen Genehmigungsvoraussetzungen vor, kann hieraus eine Rechtsverletzung eines Dritten nicht resultieren.[42]

III. Immissionsschutzrechtliche Anforderungen für die Errichtung und das Repowering von Windenergieanlagen

Die materiell-rechtlichen Genehmigungsanforderungen für die Zulassung von Windenergieanlagen ergeben sich vor allem aus dem Immissionsschutzrecht, dem Baurecht und dem Naturschutzrecht. In immissionsschutzrechtlicher Hinsicht folgt aus § 6 Abs. 1 BImSchG, dass sowohl die immissionsschutzrechtlichen Anforderungen, als auch die Anforderungen nach anderen öffentlich-rechtlichen Vorschriften erfüllt sein müssen. Letzteres erfordert eine umfassende bauplanungsrechtliche Prüfung.[43] In immissionsschutzrechtlicher Hinsicht sind bei der Zulassung von Windenergieanlagen vor allem Schallimmissionen problematisch. Daneben kann durch den Umlauf der Rotorblätter eine zeitweise Verschattung entstehen. Lichtimmissionen können durch die – häufig aus Luftsicherheitsgründen erforderliche – Befeuerung der Anlagen verursacht werden. Durch Rotorbewegungen der Windenergieanlagen können weiter Verwirbelungen im Lee der Anlagen auftreten, die

---

37 BVerwG, Beschl. v. 23.11.2010 – 4 B 37.10 – ZfBR 2011, 166.
38 Dazu auch *Dienes*, in: Hoppe/ Beckmann, UVPG (Fn. 19), § 3 a Rn. 30.8.
39 So aber noch BVerwG, Beschl. v. 23.11.2010 – 4 B 37.10 – ZfBR 2011, 166 f.
40 BVerwG, Urt. v. 24.11.2011 – 9 A 24.11 – NVwZ 2012, 573 = DVBl. 2012, 449 (LS) = ZUR 2012, 303 f. = UPR 2012, 258 (LS); *Stuer/ Bergt*, Urteilsanmerkung, DVBl. 2012, 449, 450; *Kment*, in: Hoppe/ Beckmann, UVPG (Fn. 19), § 4 UmwRG, Rn. 15; *Scheidler*, UPR 2008 (Fn. 11), 55; *ders.*, NWVBl 2009 (Fn. 10), 415; *Schink*, DVBl. 2012 (Fn. 19).
41 BVerwG, Urt. v. 20.08.2008 – 4 C 11.07 – BVerwGE 131, 352, 360 Rn. 26.
42 BVerwG, Beschl. v. 23.11.2010 – 4 B 37.10 – ZfBR 2011, 166.
43 Ausführlich dazu: *Scheidler*, BauR 2008, 941, 942 ff.; *ders.*, in: Feldhaus, BImSchG, § 6, Rn. 22 ff.; *Gatz*, DVBl. 2009 (Fn. 7).

nachteilig auf andere Windenergieanlagen oder sonstige Anlagen einwirken. Schließlich kam es in der Vergangenheit zum sogenannten Discoeffekt, weil die Rotorblätter Lichtreflektionen erzeugen. Dieser Effekt tritt heute allerdings wegen der von den Herstellern verwendeten matten Oberflächen der Rotorblätter in der Regel nicht mehr auf, so dass insoweit Belästigungen nach § 3 Abs. 1 BImSchG ausgeschlossen sind.[44]

1. Lärmimmissionen

Ganz allgemein wird für die Beurteilung, ob von einer Windkraftanlage ausgehende Lärmimmissionen als schädliche Umwelteinwirkungen anzusehen sind, die TA Lärm herangezogen.[45] Einwänden dahin, die TA Lärm stelle in Bezug auf die von Windenergieanlagen ausgehenden Geräusche nicht mehr den Stand der Technik für die Windenergie dar, ist die Rechtsprechung bislang nicht gefolgt.[46] Zur Begründung ist geltend gemacht worden, dass die TA Lärm u. a. den Einfluss des variablen Atmosphärenzustandes auf die Schallausbreitung von höher liegenden Schallquellen nicht berücksichtige. Die Rechtsprechung ist dem entgegengetreten: Die TA-Lärm sei als normkonkretisierende Verwaltungsvorschrift grundsätzlich auch im gerichtlichen Verfahren verbindlich; ihr komme Verbindlichkeitswirkung zu.[47] Diese Bindungswirkung entfalle nur dann, wenn gesicherte Erkenntnisfortschritte in Wissenschaft und Technik vorliegen, die bei ihrem Erlass nicht berücksichtigt werden konnten.[48] Solche Erkenntnisfortschritte gebe es, so der Bay. VGH im Beschl. v. 21.12.2010[49] nicht. Insoweit gebe es allenfalls Forschungsbedarf. Gesicherte wissenschaftliche Erkenntnisse, dass bei höher liegenden Schallquellen die meteorologischen Rahmenbedingungen zu berücksichtigen seien, gebe es nicht. Im

---

44 Vgl. dazu OVG NRW, Beschl. v. 22.10.1996 – 10B 2385/96 –, NWVBl 1997, 264; *Hornmann*, Windkraft – Rechtsgrundlagen und Rechtsprechung, NVwZ 2006, 969, 972 f.; *Rolshoven*, Wer zuerst kommt, mahlt zuerst – Zum Prioritätsprinzip bei konkurrierenden Genehmigungsanträgen, NVwZ 2006, 516, 518; *Scheidler*, NWVBl 2009 (Fn. 10), 416; *Hinsch*, ZUR 2008 (Fn. 10), 568.
45 BVerwG, Urt. v. 29.08.2007 – 4 C 2/07 –, NVwZ 2008, 76; OVG NRW, Beschl. v. 23.01.2008, ZNER 2008, 89; Beschl. v. 26.04.2002 – 10 B 43/02 –, NWVBl 2003, 29; Urt. v. 18.11.2002 – 7 A 2127/00 –, NWVBl 2003, 176; Nds. OVG, Beschl. v. 16.07.2012 – 12 LA 105/11 – Juris, Rn. 14; HessVGH, Urt. v. 25.07.2011 – 9 A 103/11 –, ESVGH 62, 43 = ZUR 2012, 47 ff.; Beschl. v. 21.01.2010 – 9 B 2936/09 –, Juris Rn. 6; BayVGH, Beschl. v. 21.012.2010 – 22 ZB 09.1682 –, Juris Rn. 9;OVG Berlin/Brandenburg, Beschl. v. 22.03.2012 – OVG 11 N 50.10 –, REE 2012, 107 f. = Juris Rn. 6 f.; OVG NRW, Beschl. v. 22.12.2011 – 8 B 669/11 –, Juris Rn. 20 ff.; *Hornmann*, NVwZ 2006 (Fn. 44), 969, 973; *Middeke*, Windenergieanlagen in der verwaltungsgerichtlichen Rechtsprechung, DVBl. 2008, 292, 296; *Scheidler*, NWVBl 2009 (Fn. 10), 415.
46 Vgl. dazu z. B. BayVGH , Beschl. v. 21.12.2010 – 22 ZB 09.1682 –, Juris Rn. 9.
47 So: BVerwG, Urt. v. 29.08.2007– 4 C 2/07 –, NVwZ 2008, 76.
48 So: BVerwG, Urt. v. 31.03.1996 – 7 B 164.95 –, UPR 1996, 306, 307. Ähnlich für die TA-Luft: BayVGH, Urt. v. 03.02.2009 – 22 CS 08.3194 –, BayBl 2010, 112.
49 Bay VGH, Beschl. v. 21.12.2010 – 22 ZB 09.1682 – Juris Rn. 9.

Gegenteil: Besondere meteorologische und atmosphärische Einflüsse in der Windrichtung könnten zu einer lärmmindernden Dämpfung des Schalls führen.

1.1. Maßgebende Immisisonswerte

Windenergieanlagen werden in der Regel im Außenbereich errichtet. Nach der Rechtsprechung müssen sie deshalb die nach der TA Lärm für Mischgebiete geltenden Grenzwerte von 60 dB(A) tagsüber und 45 dB(A) nachts einhalten.[50]

Probleme bereitet die Ermittlung der zulässigen Richtwerte, wenn Windenergieanlagen auf einen bauplanungsrechtlich als Wohngebiet ausgewiesenen Standort einwirken. Nach Nr. 6.1 lit. d TA Lärm beträgt der Immissionsrichtwert in reinen Wohngebieten tags 50 dB(A) und nachts 35 dB(A), in allgemeinen Wohngebieten und Kleinsiedlungsgebieten tags 55 dB(A) und nachts 40 dB(A). Ähnliche Werte gelten für Kurgebiete, für Krankenhäuser und Pflegeanstalten. Sie betragen dort tags 45 dB(A) und nachts 35 dB(A). Liegt ein verbindlicher Bauleitplan für das immissionsbetroffene Gebiet vor, ist für die Beurteilung der Schutzwürdigkeit und die Gebietseinordnung die Festsetzung zur Art der baulichen Nutzung verbindlich (Nr. 6.6 Satz 1 TA Lärm).[51] Liegt keine bauleitplanerische Festlegung vor, richtet sich der einzuhaltende Richtwert nach der tatsächlichen Situation und der tatsächlichen Prägung des betroffenen Gebietes.[52] In den vorgenannten Bereichen dürfen am Immissionsort deshalb grundsätzlich die Werte von 35 dB(A) bzw. 40 dB(A) nachts nicht überschritten werden.

Zu beachten ist allerdings, dass durch Zulassung von Windenergieanlagen in der Nähe von Wohngebieten häufig eine Gemengelagesituation entsteht, in der für die Beurteilung der Zumutbarkeit der von Windenergieanlagen ausgehenden Geräuschimmissionen ein Mittelwert gebildet werden muss: Da Windenergieanlagen in der Regel im Außenbereich errichtet werden, ihre Immissionen jedoch auf den beplanten Bereich einwirken, stellt sich die Frage, welcher Richtwert in diesen Fällen maßgebend ist. Nach der sogenannten Mittelwertrechtsprechung des BVerwG ist bei einem planlosen Aufeinandertreffen zwei unterschiedlicher Baugebiete ein Mittelwert zu bilden, der für die zulässige Immissionsbelastung schützenswerter Gebiete maßgebend ist.[53] Diese Rechtsprechung basiert auf dem Grundsatz, dass sich im

---

50 OVG NRW, Beschl. v. 23.01.2008 – 8 B 215/07 –, ZNER 2008, 89; Beschl. v. 07.01.2008 – 8 A 1319/06 –, DVBl. 2008, 395; Beschl. v. 13.07.2006 8 B 29/06 –, NVwZ 2007, 967, 968; Urt. v. 18.11.2002 – 7 A 2127/00 –, NWVBl 2003, 176; Urt. v. 06.08.2003 – 7 a D 100/01.NE –, NWVBl 2004, 262; *Middeke*, DVBl. 2008 (Fn. 45), 292, 296; *Scheidler*, NWVBl 2009 (Fn. 10), 415; *Hinsch*, ZUR 2008 (Fn. 10), 570.
51 *Jarass*, BImSchG, 8. Aufl. 2010, § 3 Rn. 56.
52 *Jarass*, a. a. O. (Fn. 51), Rn. 57.
53 BayVGH, Urt. v. 25.11.2002 – 1 B 97.1352 –, NVwZ-RR 2004, 20; Nds. OVG, Urt. v. 21.01.2002 – 1 B 97/1352 –, BauR 2004, 1419; BaWü VGH, Urt. v. 23.04.2002 – 10 S 1502/01 –, NVwZ 2003, 365; OVG Berlin, Beschl. v. 18.07.2001 – 2 S 1/01 –, NVwZ-RR

Einzelfall aus einer spezifischen gegenseitigen Rücksichtnahme eine Duldungspflicht auch für solche Immissionsbelastungen ergeben kann, die die jeweils maßgebenden Richtwerte überschreiten. Grenzen Baugebietskategorien aneinander, die eindeutig einer bestimmten Kategorie der BauNVO zugeordnet werden können, bedarf es der wechselseitigen Rücksichtnahme zwischen imitierender Nutzung einerseits und störungsempfindlicher Nutzung andererseits. In einem solchen Fall kann einerseits die störende Nutzung weiter eingeschränkt werden als wenn sich in der Nachbarschaft keine störungsempfindliche Nutzung befindet. Für die störungsempfindliche Nutzung gilt dies umgekehrt in gleicher Weise.[54] Dies hat zur Folge, dass bei der Errichtung von Windenergieanlagen die für den Außenbereich geltenden Richtwerte der TA Lärm nicht ausgeschöpft werden können; umgekehrt kann der an der Grenze zum Außenbereich Wohnende keine Wohnruhe wie im Kern eines Wohngebietes erwarten.[55] In der Rechtsprechung wird bei einem Nebeneinander verschiedener Nutzungen auf den Rechtsgedanken aus Nr. 6.7 TA Lärm zurückgegriffen. Diese Regelung gilt zwar ausdrücklich nur für das Aufeinandertreffen von Wohn- und Gewerbenutzung. Ihr liegt jedoch der allgemeine Rechtsgedanke zu Grunde, dass in Gebieten mit verschiedenen Richtwerten, die aneinandergrenzen, ein Zwischenwert gebildet werden muss, durch den die Pflicht zur gegenseitigen Rücksichtnahme konkretisiert wird.[56] Wichtig dabei ist, dass für die Bindung des Zwischenwertes nicht einfach ein arithmetisches Mittel zwischen den für die zwei aneinandergrenzenden Gebiete unterschiedlicher Nutzung geltende Immissionsrichtwerte ermittelt werden darf. Vielmehr kommt es auf die konkreten planerischen Strukturen im jeweiligen Gebiet an. Zu beachten ist z. B. hierbei der Prioritätsgrundsatz, nach dem eine vorhandene empfindliche Nutzung gegenüber einer hinzukommenden störenden einen höheren Schutz beanspruchen kann.[57] Auch kommt einer unmittelbaren neben einer anderen Nutzung liegenden Wohnnutzung ein geringerer Schutz zu als einer solchen Nutzung, die gegen anderweitige Nutzungen gänzlich oder weitgehend abgeschirmt ist.[58] Daraus folgt, dass insbesondere bei einem unmittelbaren Angrenzen der Wohnnutzung an dem Außenbereich das Schutzbedürfnis herabgesetzt ist, da der am Außenbereich Wohnende immer damit rechnen muss, dass außenbereichstypische Nutzungen mit störenden Auswirkungen realisiert werden. Das gilt insbesondere für privilegierte Anlagen nach § 35 Abs. 1 Nr. 1 bis 7 BauGB.[59] Eigentümer von in Wohngebieten gelegenen Grundstücken an der Grenze zum Außenbereich können nicht darauf vertrauen, dass dort keine Windenergieanlagen mit störenden Auswirkungen auf ihre

---

2001, 722; *Schulze-Fielitz*, in: GK-BImSchG, § 50 Rn. 167 ff.; *Sellner/Reidt/Ohms*, Immissionsschutzrecht und Industrieanlagen, 3. Aufl. 2006, Rn. 1/85.
54 Zum vorstehenden *Schink*, Umweltschutz durch Bauplanungsrecht, in: Hansmann/Sellner, Grundzüge des Umweltrechts, 4. Aufl. 2012, 5 Rn. 135.
55 *Hinsch*, ZUR 2008 (Fn. 10), 570.
56 Dazu *Hansmann*, in: Landmann/ Rohmer, Umweltrecht, TA-Lärm Nr. 6 Rn. 25.
57 *Hansmann*, in: Landmann/ Rohmer, Umweltrecht, TA-Lärm Nr. 6 Rn. 27.
58 Dazu *Hansmann*, in: Landmann/ Rohmer, Umweltrecht, TA-Lärm Nr. 6 Rn. 27.
59 *Hinsch*, ZUR 2008 (Fn. 10), 571. Für nicht privilegierte Nutzungen gilt dies hingegen nicht. BayVGH, Beschl. v. 06.06.2007 – 22 CS 07.179 –, Juris Rn. 4 für ein Sägewerk.

Grundstücke errichtet werden. Sie müssen deshalb eine höhere Lärmbeeinträchtigung hinnehmen als die für Reine oder Allgemeine Wohngebiete ansonsten in der TA Lärm als Richtwert zulässige. Ihr Vertrauen beschränkt sich darauf, dass keine mit der Wohnnutzung unverträgliche Nutzung entsteht.[60] Die Rechtsprechung hat es als angemessen Interessenausgleich angesehen, wenn von Windenergieanlagen Geräusche mit einem Beurteilungspegel von 40 dB(A) nachts auf Wohngebiete bzw. 41,5 dB(A) nachts auf Allgemeine Wohngebiete ausgehen.[61]

Aus Nr. 6.7 TA Lärm ergibt sich im Übrigen, dass auch bei der Bildung eines Mittelwerts die für Misch- und Dorfgebiete geltenden Richtwerte von 45 dB(A) nachts nicht überschritten werden dürfen.

1.2. Irrelevanzregelung

Insbesondere für Erweiterungen von Windenergieanlagen, aber auch für das Repowering kann die Irrelevanzregelung der Nr. 3.2.1 Abs. 2 TA Lärm von Bedeutung sein. Für das Repowering gelten die gleichen Regelungen wie für die Errichtung bzw. Erweiterung von Windenergieanlagen. Führt das Repowering zu einer Erhöhung der Lärmbelastung, die die Lärmgrenzwerte überschreitet, kann das Repowering unzulässig sein.[62] Solche Fälle können insbesondere beim Repowering einer Windfarm auftreten, die die Immissionsrichtwerte der TA Lärm überschreitet. Werden die Richtwerte nach dem Repowering weiterhin überschritten, ist ein Repowering grundsätzlich unzulässig.[63] Im Rahmen einer Sonderfallprüfung nach Nr. 3.2.2 TA Lärm kann in diesen Fällen jedoch trotz Überschreitung der Richtwerte die Errichtung einer Windenergieanlage zulässig sein.[64]

Die Irrelevanzregelung der Nr. 3.2.1 Abs. 2 TA Lärm kommt dann zur Anwendung, wenn die Zusatzbelastung die Immissionsrichtwerte nach Nr. 6 TA Lärm am maßgeblichen Immissionsort von mindestens 6 dB(A) unterschreitet. Gleiches gilt nach Nr. 3.2.1 Abs. 3 TA Lärm, wenn dauerhaft sichergestellt ist, dass die Überschreitung an maßgeblichen Immissionsort nicht mehr als 1 dB(A) beträgt.[65] Zu beachten ist schließlich, dass nach Nr. 3.2.1 Abs. 4 TA Lärm die Genehmigung wegen einer Überschreitung der Immissionsrichtwerte aufgrund der Vorbelastung nicht versagt werden soll, wenn durch eine Auflage sichergestellt ist, dass in der Regel spätestens 3 Jahre nach Inbetriebnahme der Anlage Sanierungsmaßnahmen

---

60 BVerwG, Urt. v. 19.01.1089 – 7 C 77.87 – BVerwGE 81, 197, 205.
61 OVG NRW, Beschl. v. 04.11.1999 – 7 B 1339/99 – Juris Rn. 23 f.; OVG Frankfurt/Oder, Beschl. v. 27.10.2000 – 3 B 12/00 – Juris. Vgl. auch *Hinsch*, ZUR 2008 (Fn. 10), 571.
62 Vgl. dazu die Hinweise im Windenergieerlass NRW 2011 (Erlass für die Planung und Genehmigung von Windenergieanlagen und Hinweise für die Zielsetzung und Anwendung (Windenergieerlass) vom 11.07.2011, Nr. 5.2.1.2.
63 Einzelheiten dazu Windenergieerlass NRW vom 11.07.2011, Nr. 5.2.1.2.
64 Ebenda.
65 Zur Anwendung dieser Regelung vgl. Nds. OVG, Beschl. v. 31.03.2010 – 12 LA 157/08 – Juris, Rn. 8.

an bestehenden Anlagen des Antragstellers durchgeführt sind, die die Einhaltung der Immissionsrichtwerte nach Nr. 6 gewährleisten. Diese Bestimmung kann insbesondere im Repowering zur Anwendung kommen. Verpflichtet sich der Anlagenbetreiber öffentlich-rechtlich dazu, bei der Durchführung des Repowerings in einer Windfarm sukzessive Anlagen stillzulegen mit dem Ergebnis, dass innerhalb von 3 Jahren die Richtwerte der Nr. 6 TA Lärm eingehalten sind, kann nach dieser Bestimmung ein Repowering genehmigungsfähig sein.

1.3. Zuschläge zu den Immissionswerten

Für die Beurteilung der Einhaltung der Richtwerte der Nr. 6 der TA Lärm kommt es auf eine Prognose im Zeitpunkt der Erteilung der Genehmigung an. Diese, nicht aber eine spätere Messung, ist für die Rechtmäßigkeit der Erteilung der Genehmigung für die Errichtung oder das Repowering einer Windenergieanlage maßgebend.[66] Die Rechtsprechung verlangt dabei allerdings, dass die Prognose in jedem Fall „auf der sicheren Seite" liegen muss.[67] Hieraus wird gefolgert, dass bei vorliegenden Referenzmessungen für eine typgleiche Anlage der festgestellte Wert um einen Sicherheitszuschlag von in der Regel 2 dB(A) zu erhöhen ist, damit etwaigen herstellungsbedingten Serienstreuungen Rechnung getragen werden kann.[68]

Im Übrigen ist Nr. 6.8 TA Lärm zu beachten. Diese Bestimmung verweist für die Ermittlung der Geräuschimmissionen auf den Anhang. Nach Nr. A 3.3.5 ist bei Messungen ein Zuschlag für Ton- und Informationshaltigkeit zu berücksichtigen, nach Nr. A 3.3.6 ein Zuschlag für Impulshaltigkeit. Mit diesen Zuschlägen soll dem Umstand Rechnung getragen werden, dass solche Geräusche als deutlich störender empfunden werden, die kurzzeitig am Tag zu- und wieder abnehmen, als Geräusche mit weitgehend gleichbleibender Lautstärke. Ob solche Impulszuschläge für Windenergieanlagen erforderlich sind, ist eine Frage des Einzelfalls. Dies hängt vor allem von den Typen der Windenergieanlage ab. Geht hiervon ein gleichmäßiger Lärm aus, ist ein Impulszuschlag nicht gerechtfertigt. Können solche Lärmschwankungen hingegen baubedingt eintreten, ist er zur Beurteilung der Lärmimmissionen erforderlich.[69] Nicht gerechtfertigt ist er zur Berücksichtigung von Unsicherheiten der Immissionsdaten allerdings dann, wenn für den konkreten Anlagentyp bereits 3 Lärmmessungen vorliegen.[70]

---

66 OVG Saarland, Beschl. v. 04.05.2010 – 3 B 77/10 – NVwZ-RR 2010, 800; Beschl. v. 10.12.2010 – 3 B 250/10 – NVwZ-RR 2011, 274; BayVGH, Beschl. v. 21.12.2010 – 22 ZB 09.1682 – Juris Rn. 8; OVG Berlin/Brandenburg, Beschl. v. 22.03.2012 – OVG 11 N 50.10 – REE 2012, 107 ff. = Juris Rn. 6.
67 OVG NRW, Beschl. v. 13.07.2006 – 8 B 39/06 – NVwZ 2007, 967, 968; Urt. v. 18.11.2002 – 7 A 2127/00 – NWVBl 2003, 176.
68 OVG NRW, Beschl. v. 13.07.2006 – 8 B 39/06 – NVwZ 2007, 967, 968.
69 BVerwG, Urt. v. 29.08.2007 – 4 C 2/07 – NVwZ 2008, 76, 78.
70 HessVGH, Urt. v. 25.07.2011 – 9 A 103/11 – HessVGH 62, 42 ff. = ZUR 2012, 47 ff. = Juris Rn. 63.

1.4. Infraschall

In Klageverfahren gegen die Zulassung von Windenergieanlagen ist zum Teil geltend gemacht worden, dass durch sog. Infraschall Gesundheitsbeeinträchtigungen verursacht werden. Dabei handelt es sich um Schalleinwirkungen, die zwar nicht hörbar sind, die aber – so der jeweilige Vortrag – zu Gesundheitsbelastungen führen könnten. Die Rechtsprechung hat diese Einwände (bislang) nicht anerkannt.[71] Schon angesichts der großen Entfernung zwischen Windenergieanlagen und der Wohnbebauung könnte tieffrequente Geräusche und Infraschall nach den bisherigen Erkenntnissen keine Rolle spielen.

1.5. Nicht gewerbliche Lärmvorbelastung

Nicht selten sind Standorte von Windenergieanlagen durch Immissionen anderer Nutzungen vorbelastet. In solchen Fällen kann die Vorbelastung für die Zulassung der Windenergieanlagen irrelevant sein. Ist die TA-Lärm auf die Vorbelastung nicht anwendbar, kann sie nach der Begriffsbestimmung in Nr. 2.4 Abs. 1 TA-Lärm keine für die Regelfallprüfung relevante Vorbelastung verursachen. Nach dieser Regelung ist Vorbelastung die Belastung eines Ortes mit Geräuschimmissionen von allen Anlagen, für die die TA-Lärm gilt ohne den Immissionsbetrag der zu beurteilenden Anlage. Immissionsschutzrechtlich nicht genehmigungsbedürftige landwirtschaftliche Anlagen sind gemäß Nr. 1 Abs. 2 lit. c TA-Lärm von ihrer Anwendung ausgeschlossen. Die von diesen Anlagen erzeugten Vorbelastungen sind bei der Prognose der Schallimmissionen von Windenergieanlagen deshalb nicht zu berücksichtigen.[72] Gleiches gilt für Sport- und Freizeitanlagen (Nr. 1 Abs. 2 lit. a, b TA Lärm).

1.6. Festlegung von Kontrollwerten im Genehmigungsbescheid

Im Genehmigungsbescheid für Windenergieanlagen können Kontrollwerte festgelegt werden. Dies ist einmal möglich für Schallimmissionen an der Anlage selbst.[73] Solche Immissionsmessungen an der Anlage selbst sind relativ einfach möglich. Sie erlauben eine Rückrechnung auf die Immissionsbelastung in den zu schützenden Bereichen.[74] Zulässig sind aber auch immissionsortbezogene Kontrollwerte, sofern und soweit sie einen hinreichenden Bezug zum Immissionsverhalten der Anlage

---

71 BayVGH, Beschl. v. 21.12.2010 – 22 ZB 09.1682 – Juris, Rn. 10 ff.; Urt. v. 03.02.2009 – 22 CS 08.3194 – BayVBl 2010, 112; Urt. v. 31.10.2008 – 22 CS 08.2369 – Juris; Nds. OVG, Urt. v. 18.05.2007 – 12 LB 8/07 – Juris.
72 OVG NRW, Beschl. v. 23.01.2008 – 8 B 237/07 – Juris Rn. 43 ff.. Allgemein: *Hansmann*, in: Landmann/ Rohmer, Umweltrecht, Nr. 3.1 TA-Lärm Nr. 1, Rn. 16; *Feldhaus/ Tegeder*, in: Feldhaus, BImSchG, Kommentar, Band 4, B 3.6 Nr. 1 TA-Lärm, Rn. 17.
73 Dazu *Hinsch*, ZUR 2008 (Fn. 10), 574.
74 Zur Zulassung von immissionsbezogenen Kontrollwerten: BVerwG, Urt. v. 26.04.2007 – 7 C 15.06 – NVwZ 2007, 1086 f.; OVG Berlin/ Brandenburg, Urt. v. 12.05.2011 – OVG 11 B 2010 – BauR 2012, 137 = Juris, Rn. 30 f.

haben.⁷⁵ Werden solche Werte für einzelne Immissionspunkte festgelegt, kann hiermit bei Windenergieanlagen i. d. R. die Einhaltung der Immissionswerte kontrolliert werden.

Dritten steht ein Anspruch auf Anordnung bestimmter Überwachungsauflagen nicht zu. Vielmehr steht es im pflichtgemäßen Ermessen der zur Überwachung der Anlagen verpflichteten Behörden, welche Maßnahmen sie insoweit als geeignet und erforderlich ansehen.⁷⁶

Ob Auflagen zur immissionsschutzrechtlichen Genehmigung von Windenergieanlagen vom Betreiber eingehalten werden, berührt die Frage der Rechtmäßigkeit der Anlagengenehmigung nicht. Es handelt sich vielmehr um ein Problem der Überwachung.⁷⁷ Wird nachträglich, etwa auf Grund einer nach Errichtung der Anlage durchgeführten Messung, festgestellt, dass die Anlage die Immissionswerte überschreitet, berührt dies zwar die Rechtmäßigkeit der Genehmigung nicht; die nachträglichen Messergebnisse können indessen berücksichtigt werden und zu einer nachträglichen Anordnung nach § 17 BImSchG führen.⁷⁸ Allerdings sind nach Genehmigungserteilung eintretende Veränderungen für den Rechtsschutz Dritter unbeachtlich, weil es hierfür auf den Zeitpunkt der Genehmigungserteilung und nicht den der letzten behördlichen Entscheidung ankommt.⁷⁹

2. Schattenwurf

Windenergieanlagen können durch die Drehbewegung des Rotors zu einem Schattenwurf oder periodischen Lichtreflektionen („Discoeffekt") führen. Hierbei handelt es sich um „ähnliche" Umwelteinwirkungen i. S. d. § 3 Abs. 3 BImSchG. Sie sind vom Nachbarn nur dann zu dulden, wenn sie diesem zumutbar sind.⁸⁰ Ob eine Belastung durch Schattenwurf oder durch den Discoeffekt zumutbar ist, wird nach einer Faustformel wie folgt beurteilt: Unzumutbar ist eine solche Belästigung dann, wenn am Standort eines einer Windenergieanlage benachbarten Wohnhauses an mehr als 30 Stunden im Jahr oder mehr als 30 Minuten am Tag Schattenwurf durch die rotierenden Rotorblätter zu erwarten ist.⁸¹ Allerdings darf diese Formel nicht

---

75 OVG Berlin/Brandenburg, Urt. v. 12.05.2011 – OVG 11 B 20.10 – BauR 2012, 137 = Juris, Rn. 32.
76 OVG Berlin/Brandenburg, Beschl. v. 15.04.2011 – OVG 11 S 23.10 – Juris Rn. 10.
77 OVG Rheinland-Pfalz, Beschl. v. 10.03.2011 – 8 A 11215/10 – NVwZ-RR 2011, 438 ff.
78 OVG NRW, Beschl. v. 23.06.2010 – 8 A 340/09 – ZNR 2010, 514 ff. = BauR 2010, 1634 = BVBl. 2010, 1252 = Juris Rn. 18.
79 OVG NRW, Beschl. v. 23.01.2008 – 8 B 237/07 – Juris, Rn. 56.
80 OVG NRW, Beschl. v. 23.01.2008 – 8 B 237/07 – Juris, Rn. 61 ff.; Beschl. v. 02.08.2007 – 8 B 643/07 – Juris; Beschl. v. 27.06.2005 – 7 A 707/04 – Juris; Beschl. v. 14.06.2004 – 10 B 2151/03 – NWVBl. 2005, 194; Urt. v. 18.11.2002 – 7 A 2141/00 – Juris; *Hornmann*, NVwZ 2006 (Fn. 44), 969, 972 f.; *Rolshoven*, NVwZ 2006 (Fn. 44), 518.
81 OVG NRW, Beschl. v. 23.01.2008 – 8 B 237/07 – Juris Rn. 61; Beschl. v. 14.06.2004 – 10 B 2151/03 – NWVBl. 2005, 194; NdsOVG, Beschl. v. 15.03.2004 – 1 ME 45/04 – NVwZ

rechtssatzmäßig angewandt werden. Maßgebend sind immer die Verhältnisse des Einzelfalls.[82] So kann von Bedeutung sein, dass sich Menschen in bestimmten Gebäuden (Gewächshäusern) oder Freilandflächen nicht ständig aufhalten und dort nur in eingeschränktem Maße Schattenwurf ausgesetzt sind.[83] Auch kann die Entfernung von Windkraftanlagen von Bedeutung sein. Ist sie größer als 1.300 m können in der Regel keine Schattenwurfprobleme auftreten.[84]

Der Schattenwurfproblematik kann durch eine Abschaltautomatik entgegengewirkt werden.[85]

3. Eiswurf

Gemäß § 5 Abs. 1 Satz 1 Nr. 2 BImSchG dürfen die nach Immissionsschutzrecht genehmigungsbedürftige Anlagen auch keine „sonstigen Gefahren" verursachen. Solche sonstigen Gefahren können insbesondere durch Eiswurf aus den Rotoranlagen der Windenergieanlagen oder durch abgebrochene Rotorblätter entstehen.[86]. Solchen Gefahren ist durch Nebenbestimmungen in der Anlagengenehmigung entgegenzuwirken. Sinnvoll sind insoweit Auflagen, wonach durch Eissensoren und technische Einrichtungen zur Unwuchtkontrolle sichergestellt wird, dass sich die Anlage ggf. automatisch abschaltet.[87]

2005, 233; OVG MV, Beschl. v. 08.03.1999 3 M 85/98 – NVwZ 1999, 1238, 1239 f.; *Scheidler*, NWVBl. 2009 (Fn. 10), 414.
82 OVG NRW, Beschl. v. 23.01.2008 – 8 B 237/07 – Juris Rn. 63.
83 OVG NRW, Beschl. v. 23.01.2008 – 8 B 237/07 – Juris Rn. 63.
84 OVG NRW, Beschl. v. 23.01.2008 – 8 B 237/07 – Juris Rn. 64; *Scheidler*, NWVBl. 2009 (Fn. 10), 414.
85 OVG NRW, Beschl. v. 03.09.1999 – 10 B 1283/99 – NVwZ 1999, 1360, 1361; Nds. OVG, Beschl. v. 15.03.2004 – 1 ME 45/04 – NVwZ 2005, 233, 234; *Middeke*, DVBl. 2008 (Fn. 44), 292, 297; *Scheidler*, NWVBl. 2009 (Fn. 10), 414.
86 BayVGH, Beschl. v. 09.02.2010 – 22 CS 09.3168 – Juris, Rn. 8; Urt. v. 18.06.2009 – 22 B 07.1384 – Juris Rn. 36; Urt. v. 31.10.2008 – 22 CS 08.2369 – NVwZ 2009, 338, 339. Vgl. auch *Weidemann/ Krappel*, Rechtsfragen der Zulassung von windkraftanlagen im Spannungsfeld zwischen Klima- und Umweltschutz, DÖV 2011, 19,21; *Rektanus*, NVwZ 2009, 871, 873 f.; *Scheidler*, WiVerw 2011 (Fn. 10), 173.
87 BayVGH, Beschl. v. 09.02.2010 – 22 CS 09.3168 – Juris, Rn. 8; OVG Lüneburg, Urt. v. 18.05.2007 –, ZNER 2007, 229; *Middeke*, DVBl. 2008 (Fn. 44), 300; *Weidemann/ Kappel*, DÖV 2011 (Fn. 86), 21.

# Windenergie in der Planungspraxis – Probleme und Perspektiven – Bericht aus Bayern

Christian Kühnel

I. Vorwort

Der Erfolg einer interkommunalen Planung (für Windkraftflächen) hängt nicht nur von einem planerischen und rechtlichen fundierten Hintergrundwissen ab, sondern insbesondere von dem Willen, der Bereitschaft und der Fähigkeit der für die Planung Verantwortlichen, dieses Thema einerseits zwischen den einzelnen Planungsträgern und andererseits der Bevölkerung zu vermitteln. Planungen müssen heute mehr denn je erklärt und transparent gemacht werden. Die Einbeziehung und Beteiligung der Bürgerinnen und Bürger ist vom Gesetzgeber vorgeschrieben und wird in einer über moderne Medien maximal informierten Gesellschaft gewichtiger und dadurch zu einem wesentlichen – auch in Bezug auf die Arbeitszeit – Bestandteil eines Planungsprozesses. Dieser aller Planungen zugrunde liegende Aspekt wird bei interkommunalen Planungen besonders evident, da bei einem solchen Verfahren die Trennlinie zwischen „Gewinnern" und „Verlieren", also in der Regel zwischen Betroffenen und Nichtbetroffenen oftmals klarer benennbar ist.

II. Planungsrecht

1. Gesetzgeberische Grundsatzentscheidung

Anlagen zur Nutzung der Windenergie sind nach § 35 Abs. 1 Nr. 5 BauGB als sogenannte „privilegierte" Anlagen im Außenbereich zulässig, wenn öffentliche Belange, insbesondere die in § 35 Abs. 3 BauGB genannten Belange, nicht entgegenstehen und die Erschließung gesichert ist.

2. Steuerungsmöglichkeit der Kommunen

Über sachliche Teilflächennutzungspläne kann gesteuert werden, wo der Privilegierungstatbestand des Bundesgesetzgebers nach § 35 Abs. 1 Nr. 5 BauGB weiterhin gelten soll und wo Windkraftanlagen künftig ausgeschlossen sein sollen. Dabei ist zu beachten, dass keine sog. „Negativplanung" betrieben werden darf. Das bedeutet, dass die Planung der Windkraft „substantiellen Raum" verschaffen muss. Mit der in einem Flächennutzungsplanverfahren vorgenommenen Güterabwägung hinsichtlich der regenerativen Energiegewinnung einerseits und den Belangen der Bevölkerung, des Landschaftsbildes, der naturschutzrechtlichen sowie artenschutzrechtlichen Belangen und vielen sonstigen Belangen andererseits werden ggf. auftretende Beeinträchtigungen durch ein Sichtbarwerden von Windkraftanlagen in angemessener Entfernung bzw. im Vorübergehen abzuwägen sein.

Als Erweiterung der einzelnen gemeindlichen Teilflächennutzungsplanverfahren ist mit dem landkreisweiten oder auf den Planungsraum bezogenen Parallelverfahren beabsichtigt, die oben beschriebenen kommunalen Ziele dadurch noch weitergehend zu optimieren, dass die Konzentrationsflächen für Windkraftanlagen nicht zwingend für jede Gemeinde separat festgesetzt werden müssen, sondern dass sie unter Berücksichtigung der unterschiedlichen Eignung der einzelnen Gemeindegebiete für Standorte von Windkraftanlagen in einem (landkreisweiten) Verfahren nach einheitlichen Kriterien optimiert und unabhängig von Gemeindegrenzen an besser geeigneten Standorten ausgewiesen werden können. Damit wird erreicht, dass evtl. in einzelnen Gemeinden – dank der anderweitig im Landkreis oder dem übrigen Planungsraum verschafften Konzentrationsflächen für die Windkraft – keine Flächen für die Windkraft vorgesehen sein müssen, sei es aus Gründen des Landschaftsbildes, des Naturschutzes, eines kulturellen Brennpunkts oder der engen Siedlungsstruktur. Im Übrigen erscheint eine solche gemeindegebietsübergreifende Planung und Abstimmung gerade bei Windkraftanlagen sinnvoll, deren Wirkung über Gemeindegrenzen hinaus geht.

III. Planung

1. Sachlicher Teilflächennutzugsplan

Die zuständigen Gremien der Gemeinden eines Landkreises oder eines Planungsraums können für ihr jeweiliges Gebiet einen sachlichen Teilflächennutzungsplan „Windkraft" nach § 5 Abs. 2b des BauGB mit den Rechtswirkungen des § 35 Abs. 3 Satz 3 BauGB aufstellen:

„Mit der Darstellung der Konzentrationsflächen in den einzelnen gemeindlichen Teilflächennutzungsplänen und im Gesamtplan ist die Errichtung von Windkraftanlagen im Planungsraum ausschließlich innerhalb der Konzentrationsflächen zulässig. Die dargestellten Hinweise innerhalb der Konzentrationsflächen auf mögliche Einschränkungen können bedeuten, dass ggf. die Errichtung von Windkraftanlagen auf Teilen der Konzentrationsflächen oder sogar unter derzeit nicht erkennbaren aber theoretisch möglichen Umständen auf ganzen Konzentrationsflächen im Zuge der einzelnen Anlagengenehmigungsverfahren aus hierbei gefundenen Gründen nicht zugelassen wird.

Die Errichtung von Windkraftanlagen im Planungsraum außerhalb von Konzentrationsflächen ist ab Inkrafttreten der sachlichen Teilflächennutzungspläne „Windkraft" unzulässig."

Aufgrund der gemeindegebietsübergreifenden Wirkung von Windkraftanlagen ist es sinnvoll das Gebiet mehrerer Gemeinden in einen Planungsraum zusammenzufassen.

Die planerische Verbindung von allen Gemeinden eines Landkreises ist jedenfalls zweckmäßig und empfehlenswert.

Dies kann beispielsweise über die Gründung eines Zweckverbandes (gemäß § 204 Abs. 1 BauGB (1. Alternative) oder gemäß § 204 Abs. 1 Satz 4 BauGB (2. Alternative)) oder in Form einer gemeinsamen Vereinbarung erfolgen. In der 2. Alternative müssen die teilhabenden Gemeinden ihre jeweils verfahrenstechnisch selbständig aufzustellenden Teilflächennutzungspläne eng miteinander abstimmen und diesen eine gemeinsame Konzeption und Begründung zugrunde legen. Dadurch soll die Rechtswirkung einer gemeinsamen Flächennutzungsplanung im Sinne des § 204 Abs. 1 BauGB erreicht werden. Eine weitere Voraussetzung für die Aufstellung einer gemeinsamen Flächennutzungsplanung nach § 204 BauGB ist, dass die Verfahren in allen Gemeinden möglichst zeitnah erfolgen.

2. Zurückstellung

Sofern ein Antrag für die Errichtung einer Windkraftanlage während des Planungsverfahrens gestellt wird, kann dessen Verbescheidung, wenn der Antrag ansonsten genehmigungsfähig wäre aber den Planungszielen eines in Aufstellung befindlichen sachlichen Teilflächennutzungsplan widersprechen würde, nach § 15 Abs. 3 BauGB zunächst zurückgestellt werden. Noch vor Ablauf der Zurückstellungsfrist muss der Teilflächennutzungsplan jedoch in Kraft gesetzt werden.

3. Die Flächen

Die landkreisweit oder innerhalb eines Planungsraums bestehenden Flächen sind in die Flächen zu unterscheiden, in denen die Errichtung und der Betrieb von Windenergieanlagen aus tatsächlichen oder rechtlichen Gründen schlechthin ausgeschlossen ist (sog. „harte Tabuzonen") und solche Flächen, in denen die Errichtung und der Betrieb von Windenergieanlagen zwar tatsächlich und rechtlich möglich ist, in denen nach den städtebaulichen Vorstellungen der Gemeinden aber keine Windenergieanlagen aufgestellt werden sollen (sog. „weiche" Tabuzonen).

a. Harte Tabuzonen:

Folgende Flächen können beispielsweise als harte Tabuzonen angesehen werden:

- Abstände zu Siedlungsgebieten mit Wohngebietsanteilen, Bereichen mit überwiegend gewerblicher Nutzung und Kleinsiedlungen und Gebäude im Außenbereich, die dem Wohnen dienen;
- Rechtsverbindlich festgesetzte Naturschutzgebiete, europäische Vogelschutzgebiete und Feuchtgebiete von internationaler Bedeutung (Ramsar-Gebiete, insbesondere als Lebensräume für Wat- und Wasservögel);
- Abstände zu Naturschutzgebieten und europäischen Vogelschutzgebieten;
- Ausschlussflächen für Bundesautobahnen, Fernstraßen, Eisenbahntrassen, Hochspannungstrassen;
- Straßenflächen, Eisenbahntrassen, Hochspannungstrassen;
- Kernzone (I) der Wasserschutzgebiete sowie für gesetzlich geschützte Biotope;
- Windhöffigkeit.

b. Weiche Tabuzonen:

In diesen Bereichen können Gemeinden aufgrund von ihnen selbst festgelegten abstrakten Kriterien keine Windkraftanlagen zulassen. Die Gründe sind in der Begründung nachvollziehbar und nach städtebaulichen Gesichtspunkten zu erläutern. Diese Kriterien sind sozusagen als Filter für die Ermittlung von Konzentrationsflächen, innerhalb derer nach Abschluss der Planung ausschließlich Windkraftanlagen zulässig sein sollen, heranzuziehen. Beispielsweise können diese sein:

- Ausschlussflächen bedingt durch Abstände von Siedlungsgebieten;
- Naturschutzbedingte und artenschutzrechtliche Ausschlussflächen;
- Nur unter Vorbehalt freigegebene Flächen (FFH und Landschaftsschutzgebiete);
- Berücksichtigung des Landschaftsbildes mit besonderen Naturschutzbestandteilen, Landschaftsschonbereichen;
- Kulturell herausragende Besonderheiten; evtl. auch Bodendenkmäler;
- Berücksichtigung der örtlichen Windverhältnisse für die Konzentrationsflächen;

- Durch Verkehrseinrichtungen, technische Anlagen und regionalplanerische Vorrangflächen bedingte Einschränkungen.

4. Substantieller Raum

Der substantielle Raum bezeichnet das Verhältnis zwischen den der gemeindlichen Abwägung bezüglich Windkraft zugänglichen Flächen und den durch die Planungsparameter entstandenen Konzentrationsflächen.

BVerwG (20.5.2010 – 4 C 7.09)[1]: substanzieller Raum: keine absoluten Größenangaben (%) möglich, sondern wertende Betrachtung der örtlichen Gegebenheiten (Gewicht der Ausschlusskriterien: harte und weiche Tabuzonen; Größe Konzentrationsfläche zur Gemeindegebietsgröße; mögliche Stromausbeute).

OVG Berlin-Bbg. (24.2.2011 – 2 A 2.09)[2]: sachgerechte Abwägung setzt voraus, dass Gemeinderat „grobe" Kenntnis über Planungsspielräume (Außenbereich minus „harte" Tabuzonen) hat. Unterscheidung „harte"/ „weiche" Tabuzonen daher zwingend. Substanzieller Raum: Verhältnis Konzentrationszonen zu Fläche mit Planungsspielraum (Außenbereich minus „harte" Tabuzonen) relevant; keine Festlegung auf Größenangabe.

5. Landschaftsschutzverordnung

Sofern geplante Konzentrationsflächen innerhalb einer Landschaftsschutzverordnung liegen, muss einem möglichen Normenkonflikt zwischen der Planung und der Verordnung entgegengewirkt werden.

Nach der Rechtsprechung, (BayVGH vom 14.01.2003 – 1 N 01.2072; vgl. auch BVerwG vom 17.12.2002 – 4 C 15/01; vom 09.02.2004 – 4 BN 28/03) ist ein Flächennutzungsplan nach § 6 Abs. 2 BauGB nur genehmigungsfähig, wenn er weder bauplanungsrechtlichen noch sonstigen Rechtsvorschriften widerspricht. Eine sonstige Rechtsvorschrift in diesem Sinne ist auch eine Verordnung über die Festsetzung von Landschaftsschutzgebieten. Sind die Darstellungen in einem Flächennutzungsplan mit den Regelungen der Landschaftsschutzverordnung, dort insbesondere einem Bauverbot oder einem Bauvorbehalt, nicht zu vereinbaren, besteht ein Widerspruch des Flächennutzungsplans zu sonstigen Rechtsvorschriften im Sinne des § 6 Abs. 2 BauGB. In der Folge würde die Unwirksamkeit des Flächennutzungsplans drohen.

---

1   BVerwG, Urt. v. 20.05.201 – 4 C 7.09 – ZfBR 2010, S. 675 ff.
2   OVG Berlin-Brandenburg, Urt. v. 24.02.2011 – 2 A 24.09 – Juris; sowie BVerwG, Urt. v. 13.12.2012 – 4 CN 2/11 – DVbl. 2013, S. 507 ff.

Der oben genannte Normenkonflikt kann durch eine Änderung der Landschaftsschutzverordnung gelöst werden. Es können grundsätzlich drei Alternativen hierfür in Erwägung gezogen werden:

1. Zonierungskonzept (siehe „Winderlass" – Hinweise zur Planung und Genehmigung von Windkraftanlagen (WKA) vom 20.12.2011; gemeinsame Bekanntmachung sechs bayerischer Ministerien). Das Landschaftsschutzgebiet wird in weniger und mehr schützenswerte Gebiete gegliedert. In fachlich begründbaren weniger schützenswerten Gebieten kann dann der Errichtung einer Windkraftanlage die Verordnung nicht mehr entgegengehalten werden.
2. Begrenzte Zulässigkeit durch Einbringen eines Privilegs für Windkraftanlagen in den Verordnungstext. Hierbei ist es zweckmäßig das Privileg ausschließlich auf die in der Teilflächennutzungsplanung dargestellten Konzentrationsflächen zu begrenzen.
3. Herausnahmeverfahren
Nachteil: Ein Herausnahmeverfahren (das betreffende Gebiet wird aus der Landschaftsschutzverordnung entlassen) eröffnet eine Veränderung der Verordnung in einem deutlich über den Belang der Windkraft hinausgehenden Rahmen.

6. Planungsparameter (nicht abschließend)

Die innerhalb eines Planungsraums gewonnen Planungsparameter führen zu sog. Konzentrationsflächen. Künftige Windkraftanlagen dürfen nach in Kraft treten der Planung nur noch innerhalb der Konzentrationsflächen errichtet werden. Windkraftanlagen dürfen in den übrigen Flächen innerhalb des Planungsraums, d. h. außerhalb der Konzentrationsflächen, nicht errichtet werden.

Die Planungsparameter müssen im Sinne des BauGB nachvollziehbar und begründbar sein. Sie müssen für das Planungsgebiet gleichlautend sein. Ausgenommen von der Vorgabe des Gleichlauts sind allenfalls begründbare Sonderparameter, die nur für eine bestimmte Sondersituation zutreffen. Ziel ist es, die Planungsparameter für den Planungsraum ausgeglichen, gerecht und vergleichbar zu formulieren.

a. Aufzählung beispielhafter Planungsparameter

- **Abstände** zur Wohnbebauung, Gewerbegebieten und zu einzelnen Außenbereichsvorhaben Das Maß der Abstände liegt grundsätzlich im planerischen Ermessen der planenden Kommune. Zu beachten ist insbesondere, dass keine Negativplanung entsteht, genügend substantieller Raum verbleibt und die getroffenen Abstände begründbar im Sinne des BauGB sind.

- **Ausschluss von Flächen bzw. nur unter Vorbehalt freigegebene Flächen aufgrund naturschutz- und artenschutzrechtlicher Erwägungen**

Für diese Fragestellung sind aufwändige Untersuchungen notwendig. Ziel ist es, eine belastbare Voreinschätzung zu erhalten, die belegen kann, dass keine Negativplanung vorliegt. Hierbei können einzelne Flächen im Voraus für die Windkraftnutzung ausgeschlossen werden. Eine abschließende und für künftige Verfahren verbindliche artenschutzrechtliche Untersuchung als Eignungsgrundlage für die Konzentrationsflächen kann auf der Ebene der Flächennutzungsplanung in der Regel nicht stattfinden. Die sich ständig verändernde natur- und artenschutzrechtliche Situation kann nur in einem zeitlich eng angebundenen Verfahren geklärt werden; regelmäßig wird dies das Genehmigungsverfahren für eine Einzelanlage sein.

- **Ausschluss von Flächen aufgrund des Landschaftsschutzes und des Landschaftsbildes**

Die Diskussion der Frage, inwieweit das Landschaftsbild derart negativ betroffen ist, dass Flächenanteile gänzlich ausgeschlossen werden müssen, wird neben der rein fachlichen Beurteilung oftmals durch die subjektive Einschätzung der Betroffenen in dem bauplanungsrechtlichen und kommunalpolitischen Abwägungsprozess geführt werden.

- **Windhöffigkeit**

Für diese Fragestellung sind aufwändige Untersuchungen notwendig. Ziel ist es, eine belastbare Voreinschätzung zu erhalten, die belegen kann, dass keine Negativplanung vorliegt. Das heißt, es muss nachgewiesen werden, dass innerhalb der gefundenen Konzentrationsflächen für den Betrieb von Windkraftanlagen noch ausreichende Windgeschwindigkeiten vorherrschen. Eine abschließende Wirtschaftlichkeitsberechnung kann damit ausdrücklich nicht verbunden sein, da hierfür diverse andere Parameter, die von der Planungsseite nicht einschätzbar sind, ausschlaggebend sein können.

- **Immissionsschutz**

Schall, Schattenwurf

Es ist für die Planung notwendig, die zum Zeitpunkt des Planungsverfahrens erkennbaren Konflikte aufgrund der zu erwartenden Schallemissionen und des Schattenwurfs ausreichend zu beleuchten. Sind die Abstände zu schützenswerten Immissionsorten ausreichend groß bemessen oder ist die Größe der Konzentrationsflächen so bemessen, dass ausreichende Abstände eingehalten werden könnten (ohne dass der substanzielle Raum in nicht hinnehmbarer Weise eingeschränkt wird), ist dem Vorwurf einer „Feigenblattplanung" in diesem Punkt ausreichend entgegengewirkt.

- **Militärische und zivile Luftfahrt**
  Derzeit sind keine ausreichenden Flächendarstellungen verfügbar. Die Abfrage von Einzelpunkten ist für die Flächennutzungsplanung wenig hilfreich und kostenintensiv. Auch hier muss eine Voreinschätzung erfolgen und abgeschätzt werden, welche Flächen aufgrund der Luftfahrt einem besonderen Risiko ausgesetzt sein könnten. Dieser Problematik ist ebenfalls mit einer großzügigeren Ausweisung von Konzentrationsflächen entgegenzuwirken.

- **Verkehrseinrichtungen**, technische Anlagen, etc.

- **Wasserschutzgebiete (Zone 1), Biotope**

- **Ausschlussflächen aufgrund anderer gesetzlichen Vorschriften** (z. B. Regionalplan, Planfeststellungsverfahren, Bodendenkmäler etc.)

- **Höhenbegrenzung** evtl.

Windenergie in der Planungspraxis – Probleme und Perspektiven – Bericht aus Brandenburg

Matthias Feskorn

I. Steuerung der Windenergie in der Regionalplanung Brandenburgs

1. Regionalplanung in Brandenburg

Die Regionalplanung in Brandenburg ist kommunal verfasst und wird durch 5 Regionale Planungsgemeinschaften (RPG) wahrgenommen. Gesetzliche Grundlage ist das Gesetz zur Regionalplanung und zur Braunkohlen- und Sanierungsplanung vom 18. März 1993, letztmalig geändert am 8.2.2012 (Gesetz- und Verordnungsblatt für das Land Brandenburg Teil I – Nr. 13 vom 20. Februar 2012). Die RPG werden vom Land Brandenburg finanziert und haben als Pflichtaufgabe die Aufstellung, Fortschreibung, Änderung und Ergänzung von Regionalplänen.

Abbildung 1: Übersicht über die Planungsregionen

Quelle: http://gl.berlin-brandenburg.de/regionalplanung/regionen/index.html

Die Aufsicht über die Regionalplanung liegt bei der Gemeinsamen Landesplanungsabteilung Berlin-Brandenburg.

2. Steuerung der Windenergienutzung

Die Steuerung der Windenergienutzung erfolgt in Brandenburg über die Ausweisung von **Eignungsgebieten Windenergienutzung (WEG)** in den Regionalplänen/ sachlichen Teilregionalplänen der RPG.

Nach § 8 Abs. 7 Nr. 3 Raumordnungsgesetz (ROG) sind Eignungsgebiete Gebiete, in denen bestimmten raumbedeutsamen Maßnahmen oder Nutzungen, die städtebaulich nach § 35 des Baugesetzbuchs zu beurteilen sind, andere raumbedeutsame Belange nicht entgegenstehen, wobei diese Maßnahmen oder Nutzungen an anderer Stelle im Planungsraum ausgeschlossen sind.

Dies bedeutet, dass nach Inkrafttreten eines Regionalplans die Errichtung von raumbedeutsamen Windenergieanlagen (WEA) nur noch in den WEG zulässig ist. Auch der Ersatz von Altanlagen durch neuere und leistungsfähigere Anlagen (Repowering) ist noch innerhalb von WEG zulässig. Außerhalb von WEG stehende Anlagen haben jedoch Bestandsschutz bis zum Ende ihrer Laufzeit bzw. bis zum Erlöschen der immissionsschutzrechtlichen Genehmigung, das z. B. durch den Ersatz von genehmigungsrelevanten Bestandteilen hervorgerufen werden kann.

Damit sind die Eignungsgebiete ein Instrument, um die Windenergieanlagen (WEA) an raumverträglichen Standorten zu konzentrieren und einer sogenannten „Verspargelung" der Landschaft durch viele Einzelanlagen ohne raumplanerische Steuerung entgegenzuwirken.

Die WEG können im Rahmen der Bauleitplanung durch Flächennutzungspläne und Bebauungspläne untersetzt werden. Dabei ist zu beachten, dass die Ausschlusswirkung nach Außen eines Eignungsgebiets für Anlagen derselben Art im sonstigen, nach § 35 BauGB zu beurteilenden Planungsraum von der kommunalen Bauleitplanung als Ziel der Raumordnung zu respektieren ist. Die Bauleitplanung darf, abgesehen von örtlich begründeten Randkorrekturen der Abgrenzung keine Konzentrationsflächen außerhalb von Eignungsgebieten ausweisen. Die Korrekturen dürfen auch nicht dazu führen, dass Standorte von WEA außerhalb der WEG liegen.

Nach Innen darf die Bauleitplanung die ermittelte Eignung des Gebiets für die Eignungsvorhaben Wind nicht aushebeln. Anderweitige privilegierte Vorhaben bleiben aber – im Unterschied zum Vorranggebiet – grundsätzlich weiterhin zulässig.

3. Stand der Regionalplanung – Windenergie

Brandenburg steht bezogen auf die installierte Windleistung (30.6.2012: 4.10 MW) derzeit an zweiter Stelle der Bundesländer Deutschlands. (Abb. 2)

Abbildung 2: Regionale Verteilung der installierten Windenergie

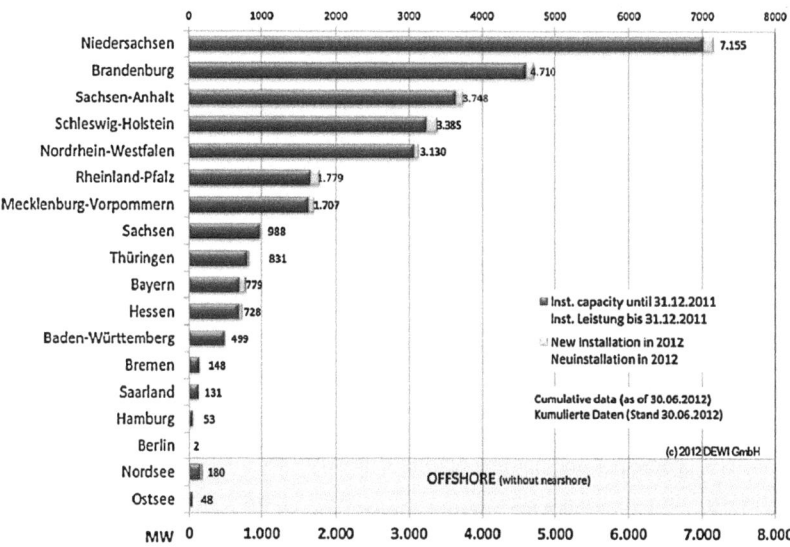

Quelle: http://www.dewi.de/dewi/fileadmin/pdf/publications/Statistics%20Pressemitteilungen/30.06.12/Statis_Abb3.jpg

Abbildung 3: Windenergie – Neuinstallierte Leistung in Brandenburg und Deutschland seit dem 4. Quartal 2009

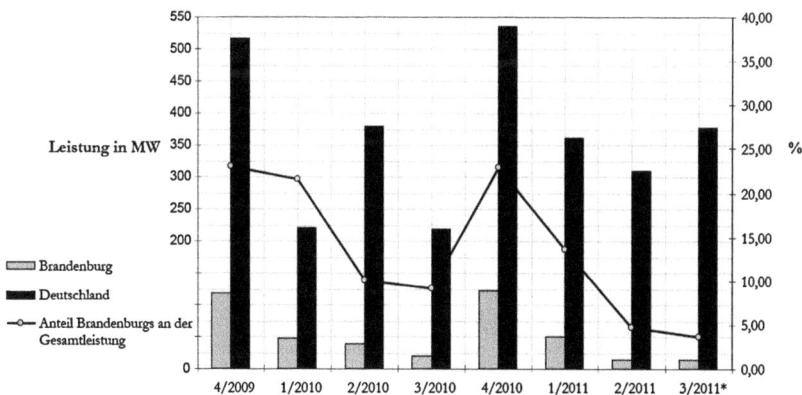

Quelle: IWES Kassel, Daten für Brandenburg, Stand: 15.11.2011, in Internet unter www.windmonitor.de.

Abb. 3 zeigt jedoch, dass der Anteil Brandenburgs an der neuinstallierten Windenergie seit 2009 von knapp 25 % auf unter 5 % in III/2011 abgenommen hat. Als ein Grund dafür kann die fehlende Ausweisung von neuen WEG angeführt werden. Die drei bestehenden Teilregionalpläne „Wind" sind knapp 10 Jahre alt und deren WEG bereits weitgehend bebaut.

Es gibt in Brandenburg folgenden Stand bezüglich der Ausweisung von Eignungsgebieten für die Windenergienutzung:

- Drei Regionen haben rechtskräftige sächliche Teilregionalpläne mit Aussagen zur Windenergienutzung aus den Jahren 2003 und 2004
- Zwei Regionen haben derzeit keine rechtskräftigen sachlichen Regionalpläne mit Aussagen zur Windenergienutzung, weil die entsprechenden Pläne 2007 bzw. 2010 vom Oberverwaltungsgericht Berlin-Brandenburg für nichtig erklärt wurden.

Aktueller Planungsstand in den Regionen

- Drei Regionalplanentwürfe befinden sich im III. bzw. IV Quartal 2012 im Beteiligungsverfahren, darunter die beiden Regionen, die derzeit keine rechtskräftigen sachlichen Teilregionalpläne mit Aussagen zur Windenergienutzung haben.
- Eine Region wird voraussichtlich 2013 in ihr 3. Beteiligungsverfahren gehen.
- Eine Region arbeitet an einem neuen Entwurf eines Regionalplans, der u. a. auch Aussagen zur Windenergie enthalten wird.

Bei den Planungen sind sowohl energiepolitische Ziele der Bundes- und Landespolitik als auch konkrete Vorgaben des OVG Berlin-Brandenburg zur Planungsmethodik zu beachten.

II. Rahmenbedingungen

1. Landespolitische Vorgaben

Die Ziele der Energiestrategie 2020 für das Land Brandenburg (Stand 2008) sahen den Ausbau der Leistung aus Windenergie auf 7.500 MW vor. Daraus resultierte ein Handlungsauftrag für die fünf Regionalen Planungsgemeinschaften, die Bereitstellung von 555 km^2 Windeignungsgebiete sicherzustellen.

Im Zuge der bundespolitischen Energiewende wurde die Energiestrategie fortgeschrieben (Energiestrategie 2030 des Landes Brandenburg, 2011) und sieht den Ausbau der Leistung für Windenergie auf 10.500 MW vor. Dieser Leistungszuwachs um 40 % soll jedoch nur durch eine geringfügig größere Flächenkulisse (585 km²) für die WEG erreicht werden, so dass dem Repowering eine hohe Bedeutung zukommt.

Abbildung 4 verdeutlicht, dass ein hohes Repowering-Potential vorhanden ist: Der bei weitem überwiegende Anteil der Anlagen hat eine Leistung kleiner 2 MW und selbst die durchschnittliche Leistung der in 2011 neu errichteten Anlagen liegt nur bei 2,1 MW.

Abbildung 4: Anzahl der Anlagen in der jeweiligen Leistungsklasse (Stand III/2011)

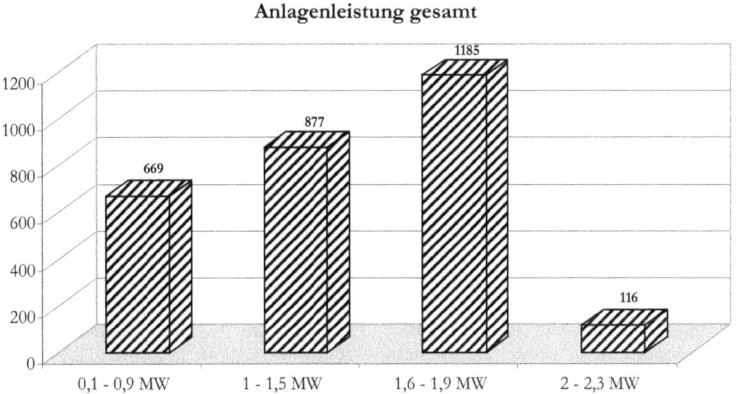

Eigene Darstellung

2. Vorgaben aus der Rechtsprechung des OVG Berlin-Brandenburg

Das OVG Berlin-Brandenburg hat sich in zwei Entscheidungen vom 14.9.2010 (Az. 2 A 1.10) und vom 24.2.2011 (Az. 2 A 2.09) zu einem Regionalplan und einem Teilflächennutzungsplan jeweils mit Festsetzungen zur Windenergienutzung mit der Methodik zur Ermittlung von WEG intensiv auseinandergesetzt. Zu der jüngeren Entscheidung ist ein Revisionsverfahren beim Bundesverwaltungsgericht anhängig.

Das OVG Berlin-Brandenburg unterstreicht in beiden Entscheidungen, dass ein schlüssiges Planungskonzept Voraussetzung für die Festlegung von WEG ist. Die Ermittlung geeigneter Gebiete für die Windenergienutzung erfolgt dabei abschnittsweise in mehreren Schritten, die nachfolgend dargelegt werden. Das OVG hält diese Vorgehensweise in Anbetracht der Privilegierung der Windenergienutzung gemäß § 35 (1) Nr. 5 BauGB für den einzig zulässigen Weg.

Abbildung 5: Ermittlung geeigneter Gebiete für die Windenergienutzung

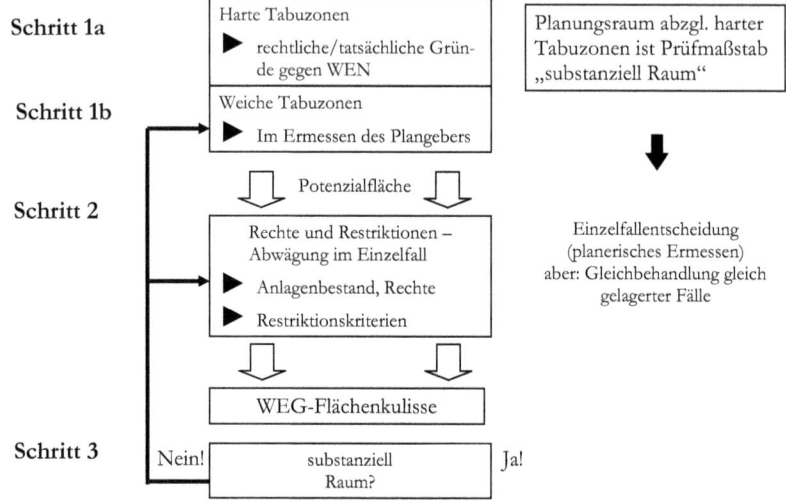

Eigene Darstellung

In einem **ersten Schritt** sind zunächst abstrakt, einheitlich und typisiert für den Planungsraum jene Bereiche zu ermitteln, die für die Windenergienutzung generell nicht geeignet sind. Dabei ist zwingend zwischen harten und weichen Tabuzonen zu unterscheiden.

In harten Tabuzonen ist die Windenergienutzung aus rechtlichen oder tatsächlichen Gründen ausgeschlossen. Die Flächenkulisse, die nach Abzug der harten Tabuzonen übrig bleibt, bildet den Maßstab dafür, ob mit der Planung im Ergebnis ausreichend Raum („substanziell") für die Windenergienutzung geschaffen wurde.

In weichen Tabuzonen ist die Windenergienutzung aus rechtlichen und tatsächlichen Gründen nicht ausgeschlossen; sie ist auf diesen Flächen generell möglich. Der Flächenausschluss erfolgt durch einheitlich angewendete Kriterien, die die Region nach den regionalen Gegebenheiten selber setzt. Im Ergebnis bleiben nach Aussonderung der harten und weichen Tabuzonen die Potenzialflächen übrig, die für die Festlegung von Windeignungsgebieten in Betracht kommen.

Im **zweiten Schritt** hat eine Abwägung zu erfolgen zwischen der vorliegenden Privilegierung nach § 35 Abs. 1 BauGB und weiteren, sowohl für als auch gegen die Windenergienutzung sprechenden öffentlichen und privaten Belangen.

Im **dritten Schritt** erfolgt dann eine Prüfung, ob der Windenergienutzung mit dieser Herangehensweise substanziell Raum geschaffen wurde. Die maßgebende Bezugsgröße dafür stellt das Flächenpotenzial dar, das nach Abzug der „harten" Tabuzonen (Schritt 1 a, Abb. 5) in einer Planungsregion übrig bleibt. Erkennt der Plangeber im Ergebnis, dass der Windenergienutzung nicht ausreichend Raum geschaffen wurde, muss er das Konzept für die Auswahl der Eignungsgebiete überprüfen und ggf. abändern. Nach der Rechtsprechung des OVG Berlin-Brandenburg ist diese Prüfungsreihenfolge **zwingend anzuwenden**, um mit Hilfe einer sachgerechten Methode zu einem schlüssigen Planungskonzept zu kommen.

III. Konsequenzen für die Planungspraxis

1. Probleme

Neben den präzisierten Anforderungen aus der Rechtsprechung des OVB Berlin-Brandenburg haben sich in den letzten Jahren auch eine Reihe von Planungskriterien geändert:

- Anlagengröße und daraus resultierende Abstände zu Siedlungsflächen (Seit 2009 Empfehlung der Landesregierung: 1.000 m lt. „Gemeinsamer Erlass des Ministeriums für Infrastruktur und Raumordnung und des Ministeriums für Ländliche Entwicklung, Umwelt und Verbraucherschutz" vom 16. Juni 2009)
- Änderung naturfachlicher Grundlagen (Tierökologische Abstandskriterien zum Schutz der Avifauna: „Beachtung naturschutzfachlicher Belange bei der Ausweisung von Windeignungsgebieten und bei der Genehmigung von Windenergieanlagen, Erlass des Ministeriums für Umwelt, Gesundheit und Verbraucherschutz" vom 01. Januar 2011)
- Beurteilung der Eigenschaft des Waldes als Standort für WEA durch die Waldfunktionskartierung Brandenburg, Stand 30.11.2010)

In den aktuellen Planentwürfen liegt daher eine Vielzahl von bestehenden Anlagen oder auch rechtskräftige Bauleitpläne mit Konzentrationszonen „Wind" nach Anwendung der geänderten Kriterien nicht mehr innerhalb der neuen geplanten WEG.

Dennoch müssen die neuen WEG

- insgesamt den Anspruch auf einen substanziellen Anteil an der Planungsregion erfüllen und

- dem Repowering-Interesse von Anlagenbetreibern bestehender Anlagen außerhalb von WEG Rechnung tragen.

Abbildung 6: Abstände von Windkraftanlagen zu Siedlungsbereichen

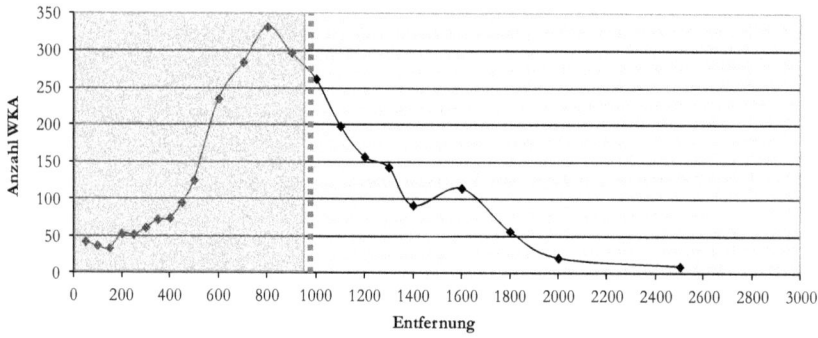

Eigene Darstellung

Ein Planungskriterium mit einer sehr hohen Relevanz für die Größe der Potentialflächen und mit einer ebenso großen Bedeutung für die Akzeptanz der Windenergie ist der Abstand zu Siedlungszwecken.

Abb. 6 zeigt in der Häufigkeitsverteilung (Stand III/2011) einen Peak zwischen 700 und 900 m. Diese im Vergleich zu den heutigen Diskussionen etwas gering anmutenden Abstände resultieren u. a. aus den Abstandsfestlegungen aus den ersten Regionalplänen mit Festlegungen zur Windkraft, die noch für deutlich kleinere Anlagentypen ausgelegt waren.

Bei einer konsequenten Anwendung eines Siedlungsabstands von 1.000 m als Kriterium für eine weiche Tabuzone steht ein Großteil der bisherigen Anlagen künftig außerhalb der neuen WEG. Damit wäre nicht nur

- das Repowering der Anlagen am bisherigen Standort ausgeschlossen, sondern es müssten auch
- zusätzlich zu den bestehenden Anlagen neue WEG ausgewiesen werden, die sowohl den Anspruch an einen substanziellen Raum für die Windenergie erfüllen als zusätzlich noch Flächen für die zu repowernden Anlagen bereitstellen und
- ggf. bereits akzeptierte WEA/Bauleitplanungen „Wind" können nicht weiter entwickelt oder repowert werden.

2.) Planerischer Umgang

In den aktuellen Entwürfen zu Regionalplänen mit Ausweisung von WEG wird mit diesem Problem unterschiedlich umgegangen:

Lösungsweg 1:

- Verzicht auf ein Tabukriterium von 1.000 m,
- Anwendung von flexiblen Kriterien: Weiches Tabu von 0-500 m bzw. 0-800 m, anschließend 501-1.000 m bzw. 801-1.000 m Restriktionsbereich mit der Möglichkeit einer ortskonkreten Abwägung unter stärkerer Berücksichtigung des Bestandes.

Durch den Verzicht auf ein Tabukriterium von 1.000 m, das flächendeckend als Ausschlusskriterium bereits im ersten Planungsschritt alle Flächen mit Abständen < 1.000 m zu Siedlungsflächen aus der weiteren Betrachtung ausblendet, kann eine Betrachtung der Bestandssituation im Einzelfall erfolgen und damit ggf. ein Teil der oben geschilderten Probleme vermieden werden.

Lösungsweg 2:

- Ausweisung von WEG mit der Zweckbestimmung „Repowering" als zusätzliches Flächenangebot

Diese WEG mit der Zweckbestimmung „Repowering" sollen dem „Einsammeln" aus heutiger Sicht nicht mehr raumplanerisch verträglich positionierter WEA dienen und damit sowohl dem Repowering-Interesse als auch dem planerischen Gestaltungswillen des Plangebers nachkommen.

Diese Flächen werden zusätzlich zur Flächenkulisse der WEG ohne Zweckbindung ausgewiesen und werden bei dem 3. Prüfschritt (substanziell Raum) nicht eingerechnet.

IV. Fazit

- Heterogene Planungssituation im Land Brandenburg = heterogene Planungsgrundlagen für Windkraft.
- Neue fachliche Planungsgrundlagen verändern WEG-Kulissen stark; Umgang mit Bestand von WEA und Bauleitplänen erfordert planerische Lösungen.
- Präzisierte rechtliche Anforderungen erfordern aufwändiges Methodengerüst für rechtssichere Regionalpläne/ Teilpläne Wind.

Windenergie in der Planungspraxis – Probleme und Perspektiven – Bericht aus Brandenburg

Thomas Aufleger

I. Einführung – Entwicklung der Windenergienutzung seit den 90er Jahren

Mit dem Änderungsgesetz zum Baugesetzbuch 1996 (in Kraft getreten 01.01.1997) sind Windenergieanlagen nach § 35 (1) Nr. 5 BauGB (1996 als Nr. 7 hinzugefügt) im Außenbereich privilegiert zulässig geworden. Seitdem kann die Genehmigung einer Windenergieanlage im Außenbereich nicht verweigert werden, wenn öffentliche Belange nicht entgegenstehen und eine ausreichende Erschließung gesichert ist. Aus dieser Gesetzesänderung resultierte ein verstärkter kommunaler Handlungsbedarf, weil Windenergieanlagen häufig in weiten Teilen des Außenbereiches zulässig waren und eine „Verspargelung" der Landschaft drohte.

Mit der Gesetzesänderung 1996 hatte der Bundesgesetzgeber in § 35 (3) Satz 3 BauGB für die Kommunen auch eine Steuerungsmöglichkeit für Windenergieanlagen durch entsprechende positive Darstellungsmöglichkeiten (z. B. Sondergebiete für die Windenergienutzung) im Flächennutzungsplan aufgenommen. Mit der Positivdarstellung ist eine sog. Ausschlusswirkung verbunden, das heißt i. d. R. sind außerhalb der dargestellten Positivflächen keine weiteren Windenergieanlagen zulässig. Das betrifft sowohl Windparks als auch Einzelanlagen. Öffentliche Belange stehen einer Windenergieanlage damit in der Regel auch dann entgegen, wenn durch Positivdarstellungen im Flächennutzungsplan eine Ausweisung an anderer Stelle erfolgt ist. Die Ausschlusswirkung gem. § 35 Abs. 3 Satz 3 BauGB kann jedoch nur erzielt werden, wenn der Darstellung ein schlüssiges Konzept auf der Grundlage von Eignungs- und/oder Ausschlusskriterien zu Grunde liegt.

Viele Städte und Gemeinden hatten in Folge der Gesetzesänderung Ende der 90er Jahre ihre Hoheitsgebiete mittels flächendeckender Untersuchungen (Standortkonzepte/ Potenzialanalysen) hinsichtlich der Realisierungsmöglichkeiten für Windenergieanlagen überprüft. Der Runderlass des Niedersächsischen Innenministeriums vom 11.07.1996 über die „Festlegung von Vorrangstandorten für Windenergienutzung" (zwischenzeitlich aufgehoben) und die darin genannten Abstandsempfehlungen wurden auch auf kommunaler Ebene vielfach angewandt, auch wenn sich der eigentliche Erlass an die Regionalplanung richtete. Auf Basis dieser Standortkonzepte haben viele Städte und Gemeinden Ende der 90er Jahre ihre Flächennutzungspläne geändert und positive Flächendarstellungen (z. B. Sondergebiete zur Errichtung von Windenergieanlagen) getroffen. In vielen Kommunen konnten die

Flächennutzungspläne jedoch nur nach aufwendigen politischen Diskussionen verabschiedet werden. Ein Großteil der niedersächsischen Kommunen hatte die Zulässigkeit der Windenergienutzung bis zum Jahr 2002 durch Änderungen ihrer Flächennutzungspläne abschließend geregelt. Vielfach wurden die Flächennutzungspläne gerichtlich überprüft.

In den darauffolgenden Jahren bis etwa zum Jahr 2010 waren nur geringe weitergehende Planungsaktivitäten durch entsprechende Darstellungen im Flächennutzungsplan zu verzeichnen.

II. Entwicklung der Windenergienutzung seit dem Jahr 2010

Seit der Aufstellung der ersten Standortkonzepte und den daran anschließenden Flächennutzungsplanänderungen gegen Ende der 90er Jahre haben sich viele Rahmenbedingungen verändert.

Zum einen hat die Bundesregierung vor dem Hintergrund der Ereignisse in Fukushima die Energiewende beschlossen und ein Energiekonzept erstellt. Das Energiekonzept der Bundesregierung sieht vor, dass erneuerbare Energien bis zum Jahr 2030 einen Anteil von 30 % am Endenergieverbrauch (Strom, Wärme, Kraftstoffe) übernehmen sollen (derzeit 17 %). Bis zum Jahr 2040 soll dieser Anteil bei 45 % liegen, bis 2050 bei 60 %. Die Landesregierung Niedersachsen hat sich das Ziel gesetzt, 25 % des Endenergieverbrauchs in Niedersachsen bis zum Jahr 2020 aus erneuerbaren Energien zu decken. Im Zentrum des Ausbaus regenerativer Energien steht die Energiegewinnung aus Windkraft und Biomasse zur Erreichung des niedersächsischen Ausbauzieles (Energiekonzept des Landes Niedersachsen 2012). Ohne einen deutlichen und effizienteren Ausbau der Windenergie werden die Klimaschutzziele auf Bundes- und Landesebene nicht erreicht.

Zum anderen haben sich aber auch die Windenergieanlagen technisch weiterentwickelt. Neue leistungsstarke Anlagen der 2 bis 3 MW Klasse sind optimiert gegenüber Altanlagen in Bezug auf die Schallemissionen, die Lichtreflexe sowie eine bedarfsgerechte Regelung der Windenergieanlagen bezüglich des Schattenwurfs. Zudem haben Windenergieanlagen nach neuerem technischem Standard eine geringere Rotordrehzahl und eine gleichmäßigere Rotordrehung.

Diese veränderten Rahmenbedingungen waren vielfach Anlass für die Kommunen, die Möglichkeiten einer weitergehenden Windenergienutzung zu überprüfen. Dabei stand neben der Ausweisung zusätzlicher Flächen vor allem eine Überprüfung von Repoweringmöglichkeiten im Vordergrund. Insgesamt ist seit dem Jahr 2010 ein Wiedereinstieg der Kommunen in die Planung von Windenergiestandorten und ein verstärktes Interesse von Investoren (insb. auch am Repowering) zu verzeichnen. Auch perspektivisch ist zu erwarten, dass der Ausbau der Windenergienutzung an

Land in den kommenden Jahren zunehmen wird. Dabei finden auch steuerrelevante Vorteile für die kommunalen Haushalte zunehmend Beachtung. Insbesondere in strukturschwachen, aber windreichen Regionen kann die Windenergie eine wichtige Einnahmequelle für die Kommune darstellen. So fließen 70 % der erwirtschafteten Gewerbesteuereinnahmen der Kommune zu, in der die Windenergieanlagen stehen. Lediglich 30 % gehen an die Kommune mit Unternehmenssitz des Windparkbetreibers.

Eine Rechtsfrage, die sich im Zusammenhang mit der Änderung der Flächennutzungspläne für weitergehende Windenergienutzung stellte war, ob im Falle einer gerichtlichen Überprüfung und einer Unwirksamkeit der erneuten Flächennutzungsplanänderung der alte Stand der Flächennutzungsplanänderung gilt, oder ob die Kommune quasi auf den ursprünglichen Stand ohne Ausschlusswirkung zurückfällt. Zu dieser Fragestellung besteht bei vielen Kommunen nach wie vor eine Rechtsunsicherheit.

III. Rahmenbedingungen der Landes- und Regionalplanung für die kommunale Bauleitplanung

1. Landesraumordnungsprogramm Niedersachsen i. d. F. vom 08. Mai 2008

Das Landes-Raumordnungsprogramm regelt die großräumigen, d. h. die für das gesamte Land bedeutsamen Nutzungen. Im Landesraumordnungsprogramm Niedersachsen 2008 wird im Kapitel 4.2 Energie folgendes ausgeführt: „Für die Nutzung von Windenergie geeignete raumbedeutsame Standorte sind zu sichern und unter Berücksichtigung der Repoweringmöglichkeiten in den Regionalen Raumordnungsprogrammen als Vorranggebiete oder Eignungsgebiete Windenergienutzung festzulegen. In den besonders windhöffigen Landesteilen muss dabei der Umfang der Festlegungen als Vorranggebiete Windenergienutzung mindestens folgende Leistungen ermöglichen:" (Anmerkung: Leistung unverändert seit LROP 1994).

Abbildung 1: Installierte Leistung in Niedersachsen

LROP Niedersachsen 2008	installierte Leistung Ende 2009
	Quelle: Studie der DEWI GmbH 31.07.2010
Landkreis Aurich, 250 MW,	Landkreis Aurich 539 MW
	Landkreis Emsland 534 MW
Landkreis Cuxhaven, 300 MW,	Landkreis Cuxhaven 436 MW
Landkreis Friesland, 100 MW,	Landkreis Friesland, 116 MW
Landkreis Leer, 200 MW,	Landkreis Leer, 161 MW
Landkreis Osterholz, 50 MW,	Landkreis Osterholz, 44 MW

Landkreis Stade, 150 MW	Landkreis Stade, 287 MW
Landkreis Wesermarsch, 150 MW	Landkreis Wesermarsch, 145 MW
Landkreis Wittmund, 100 MW	Landkreis Wittmund, 212 MW
Stadt Emden, 30 MW	Stadt Emden, 145 MW
Stadt Wilhelmshaven, 30 MW	Stadt Wilhelmshaven, 47 MW

Quelle: DEWI GmbH 2010

Ein grenzüberschreitender Ausgleich ist möglich. Ein Ausgleich ist auch mit sonstigen Anlagen erneuerbarer Energien möglich, die nach § 35 Abs. 1 BauGB im Außenbereich zulässig sind.

2. Regionalplanung

Die Regionalpläne werden im Regelfall von den Landkreisen (abweichend: Großraum Braunschweig, Region Hannover) erarbeitet und verabschiedet. Einen Sonderfall bilden auch kreisfreie Städte wie Oldenburg, Emden, Wilhelmshaven, Osnabrück oder Delmenhorst. Hier ersetzt der Flächennutzungsplan den Regionalplan, sodass die Ziele der Landesraumordnung unmittelbar gelten.

Die o. g. Empfehlungen der Landesraumordnung Niedersachsen sind in den Regionalplänen nur teilweise umgesetzt worden. Folgende Fallkonstellationen liegen in Niedersachsen vor:

Fall 1: Regionalpläne ohne Regelungen zur Windenergie

Zum Beispiel Landkreise Ammerland, Leer, Oldenburg

Werden im Regionalplan keine Vorranggebiete ausgewiesen, bleibt die Planungshoheit der Kommune unberührt, sie hat keine regionalplanerischen Vorgaben zu beachten. Die Kommune hat die Planungs- und Abwägungsunterlagen vollständig und eigenständig zu erarbeiten. Dies bedeutet i. d. R. eine starke zeitliche Inanspruchnahme der Verwaltung und auch einen hohen finanziellen Aufwand. Auch die Bewältigung von Rechtsfragen und u. U. Rechtsunsicherheiten bleiben alleine in der Verantwortung der Kommune. Zudem hat sich gezeigt, dass Konflikte in der Bürgerschaft eher auftreten, da die Kommune als planende Instanz für den Bürger „greifbarer" und angreifbarer erscheint (teilweise ist auch eine Lagerbildung pro und contra Windenergie in der Bürgerschaft zu beobachten).

Fazit Fall 1: Die Planungshoheit der Kommunen bleibt unberührt, große finanzielle und zeitliche Herausforderung

Fall 2: Regionalpläne mit Vorranggebieten ohne Ausschlusswirkung

Zum Beispiel Landkreise Wesermarsch, Diepholz, Wittmund, Cloppenburg (mit Teilausschluss für Einzelanlagen)

Werden im Regionalplan Vorranggebiete ohne Ausschlusswirkung ausgewiesen, wird die Planungshoheit der Kommune eingeschränkt. Bei Übernahme von Standorten aus dem RROP besteht kein eigenes Planungserfordernis, die regionalplanerischen Darstellungen sind zu konkretisieren. Es bleibt aber die Rechtsunsicherheit, ob ein ausreichender substantieller Raum für die Windenergie bei bloßer Übernahme der Darstellungen des RROP für die einzelne Kommune gewährleistet ist (s. auch unter IV. 1.). Die Kommune hat die Möglichkeit, weitere Standorte im Flächennutzungsplan darzustellen. Zur Gewährleistung der Ausschlusswirkung besteht auf kommunaler Ebene ein Planungserfordernis.

Fazit Fall 2: Die Planungshoheit der Kommune ist eingeschränkt, Gewährleistung der Ausschlusswirkung bleibt bei der Kommune.

Fall 3: Regionalpläne mit Vorranggebieten/ Eignungsgebieten mit Ausschlusswirkung

Zum Beispiel Landkreise Cuxhaven, Emsland (mit Ausnahmen für das Repowering), Osterholz, Stade (Entwurf), Verden

Werden im Regionalplan Vorranggebiete mit Ausschlusswirkung ausgewiesen, wird die Planungshoheit der Kommune für die Steuerung der Windenergie quasi aufgehoben. Es besteht kein Planungserfordernis, da die Steuerung für raumbedeutsame Windenergieanlagen mit Ausschlusswirkung abschließend durch den Regionalplan bereits erfolgt ist. Die Standorte werden lediglich aus dem Regionalplan übernommen. Die Bauleitpläne sind den Zielen der Raumordnung gemäß § 1 (4) BauGB anzupassen. Es bestehen lediglich Konkretisierungsmöglichkeiten im Zuge der Anpassung an die Ziele der Raumordnung.

Fazit Fall 3: Die Planungshoheit der Kommune ist weitestgehend ersetzt, es besteht kein Planungserfordernis.

IV. Fragestellungen und Probleme im Rahmen der planerischen Steuerung der Windenergie im Zuge der kommunalen Bauleitplanung

1. Probleme bei der Festlegung des substanziellen Raumes

Nach der Rechtsprechung des Bundesverwaltungsgerichts muss die plangebende Kommune der Windenergienutzung in substanzieller Weise Raum schaffen, um die Ausschlusswirkung an anderer Stelle zu erzielen (u. a. Urteil des BVerwG 4. Senats vom 24. Januar 2008 (BVerwG 4 CN 2.07)). Die Gemeinde muss ihre zunächst gewählten Kriterien (z. B. Pufferzonen) für die Festlegung der Konzentrationsflächen nochmals prüfen und gegebenenfalls ändern, wenn sich herausstellt, dass damit der Windenergie nicht substanziell Raum geschaffen wird.

Wann der Windenergienutzung durch Konzentrationsflächen substanziell Raum geschaffen wird, kann nicht anhand eines abstrakten „Mindestmaßes" beantwortet werden. Die Kommunen sind hier gefragt, unter Berücksichtigung der tatsächlichen Verhältnisse diese Frage zu beantworten. Zwar können die Kommunen auch Kriterien wie Anzahl und Energiemenge im Hinblick auf den Landes- oder Bundesdurchschnitt zur Beurteilung heranziehen, allgemeingültige Richtwerte bestehen aber nicht. Mit der Beantwortung der Frage, ob der Windenergienutzung im konkreten Fall substanziell Raum gegeben wird, tun sich daher viele Kommunen schwer und sehen sich Rechtsunsicherheiten ausgesetzt.

2. Probleme bei der Definition von Vorsorgeabständen

In Niedersachsen existieren keine rechtlich verbindlichen Abstandsmaße zu Siedlungsnutzungen (z. B. Außenbereichswohnnutzungen oder Wohnbauflächen). Die Vorgehensweise, pauschale Abstände anzuwenden, wurde jedoch durch die Entscheidungen des OVG Münster 2001 vom 30.11.2001 bzw. durch das BVerwG vom 17.12.2002 ausdrücklich bestätigt und verdeutlicht, dass die Abstände auch auf den vorbeugenden Immissionsschutz ausgerichtet werden können. Die Kommunen haben daher in Niedersachsen einen Abwägungsspielraum und können/ müssen in diesem Rahmen eigene Definitionen zu den erforderlichen Mindestabständen treffen.

Die Abstandsradien zu Siedlungsnutzungen orientieren sich zumeist an den jeweiligen immissionsschutzfachlichen Schutzabständen, die u. a. als Orientierungswerte durch die DIN 18005 vorgegeben werden. Im Hinblick auf die Schutzansprüche einer Außenbereichssiedlungslage (vergleichbar einem Misch- oder Dorfgebiet §§ 5 und 6 BauNVO) von 60/45 dB(A) tags/ nachts gemäß DIN 18005 ist nach derzeit herrschender Praxis ein Schutzabstand von 500 m sachgerecht bzw. rechtlich anerkannt. Der zulässige Beurteilungspegel von 45 dB(A) wird auch von einer leistungsstarken Anlage i. d. R. in einer Entfernung von weniger als 500 m eingehalten. Es liegt ein Urteil des VG Hannover vom 28.08.2003 vor (4 A 2750/03). Demnach bewerten generelle Abstandsforderungen von 750 m von Windkraftanlagen zu Wohngebäuden im Außenbereich den Schutzanspruch des Wohnens über. In dem Urteil wird einer Samtgemeinde vorgehalten, sie würde durch übertriebene Schutzansprüche bei der Wohnnutzung im Außenbereich die Privilegierung unterlaufen. Die Gemeinde würde unzulässigerweise auch einzelnen Wohnhäusern im Außenbereich faktisch den Schutzanspruch zubilligen, der üblicherweise nur Wohnhäusern in Wohngebieten zukomme.

Für Wohnbauflächen bestehen höhere Schutzansprüche von 55/40 dB(A) tags/ nachts, so dass hier die Schutzabstände entsprechend zu erhöhen sind. Für gewerbliche Bauflächen werden auf Grund der mindestens 5 dB(A) geringeren Schutzansprüche die Abstände i. d. R. reduziert.

Aufgrund der fehlenden rechtlich verbindlichen Abstandsmaße und dem daraus resultierenden Erfordernis, die zugrunde zu legenden Abstandsradien selber definieren und sachgerecht begründen zu müssen, bestehen bei den Kommunen häufig Unsicherheiten. Die zugrunde gelegten Abstandsradien variieren in den Kommunen, teilweise auch unter Nachbarkommunen was auf Bürgerseite zum Teil zu Unverständnis führt.

3. Belange und Ansprüche betroffener Schutzgüter

3.1 Schutzgut Mensch

a) Schallimmissionen

Der konkrete Schutzanspruch bezüglich Lärmimmissionen in den unterschiedlichen Baugebietskategorien ergibt sich aus den Immissionsrichtwerten der TA Lärm unmittelbar. Auf Ebene der Flächennutzungsplanänderung stehen i. d. R. der Anlagentyp und die Anlagenstandorte nicht genau fest, so dass entweder nur Berechnungen mit reinem Prognosecharakter durchgeführt werden können, oder die Kommune nur Vorsorgeabstände berücksichtigen kann (s.o.). Bei den Vorsorgeabständen kann in der Regel davon ausgegangen werden, dass eine Vereinbarkeit von Wohnnutzungen einerseits und Windenergieanlagen andererseits aus schalltechnischer Sicht hergestellt werden kann.

Die Einhaltung der Immissionsrichtwerte der TA Lärm wird auf Ebene des Bebauungsplanes durch eine entsprechende Schallimmissionsprognose dargelegt und im Genehmigungsverfahren durch die Vorlage eines Schallgutachtes nachgewiesen. Neben den Geräuschen der Windenergieanlagen ist in den Gutachten auch die Vorbelastung am geplanten Standort zu berücksichtigen. Eine wichtige Maßnahme zur Minderung von Schallimmissionen besteht in der Möglichkeit, moderne drehzahlvariable Windenergieanlagen im „schalloptimierten Betrieb" zu fahren. Bei dieser Betriebsweise können die vorgegebenen Schallgrenzwerte zu jeder Tages- und Nachtzeit automatisch durch eine Reduzierung der Drehzahl eingehalten werden.

b) Schattenwurf

Bei Sonnenschein werfen Windenergieanlagen einen Schatten. Die sich drehenden Rotorenblätter bewirken, dass der von ihnen ausgehende Schatten sich ebenfalls bewegt. Der Schlagschatten eines sich drehenden Rotorblattes kann zu einer Störung der Anwohner der umgebenden Siedlungsnutzungen führen und ist daher als Belang in die Abwägung einzubeziehen.

Da auf Ebene der Flächennutzungsplanänderung i. d. R. der genaue Anlagentyp und die Anlagenstandorte nicht genau feststehen, sind die Belange des Schattenwurfs durch Vorsorgeabstände zu berücksichtigen (s. o.). Die Auswirkungen des

Schattenwurfes werden auf der Ebene der verbindlichen Bauleitplanung bzw. im nachfolgenden Einzelgenehmigungsverfahren auf der Basis des abschließenden Aufstellungskonzeptes und der genauen Höhen der Anlagen gutachterlich ermittelt, beurteilt und in die Abwägung eingestellt.

Zur Beurteilung, inwiefern die Wirkung von Schattenwurf im Sinne des Bundesimmissionsschutzgesetzes als erhebliche Belästigung anzusehen ist, gibt es derzeit keine einheitliche gesetzliche Grundlage. Inzwischen bildet jedoch ein Richtwert für den astronomisch maximal möglichen Schattenwurf von maximal 30 Stunden pro Jahr (worst-case) bzw. 30 Minuten pro Tag den Stand der Technik. Diese Richtwerte basieren auf den Empfehlungen des Länderausschusses für Immissionsschutz. Das tägliche Maximum von 30 Minuten gilt dabei erst dann überschritten, wenn es an mehr als zwei Tagen im Jahr auftritt. Die astronomisch mögliche Schattenwurfdauer (worst-case) wird jedoch nur unter der Voraussetzung erreicht, dass die Sonne nie durch Bewölkung verdeckt wird und die Rotorebene immer im rechten Winkel zur WEA-IP-Achse geht, diese beiden Voraussetzungen werden in der Realität jedoch nur in 25 % bis 35 % der astronomisch möglichen Schattenwurfzeiten erfüllt.

Nach den Empfehlungen des Länderausschusses für Immissionsschutz müssen Maßnahmen getroffen werden, wenn die o. g. Richtwerte überschritten werden. Zur Einhaltung der Richtwerte werden Schattenwurfmodule eingesetzt. Werden die Richtwerte überschritten, erfolgt eine Abschaltung der Anlage.

c) Optisch bedrängende Wirkung

Von Bürgern wird häufig die Befürchtung geäußert, die Windenergieanlagen könnten optisch bedrängend wirken. Die Befürchtung geht zumeist mit der Forderung einher, die Abstände zwischen Wohnnutzungen und den Standorten der Windenergieanlagen zu vergrößern. Als Ansatzpunkt für die Bewertung einer bedrängenden Wirkung liegt ein Urteil des Oberverwaltungsgerichts NRW vor (OVG NRW 8A 3726/05). Darin wurden folgende Anhaltspunkte für eine erdrückende Wirkung genannt:

Beträgt der Abstand zwischen einem Wohnhaus und einer Windkraftanlage mindestens das Dreifache der Gesamthöhe der geplanten Anlage, dürfte die Einzelfallprüfung überwiegend zu dem Ergebnis kommen, dass von dieser Anlage keine optisch bedrängende Wirkung zu Lasten der Wohnnutzung ausgeht. Bei einem solchen Abstand treten die Baukörperwirkung und die Rotorbewegung der Anlage so weit in den Hintergrund, dass ihr i. d. R. keine beherrschende Dominanz und keine optisch bedrängende Wirkung gegenüber der Wohnbebauung zukommt. Ist der Abstand geringer als das Zweifache der Gesamthöhe der Anlage, dürfte die Einzelfallprüfung überwiegend zu einer dominanten und optisch bedrängenden Wirkung der Anlage gelangen. Ein Wohnhaus wird bei einem solchen Abstand in der Regel optisch von der Anlage überlagert und vereinnahmt. Auch tritt die Anlage in einem solchen Fall durch den verkürzten Abstand und den damit vergrößerten Betrachtungswinkel derart unausweichlich in das Sichtfeld, dass die Wohnnutzung überwiegend in unzumutbarer Weise beeinträchtigt wird. Beträgt der Abstand zwischen dem Wohnhaus und der Windkraftanlage das Zwei- bis Dreifache der Gesamthöhe der Anlage, bedarf es regelmäßig einer besonders intensiven Prüfung des Einzelfalls.

Diese Anhaltswerte dienen der ungefähren Orientierung bei der Abwägung, entbinden aber nicht einer Einzelfallprüfung, die die Kommune unter Berücksichtigung der spezifischen, örtlichen Situation vernehmen muss.

d) Wertverlust

Häufig wird von Bürgern in räumlicher Nähe zu Windenergieanlagen die Befürchtung geäußert, ihre Immobilien und Grundstücke würden erheblich an Wert verlieren und der Verkauf von Immobilien und Grundstücken würde deutlich erschwert werden. Die Beurteilung, ob eine Windkraftanlage als wertmindernder Faktor gesehen wird, hängt vom Einzelfall ab und beruht sowohl auf objektiven als auch auf subjektiven Kriterien. Bei der objektiven Betrachtungsweise steht die klare Einhaltung der gesetzlichen Vorgaben im Mittelpunkt. Werden die gesetzlichen Vorgaben eingehalten, haben die Windenergieanlagen objektiv keinen wertmindernden Einfluss auf Immobilien. Auch der Petitionsausschuss des Bundestages vom 13.04.2011 hat verdeutlicht, dass eine Wertminderung von Immobilien nur in Betracht käme, wenn von einer unzumutbaren Beeinträchtigung der Nutzungsmöglichkeit des Grundstückes auszugehen sei. Dies könne jedoch ausgeschlossen werden, wenn die Immission nicht das zulässige Maß überschreite. Diese Auffassung wird auch durch einen Beschluss des BVerwG vom 09.02.1995 (UPR 10/1995, S. 390 ff.) gestützt. Demnach sind „die Auswirkungen, die die Errichtung von baulichen Anlagen in der Umgebung eines Grundstückes auf dessen Verkehrswert haben, alleine keine für die planerische Abwägung erheblichen Belange. Vielmehr kommt es auf die von der (neu) zugelassenen Nutzung unmittelbar zu erwartenden tatsächlichen Beeinträchtigungen an." Bei subjektiver Betrachtungsweise spielt das persönliche Empfinden des Einzelnen eine Rolle. Dies ist jedoch kein Belang, der in die Bauleitplanung einzustellen ist.

3.2 Infrastruktureinrichtungen

a) Funk- und Richtfunktrassen

Häufig tangieren geplante Windenergieanlagen bestehende Richtfunktrassen. In den Beteiligungsverfahren werden von den Betreibern der Richtfunktrassen teilweise große Abstände der geplanten Windenergieanlagen zu den Richtfunktrassen gefordert. Die geforderten Abstände weichen von Fall zu Fall stark voneinander ab. Häufig ist es für die Kommunen schwierig zu einem frühen Zeitpunkt, auf Ebene des Standortkonzeptes oder der Flächennutzungsplanänderung, belastbare Aussagen zu erhalten.

b) Radar

Windenergieanlagen stellen im Gebiet der Radarerfassung ein Störpotenzial dar, indem sie die Wellenausbreitung im Radarsichtfeld behindern oder „Fehlechos" hervorrufen. Ob und in welchem Umfang eine Störung auftritt, ist abhängig u. a. von der Art der Radaranlage und ihrer technischen Auslegung, dem Typ und der Entfernung der Windenergieanlage und den topographischen Gegebenheiten. Betroffen können Radaranlagen der zivilen und militärischen Flugsicherung, der militärischen Luftraumüberwachung oder des Deutschen Wetterdienstes sein. Hier ist es häufig schwierig zu einem frühen Zeitpunkt, auf Ebene des Standortkonzeptes oder der Flächennutzungsplanänderung, belastbare Aussagen zu erhalten. Auch sehen sich die Kommunen einem erhöhtem Arbeitsaufwand ausgesetzt, um Informationen zu erhalten.

c) Freileitungen

Die zu berücksichtigenden Abstände sind im Wesentlichen durch die Energiewirtschaft definiert worden. Danach ist zwischen den äußersten Punkten der Freileitung und der Windkraftanlage ein Abstand vom dreifachen Rotordurchmesser einzuhalten, der unter Berücksichtigung von Schwingungsschutzmaßnahmen auf einen Abstand von einem Rotordurchmesser verkürzt werden kann. Schwingungsschutzmaßnahmen können nachgerüstet werden. In den Beteiligungsverfahren werden i. d. R. von den Versorgungsträgern und dem Niedersächsischen Bergamt belastbare Aussagen vorgebracht.

d) Straßen

Gemäß § 96 NBauO wurde seitens des Niedersächsischen Sozialministeriums am 12. Juni 2009 (Nds. MBl. 2009, S. 651) per Runderlass die Liste der Technischen Baubestimmungen bekannt gemacht. Unter Ziffer 2.7.12 ist die Richtlinie „Windenergie; Einwirkungen und Standsicherheitsnachweise für Turm und Gründung" aufgeführt. Bei der Anwendung der Richtlinie ist u. a. gemäß Kapitel 2 in Verbindung mit DIN 1055-5: 1975-06 Abschnitt 6 zu beachten, dass der Abstand von mindestens 1,5 x Rotordurchmesser plus Nabenhöhe vom Fahrbahnrand der Straße bis zu der geplanten Windkraftanlage einzuhalten ist. Dieser Abstand gilt im Allgemeinen in nicht besonders eisgefährdeten Regionen als ausreichend. Der Abstand wird als Sicherheitsabstand zum Schutz vor Umsturz, Gondelabwurf oder Abwurf von Rotorblättern getroffen. Durch den Schutzabstand wird auch verhindert, dass Autofahrer irritiert oder abgelenkt werden.

Die Forderung von 1,5 x Rotordurchmesser plus Nabenhöhe stellt einen erheblichen Abstand dar, der die 20 m Bauverbotszone des § 24 des Niedersächsischen Straßengesetzes bzw. 20/40 m Bauverbotszone des § 9 Bundesfernstraßengesetzes bei weitem überschreitet und damit zu einem erheblichen Verlust von potentiellen Flächen für die Windenergienutzung führt. Für die Kommunen stellt sich vielfach die Frage und führt damit zu einer Rechtsunsicherheit, inwieweit diese Forderungen der Straßenbaulastträger im Zuge der kommunalen Bauleitplanung berücksichtigt werden müssen oder im Rahmen der Abwägung überwunden werden können. Zudem werden von den Bürgern die für klassifizierte Straßen anzuwendenden Abstandsforderungen von 1,5 x Rotordurchmesser plus Nabenhöhe häufig auch auf die Gemeindestraßen/ Wege übertragen. Für nicht klassifizierte Straßen besteht bezüglich der Abstandsflächen kein einheitliches Vorgehen.

e) Kulturgüter

Bau- und Bodendenkmäler können i. d. R. einfach erfasst und entsprechend berücksichtigt werden. Der Umgebungsschutz bestehender Bau- und Bodendenkmäler ist jedoch schwer greifbar. Gerade auf Ebene des Standortkonzeptes ist es häufig schwierig, belastbare Informationen zu erhalten. In den Beteiligungsverfahren werden von den Fachbehörden häufig erhebliche Abstände gefordert. Hier bestehen bei vielen Kommunen Rechtsunsicherheiten, wenn kein Einvernehmen mit den zuständigen Fachbehörden hergestellt werden kann. U. U. kann die Erstellung von Fachgutachten erforderlich sein, was zu zeitlichen Verzögerungen führen kann und die Kommunen finanziell belastet.

3.3 Natur und Landschaft

Es liegen die „Hinweise zur Berücksichtigung des Naturschutzes und der Landschaftspflege sowie zur Durchführung der Umweltprüfung und Umweltverträglichkeitsprüfung bei Standortplanung und Zulassung von Windenergieanlagen" des Niedersächsischen Landkreistages vor (NLT-Papier, Stand 10/2011). Die in dem NLT-Papier formulierten Anforderungen an eine ausreichende Berücksichtigung der Belange von Natur und Landschaft im Zuge der kommunalen Bauleitplanung, werden von den Unteren Naturschutzbehörden, die im Regelfall bei den Landkreisen ansässig sind, als Mindestanforderungen für eine sachgerechte Durchführung der Abwägung benannt. Da die Landkreise für den überwiegenden Teil der niedersächsischen Kommunen die Genehmigungsbehörde für die Flächennutzungsplanung sind, entstehen von vornherein erhebliche Unsicherheiten im Zuge der kommunalen Planung bei abweichenden fachlichen Einschätzungen des erforderlichen Erhebungsaufwandes und der Beurteilung der Erhebungsergebnisse im Hinblick auf die Auswirkungen eines möglichen Windenergieprojektes auf die Belange von Natur und Landschaft.

Das NLT-Papier benennt beispielhaft folgende Abstände von Windenergieanlagen (Auszug):

- 1.200 m

  Gebiete des Europäischen ökologischen Netzes Natura 2000 soweit sie zum Schutz von Vogel- oder Fledermausarten erforderlich sind

Gastvogellebensräume internationaler, nationaler und landesweiter Bedeutung

Feuchtgebiete internationaler Bedeutung

- 500 m

Nationalparke

Biosphärenreservate

- 100 m

Waldflächen

Zu Naturschutz- und Landschaftsschutzgebieten sollen individuelle Abstände aufgrund der Funktionen und Wertigkeiten eingehalten werden. Auch zu Fledermäusen werden spezifische Abstände aufgeführt.

Bezüglich der Erhebungen werden im NLT-Papier Anforderungen an den Untersuchungsraum und den Untersuchungsumfang gestellt. Für Vögel gilt als Anhaltswert je Einzelanlage mindestens das 10-fache der Anlagenhöhe (gemessen von den äußeren Anlagenstandorten), bei Windfarmen ab 6 Anlagen mindestens 2.000 m im Umkreis der äußeren Anlagenstandorte. Für Fledermäuse werden generell mindestens 1.000 m vom äußeren Anlagenstandort aufgeführt. Das NLT-Papier nennt beispielsweise für Brutvögel einen Untersuchungsumfang von 10 Bestandserfassungen (März – Juli) und für Gastvögel wöchentlich von der ersten Juliwoche bis zur letzten Aprilwoche, entsprechend ca. 40-44 Erhebungen. Ggf. sind zusätzliche Erhebungen des Vogelzuges erforderlich. Für Fledermäuse werden im NLT-Papier für Lokalpopulationen mindestens 5 Begehungen von Mai – Juli, für das Balz- und Zuggeschehen von Mitte April bis Mitte Mai 4 Begehungen und von Anfang August – September/ Oktober 10-14 Begehungen aufgeführt.

Die im NLT-Papier genannten Anforderungen an die Erhebungen stellen einen erheblichen Zeitaufwand und eine große finanzielle Belastung für die Kommunen dar. Der Zeitaufwand kann sich über ein ganzes Jahr erstrecken. Für die Kommunen stellt sich insbesondere auf Ebene des Standortkonzeptes und der Flächennutzungsplanänderung die Frage, ob dieser Aufwand sach- und fachgerecht ist. Bei Fledermäusen wird in Einzelfällen aufgrund des erheblichen Aufwandes und der teilweise geringen Aussagekraft der Ergebnisse auf eine Untersuchung verzichtet und alternativ ein Monitoring nach Realisierung der Windenergieanlagen vereinbart.

Bei den Hinweisen im NLT-Papier handelt es sich um pauschalisierende Empfehlungen. Einen normativen Charakter weist das NLT-Papier nicht auf. Die Empfehlungen unterliegen der kommunalen Abwägung. Eine Realisierung des Vorhabens trotz Unterschreitung der NLT-Abstandsempfehlungen ist daher nicht grundsätzlich unmöglich. Die niedersächsische Landesregierung lehnt inzwischen ohnehin pauschale Abstandsregelungen (beispielsweise naturschutzfachliche) ab, da sie nicht die Umstände des Einzelfalls berücksichtigen.[1]

4. Probleme bei der Festlegung von Kompensationsmaßnahmen auf Bebauungsplanebene

Von den Unteren Naturschutzbehörden werden teilweise erhebliche Kompensationsanforderungen für die betroffene Avifauna/ Fledermäuse und das Landschaftsbild gestellt. Die Kompensationsmöglichkeiten für das Landschaftsbild sind im Grundsatz umstritten. Aufgrund großer Konkurrenz um Flächen (u. a. Maisanbau für Biogasanlagen) fällt es den Kommunen zunehmend schwerer, Flächen zu generieren. Auch die Bereitstellung aus Naturschutzsicht geeigneter Flächen ist vielfach problematisch. Die Flächenengpässe führen häufig zu einer zeitlichen Verzögerung der Planung.

V. Fragen der Akzeptanzförderung

1. Kommunale Beteiligungsmodelle

Seit dem Wiedereinstieg der Kommunen in die Planung von Windenergiestandorten und dem Bedeutungsgewinn von Repowering ist auch ein verstärktes Drängen der Kommunen auf eine kommunale/ regionale Wertschöpfung festzustellen. Die Gemeinde profitiert dabei direkt von den Steuereinnahmen, 70 % der Gewerbesteuer verbleiben in der Gemeinde, in der die Windenergieanlage steht. 100 % der Gewerbesteuer verbleiben in der Kommune, wenn auch der Sitz des Betreibers im Gemeindegebiet liegt. Neben den Einnahmen aus der Gewerbesteuer erhält die Kommune auch Einnahmen durch ihren Anteil an der Einkommenssteuer. Zudem können Kommunen auch als Betreiber von Windenergieanlagen tätig werden oder sich finanziell an einem Windparkprojekt beteiligen. Möglich ist auch eine indirekte Beteiligung der Kommunen über kommunale Gesellschaften (z. B. Stadtwerke) oder die Gründung von neuen Betreibergesellschaften unter Beteiligung der Kommune. Eine Alternative stellt auch das Einbringen von gemeindeeigenen Flächen und die Verpachtung dieser Flächen dar.

2. Bürgerwindparks

Viel Kommunen befürworten eine direkte Einbindung und Beteiligung der ortsansässigen Bevölkerung an Windenergieprojekten in der Annahme, dass eine beteilig-

---

1 Energiekonzept des Landes Niedersachsen 2012, S. 16).

te Bevölkerung die Windenergienutzung eher akzeptiert. Zudem wird durch Bürgerwindparks ein großer Anteil der Wertschöpfung vor Ort erzielt. Das Ziel von Bürgerwindparks ist eine aktive, frühzeitige und kontinuierliche Einbindung der Bürger in den Planungsprozess, die weit über die Beteiligungsprozesse im Zuge der kommunalen Bauleitplanung hinausgeht. Bürgerwindparks unterscheiden sich darin, wie hoch die Beteiligungsmöglichkeit ist und wie die Gesellschaftsform gestaltet wird.

Grundsätzlich existieren verschiedene Modelle, wie die Bevölkerung beteiligt werden kann. Zum einen können Bürger/ Landeigentümer Betreibergesellschaften gründen und Miteigentümer werden. Zum anderen können Bürger als Kapitalgeber Windenergieprojekte finanziell unterstützen.

Windenergie im Wald und in Schutzgebieten

Paul-Bastian Nagel, Johann Köppel, Marie Dahmen, Johanna Erdmann und Mirko Siegmund

I. Einleitung

Bis zum Jahr 2050 soll der Anteil der Stromerzeugung aus erneuerbaren Energieträgern auf mindestens 80 Prozent gesteigert werden, wobei der größte Anteil durch den Ausbau der Windenergie geleistet werden soll. Um diese Ausbauziele zu erreichen, geraten auch Wald- und Schutzgebiete vermehrt in den Fokus bei der Planung und Genehmigung von Windenergieanlagen[1]. Auch das Bundesamt für Naturschutz[2] und die Naturschutzverbände schließen die Nutzung einzelner Flächenkategorien in diesen Gebieten nicht grundsätzlich aus[3] (vgl. Tab. 1 und 2).

Wald- und Schutzgebiete werden insbesondere dort für die Planung von Windenergieanlagen (WEA) in Frage kommen, wo alternative Standorte nur begrenzt vorhanden sind. Waldflächen bedecken etwa ein Drittel der bundesdeutschen Flächen, über 28 Prozent sind als Landschaftsschutzgebiete ausgewiesen, wobei sich Waldflächen und die verschiedenen Schutzgebietskategorien teilweise überlagern.[4] In einigen Bundesländern sind Wald- und/oder Schutzgebiete abseits der Siedlungen beinahe flächendeckend vorhanden. In Nordrhein-Westfalen ist fast der gesamte Außenbereich, der für die Windenergienutzung aufgrund der Privilegierung nach § 35 Abs. 1. Nr. 5 BauGB in Frage kommt, als Landschaftsschutzgebiet ausgewiesen (44 Prozent der Landesfläche, ebd.). In waldreichen Bundesländern wie Rheinland-Pfalz, Bayern und Baden-Württemberg werden Waldstandorte schon deshalb in die Planungen einbezogen, da die windhöffigen Standorte in Höhenlagen häufig bewaldet sind. Dagegen bieten sich in den nördlichen Bundesländern wie Schleswig-Holstein, Mecklenburg-Vorpommern und Niedersachsen in der Regel genug Potenziale, die einen Verzicht auf Wald- und Schutzgebieten ermöglichen.

---

1   MKULNV (Hrsg.), Leitfaden Rahmenbedingungen für Windenergieanlagen auf Waldflächen in Nordrhein-Westfalen, 2012; Geßner/Genth, Windenergie im Wald? – Besonderheiten des Genehmigungsverfahrens am Beispiel des brandenburgischen Landesrechts, 2012, S. 161-165.
2   Bundesamt für Naturschutz (BfN) (Hrsg.), Windkraft über Wald – Positionspapier des Bundesamtes für Naturschutz, Bonn 2011.
3   Vgl. BfN (Hrsg.), ebenda; Naturschutzbund Deutschland, NABU, Naturverträglicher Ausbau der Windenergie. Handlungsbedarf und Leitlinien für die weitere Entwicklung in Deutschland. NABU-Hintergrund, 2011; Bund für Umwelt und Naturschutz Deutschland (BUND) (Hrsg.), Für einen natur- und umweltverträglichen Ausbau der Windenergie. Position 56m Juni 2011, 2011.
4   BfN (Hrsg.), a. a. O. (Fn. 2).

Entsprechend werden Wald- und Schutzgebiete in einigen landesplanerischen Empfehlungen teilweise für die Windenergienutzung geöffnet.[5] Im Zuge der Berücksichtigung zuvor faktisch ausgeschlossener Flächen wird dabei vermehrt auf Einzelfallbetrachtungen zurückgegriffen. Daraus ergibt sich ein erhöhter Planungs- und Prüfaufwand im Rahmen der Planung und Zulassung von WEA. Inwiefern diese Einzelfallbetrachtung auf der Ebene der Regionalplanung und auch Bauleitplanung geleistet werden kann, muss sich erst noch zeigen. Vor dem Hintergrund weiterhin bestehender Kenntnisdefizite, fehlender Operationalisierungshilfen und spezifischer Schutzanforderungen in Wald- und Schutzgebieten stehen insbesondere die Genehmigungsbehörden vor Herausforderungen, was die Beurteilung der Zulässigkeit einzelner Vorhaben in diesen sensiblen Gebieten betrifft.

II. Windenergie im Wald

Vor diesem Hintergrund werden in einer Reihe von Planungshinweisen und Erlassen, dem Thema Windenergie im Wald eigene Kapitel gewidmet.[6] In Nordrhein-Westfalen wurde ein eigener Leitfaden zu Windenergie im Wald veröffentlicht.[7]

1. Gebietsausweisung

Um einen umwelt- und naturverträglichen Ausbau der Windenergie im Wald zu ermöglichen, müssen die potenziellen Standorte mit besonderer Sorgfalt ausgewählt werden. Bei der Nutzung von Waldstandorten kommt dem Artenschutz, insbesondere dem Schutz von Vögeln und Fledermäusen, eine besondere Bedeutung zu. Aufgrund der erheblichen Kenntnisdefizite bedarf es hier einer sorgfältigen Prüfung der sensiblen und gefährdeten Arten vor Ort. Neben den naturschutzfachlich sensiblen Bereichen des Gebiets- und Artenschutzes, ist bei der Standortwahl im Wald auch auf den Erholungswert der jeweiligen Waldgebiete Rücksicht zu nehmen.

Grundsätzlich ist eine Konzentration von WEA an windhöffigen Standorten anzustreben, bei der bestehende Infrastrukturen (z. B. forstwirtschaftliche Wegenetze) in der Planung berücksichtigt werden können. Intensiv genutzte Wirtschaftswälder

---

5   Vgl. STMUG, Hinweise zur Planung und Genehmigung von Windkraftanlagen (WKA) vom 20. Dezember 2011, 2129.1-UG; vgl. Erlass des MKULNV vom 11.07.2011, Az. VIII2 (Winderlass); vgl. Erlass des MKULNV, a. a. O. (Fn. 1); vgl. Erlass des UM vom 09. Mai 2012, Az.: 64-4583/404 (Windenergieerlass).
6   Vgl. STMUG, ebenda; vgl. Erlass des UM, ebenda; vgl. Erlass des MKULNV, ebenda; vgl. Erlass des MWKEL vom 30. Januar 2006, FM 3275-4531.
7   Vgl. MKULNV (Hrsg.), a. a. O. (Fn. 1).

mit jungem Baumbestand kommen als Standorte für Windenergieanlagen auch aus naturschutzfachlicher Sicht grundsätzlich in Betracht.[8]

Bei der Ausweisung von Windenergiegebieten sollten Standorte im Wald und im Offenland daher nach fachlichen und möglichst vergleichbaren Kriterien ergebnisoffen geprüft werden, um bereits hier diejenigen Flächen mit der geringsten Konfliktintensität zu identifizieren. Die aktuellen Erlasse und Leitfäden der Länder geben hierzu nur begrenzt Hilfestellungen. So reduzieren sich die Hinweise für die Planung von Windenergiegebieten auf einzelne Flächenkategorien oder bleiben unspezifisch (vgl. Tab 1).

Tabelle 1: Auswahl landesplanerischer Empfehlungen zur Berücksichtigung von Waldgebieten.

Bundesland	Grundlage	Windenergie im Wald
Rheinland-Pfalz	MWKEL 2006	Windenergie grundsätzlich möglich; **Ausschluss:** Naturwaldreservate, Biotopschutzwald mit 200 m Abstand
Hessen	MWVL 2010	Windenergie grundsätzlich möglich; **Ausschluss:** Schutz- und Bannwälder
Nordrhein-Westfalen	MUKLNV 2011/ 2012	Windenergie grundsätzlich möglich; **Prüffläche:** u.a. kulturhistorisch wertvolle Gebiete **Ausschluss:** „besonders wertvolle Waldgebiete" (standortgerechte Laubwälder, Prozessschutzflächen)
Bayern	STMUG 2011	Windenergie grundsätzlich möglich; **Prüffläche:** Wälder mit altem sowie strukturreichen naturnahen Baumbestand sind „sensibel zu behandeln"; **Ausschluss:** Naturwaldreservate
Baden-Württemberg	UM 2012	Windenergie grundsätzlich möglich; **Prüffläche:** geschützte Waldgebiete **Tabubereich:** Bann- und Schonwälder + 200 m Abstand

Eigene Darstellung

Zur Ermittlung geeigneter Standorte im Wald ist daher eine Operationalisierung der Auswahlkriterien erforderlich. Dabei muss sich die Ausweisung neben den gesetzlichen Bestimmungen ebenso wie im Offenland an den unterschiedlichen Empfehlungen der Länder orientieren.[9] Zusätzlich relevant für die Raumplanung im Wald sind die Vorschriften gemäß Bundeswaldgesetz und den jeweiligen Landeswaldgesetzen. Laut Bundesgesetzgebung kommen dem Wald unterschiedliche Funktionen zu (Nutz-, Schutz- und Erholungsfunktion), die es zu erhalten, erforderlichenfalls zu mehren und nachhaltig zu sichern gilt (§ 1 BWaldG). Problematisch für eine einheitliche Operationalisierung ist, dass die Landeswaldgesetze in der Regel eine weitere Untergliederung der Waldfunktionen vorsehen. Insgesamt gibt

---

8   Vgl. BfN (Hrsg.), a. a. O. (Fn. 2).
9   Vgl. Bund-Länder-Inititiative Windenergie (BLWE) (Hrsg.), Überblick zu den landesplanerischen Abstandsempfehlungen für die Regionalplanung zur Ausweisung von Windenergiegebieten. Stand Juni 2012.

es über 40 verschiedene Waldfunktionen und Unterfunktionen, die im Rahmen der Waldfunktionenkartierungen bundesweit klassifiziert sind.[10] Hinzu kommt, dass sich die Funktionen zum Teil überlagern. Entsprechend stellt die Kategorisierung dieser Flächen, hinsichtlich ihrer Eignung für die Windenergie in Potenzial-, Prüffläche oder weiche/harte Tabuzone, eine große Herausforderung dar (illustrativ, Abb. 1).

Abbildung 1: Berücksichtigung der Waldfunktionen bei der Planung von Windenergiegebieten

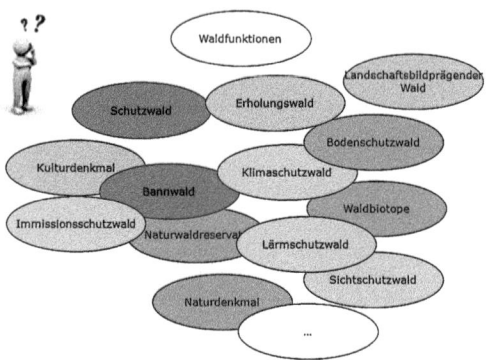

Eigene Darstellung

Wesentliche Waldfunktionen, die in fast allen Ländern klassifiziert sind, zielen auf den Boden-, Sicht-, Klima-, Immissions- und Lärmschutz. Darüber hinaus sind Waldgebiete mit Erholungsfunktion entsprechend gekennzeichnet. Eine besondere naturschutzfachliche Bedeutung wird in der Regel als Bann- oder Schutzwald hervorgehoben. Waldfunktionen sind entgegen der festgesetzten Schutzgebiete nach Bundesnaturschutzgesetz, die im Rahmen nachrichtlicher Übernahme in die Waldfunktionenkartierung integriert werden, nicht förmlich unter Schutz gestellt.[11] Ungeachtet dessen sind die Funktionen im Rahmen der Planung zu beachten; Einigkeit hinsichtlich ihrer Eignung für die Windenergienutzung besteht freilich nicht. Während etwa die jeweiligen Funktionen im Klima- und Immissionsschutzwald nicht maßgeblich durch Windenergienutzungen beeinträchtigt sein werden, sind Bann- und Schutzwälder grundsätzlich auszuschließen. Weitgehend gilt dies auch für Erholungswaldflächen. Der wirtschaftliche Nutzwald wird dagegen im Regelfall der Planung zugänglich sein.

Neben den Waldfunktionen können auch Waldbiotopkartierungen eine wichtig Hilfestellung für die Planung von Windenergiegebieten darstellen. Aufgrund ihres hohen Detaillierungsgrades können die Gebietsausweisungen bereits sehr differenziert erfolgen. Doch ist auch hier zunächst eine Kategorisierung hinsichtlich der

---

10 Vgl. Geßner/Genth, a. a. O. (Fn. 1).
11 Vgl. Geßner/Genth, a. a. O. (Fn. 1).

jeweiligen Eignung der Waldbiotope notwendig. Problematisch ist dabei, dass eine flächendeckende Biotopkartierung nur in wenigen Waldgebieten vorhanden ist.

Soweit die Nutzung von Windenergie im Wald nach Abzug der wald- und naturschutzrechtlich oder tatsächlich ausgeschlossenen Flächen („harte" Tabukriterien) grundsätzlich möglich ist, gilt es geeignete Kriterien für „weiche" Tabukriterien festzulegen. Diese ermöglichen eine Steuerung im Rahmen der Raumplanung und schließen z. B. sensibel zu behandelnde Gebiete für den Artenschutz von vornherein aus. Tierökologische Abstandskriterien haben sich in diesem Zusammenhang für das Offenland in vielen Ländern als weitgehend akzeptierte Fachkonvention etabliert und werden im Zuge neuer Erkenntnisse fortgeschrieben. Für den Wald gilt es, die Abstandsempfehlungen der Vogelschutzwarten zu überprüfen und gegebenenfalls auch alternative Steuerungsmöglichkeiten in Betracht zu ziehen. Denkbar sind beispielsweise die Berücksichtigung von Habitat-Schwerpunktvorkommen oder die Berücksichtigung prioritärer Flugrouten zwischen Nahrungs- und Bruthabitaten, wie es die Erlasse aus Nordrhein-Westfalen oder Bayern vorsehen.[12]

2. Zulassung

Die Zulassung von WEA in Waldgebieten unterliegt grundsätzlich den gleichen Voraussetzungen wie im Offenland. Ergänzend müssen die Anforderungen des jeweiligen Waldrechtes erfüllt werden. In der Regel wird die Genehmigung der Waldumwandlung mit forstwirtschaftlichen Nebenbestimmungen versehen sein, beispielsweise zu den besonderen Kompensationserfordernissen einer Ersatzaufforstung. Die Anforderungen werden auch regelmäßig den Brandschutz betreffen.

Dem besonderen Naturraum ist aus naturschutzfachlicher Sicht im Rahmen der Standortprüfung insofern Rechnung zu tragen, als dass die Bestandserfassung und die „Erheblichkeitsbewertung der Eingriffe, die Prüfung von Vermeidungsmöglichkeiten und die Festlegung der zu leistenden Kompensation der Komplexität von Waldökosystemen räumlich, zeitlich und funktional in besonders sorgfältiger Weise gerecht werden" muss.[13]

Insbesondere für die geforderte Beachtung der Mehrdimensionalität aufgrund der vertikalen Vegetationsstruktur müssen bestehende Hinweise ausdifferenziert werden. Bei artenschutzrechtlich relevanten Fragestellungen kann auf Aktivitätsbeobachtungen zurückgegriffen werden (z. B. hinsichtlich Vogelzug, Lebensraum in den Baumschichten und oberhalb der Baumkronen) und auf dieser Grundlage Hinweise für die Planung und Zulassung generiert werden (z. B. Abstand zwischen Rotorblattspitze und Baumwipfel).

---

12 Vgl. Erlass des MKULNV, a. a. O. (Fn. 5); vgl. Erlass des STMUG, a. a. O. (Fn. 5).
13 Vgl. BfN (Hrsg.), a. a. O. (Fn. 2), S. 6.

Gleichzeitig ist eine differenzierte Beurteilung und Bewertung der Auswirkungen von WEA auch in Abhängigkeit von den Standortverhältnissen notwendig. Empfehlungen für Untersuchungsradien, -zeiträume und Begehungsfrequenzen sind zu entwickeln. Hierbei sind vielfältige zulassungsrelevante Herausforderungen zu bewältigen, die einerseits den komplexen Lebensraum, andererseits aber auch die Investitionssicherheit der Anlagenbetreiber betreffen können. Beispielsweise werden durch die Realisierung von Windparkprojekten Waldrandsituationen geschaffen, die regelmäßig durch eine große Artenvielfalt und -aktivität gekennzeichnet sind. Dies kann artenschutzrechtlich relevant werden, insbesondere dann, wenn sich kollisionsgefährdete Vogelarten und Fledermäuse in unmittelbarer Nähe zu WEA ansiedeln. In der Folge sind nachträgliche Anordnungen an den Betrieb der Windkraftanlagen möglich, um das Kollisionsrisiko zu senken.[14]

Aus Gründen des Natur- und Artenschutzes, gilt es daher vorsorgende Maßnahmen zu entwickeln, die entsprechende Konfliktfälle möglichst von vornherein ausschließen. Dies kann am wirkungsvollsten durch die Standortwahl im Rahmen der Regional- und Bauleitplanung realisiert werden. Im Rahmen der Zulassung bietet sich die Möglichkeit, durch technische Maßnahmen an der Anlage negative Auswirkungen zu vermindern. In einigen Erlassen der Länder werden z. B. Schutzgitter vor den Gondelöffnungen und Abschaltzeiten der Anlagen bei besonders hoher Fledermaus- und Vogelzugaktivität empfohlen[15] (MUGV 2010, STMUG 2011, UM 2012). Letztere orientieren sich an verschiedenen Kriterien wie Windgeschwindigkeit, Jahres- und Tageszeit sowie Niederschlag. Neben temporären Betriebseinschränkungen werden auch Habitatmanagementmaßnahmen in unmittelbarer Nähe zur Anlage diskutiert.[16] So können für die Avifauna attraktiv wirkende Habitatstrukturen am Mastfußbereich entfernt oder außerhalb des Gefahrenbereiches der Anlage gezielt angelegt werden. Weitere artspezifische Vermeidungsmaßnahmen wurden u. a. im Auftrag des Ministeriums für Umwelt, Landwirtschaft, Verbraucherschutz, Weinbau und Forsten in Rheinland-Pfalz[17] zusammengefasst und sind hinsichtlich ihrer Übertragbarkeit auf Waldstandorte zu prüfen.

Erfolgreiche Kompensationsmaßnahmen müssen sich zum einen an den spezifischen Auswirkungen des Projektes orientieren und sollten zum anderen die besonderen Entwicklungspotenziale des beeinträchtigten Habitats berücksichtigen. Insbesondere im Wald kann jedoch die Verfügbarkeit von Kompensationsflächen

---

14 Wemdzio, Nachträgliche Anordnung bei der Gefährdung von Fledermäusen durch Windenergieanlagen unter besonderer Berücksichtigung der lokalen Population, in: Natur und Recht, 2011, Vol. 33, No. 7, S. 464-468; OVG Lüneburg, Beschl. v 25.07.2011 – 4 ME 175/11 – Juris.
15 Vgl. Erlass des MUGV vom 1.01.2011 (Windkrafterlass); vgl. Erlass des STMUG, a. a. O. (Fn. 5); vgl. Erlass des UM, a. a. O. (Fn. 5).
16 Hötker et al., in Vorbereitung: Greifvögel und Windkraftanlagen: Problemanalyse und Lösungsvorschläge, FuE-Vorhaben des BMU – FKZ 0327684.
17 Vgl. MULVWF, Naturschutzfachlicher Rahmen zum Ausbau der Windenergienutzung in Rheinland-Pfalz, 2012.

problematisch werden.[18] Daher wird vor allem die Aufwertung bestehender Biotope eine wichtige Rolle spielen (Extensivierung der Nutzung, Waldrandaufbau, Wiederaufforstung, Altbaumschutz, Unterpflanzung von Laubwaldarten etc.). In diesem Zusammenhang ist auch eine Weiterentwicklung bestehender Kompensationspoolkonzepte für die spezifischen Auswirkungen von WEA im Wald denkbar. Für besonders gefährdete und unter besonderem Artenschutz stehende Tiere ist auf vorgezogene Ausgleichsmaßnahmen abzuzielen (z. B. Anlage künstlicher Nisthöhlen bzw. Quartiere). Hier haben bereits *Runge et al.* eine Auswahl artspezifischer Kompensationsvorschläge für Infrastrukturvorhaben zusammengestellt, die es hinsichtlich ihrer Übertragbarkeit auf Waldstandorte zu überprüfen gilt.[19]

Die notwendigen Handlungsempfehlungen für die Untersuchung von potenziellen Windenergiestandorten im Wald sollten die notwendige Qualität für eine naturschutzfachlich fundierte Beurteilung der Umweltauswirkungen zulassen und anhand einheitlicher Vorgaben nachvollziehbar und reproduzierbar sein. Ungeachtet der Kenntnisdefizite bei der Planung und Genehmigung von WEA im Wald, haben solche Untersuchungsempfehlungen aber auch dem Gebot der Verhältnismäßigkeit zu folgen. Es kann nicht der Anspruch bestehen, im Rahmen der beizubringenden Unterlagen für Genehmigungsverfahren wissenschaftliche Grundlagenforschung zu betreiben.

III. Windenergie in Schutzgebieten

Das Bundesnaturschutzgesetz regelt den Schutzstatus der unterschiedlichen Schutzgebietskategorien und ordnet diesen ihre Schutzzwecke zu. Die Vereinbarkeit eines Schutzgebietes mit der Windenergienutzung lässt sich jedoch nur im Einzelfall ermitteln und ist von der jeweiligen Schutzgebietsverordnung abhängig.

Aufgrund ihres Schutzstatus und Schutzzweckes lassen sich einzelne Schutzgebietskategorien grundsätzlich ausschließen. Nach den landesplanerischen Empfehlungen zur Planung und Genehmigung von WEA sind Nationalparke, Naturschutzgebiete, Kernzonen von Biosphärenreservaten, Nationale Naturmonumente, Feuchtgebiete internationaler Bedeutung (Ramsar-Konvention) und Vogelschutzgebiete (sog. SPA-Gebiete, nach 2000/147/EG) übereinstimmend von der Wind-

---

18 Vgl. MKULNV, Hinweise zur Kompensation im Zusammenhang mit Wald. Handhabung der Eingriffsregelung nach Landschaftsgesetz Nordrhein-Westfalen und Baugesetzbuch und der Ersatzaufforstungen nach Landesforstgesetz Nordrhein-Westfalen bei Eingriffen in den Wald und der Kompensation im Wald. Stand: 16. Juli 2008.
19 Runge, H., M. Simon & T. Widdig, Rahmenbedingungen für die Wirksamkeit von Maßnahmen des Artenschutzes bei Infrastrukturvorhaben, FuE-Vorhaben im Rahmen des Umweltforschungsplanes des Bundesministeriums für Umwelt, Naturschutz und Reaktorsicherheit im Auftrag des Bundesamtes für Naturschutz – FKZ 3507 82 080, Hannover, Marburg 2010.

energienutzung freizuhalten (Tab. 2). Neben dem Ausschluss dieser Gebietskategorien werden in einzelnen Ländern zusätzlich Vorsorgeabstände empfohlen.[20]

Tabelle 2: Auswahl landesplanerischer Empfehlungen zur Berücksichtigung von Schutzgebieten bei der Ausweisung von Windenergiegebieten und die Positionen der Umweltverbände (Dunkelgrau = Ausschluss, Hellgrau = Einzelfallprüfung, Weiß = ohne Angaben)[21]

Schutzgebietskategorie	BUND	NABU	BY	BW	BR	HE	NW	RP	SL	SN	SH	TH
Nationalparke												
Naturschutzgebiete												
Biosphärenreservate (Kernzone)												
Biosphärenreservate (Pflegezone)												
Biosphärenreservate (Entwicklungsz.)												
FFH-Gebiete												
SPA-Gebiete												
Landschaftsschutzgebiete												
Naturparke												

Eigene Darstellung

Unterschiedliche Auffassungen werden insbesondere bei den Empfehlungen zum Umgang mit Landschaftsschutzgebieten, Naturparken, Pflege- und Entwicklungszonen von Biosphärenreservaten und FFH-Gebieten (nach 92/43/EWG) deutlich. In einigen Ländern werden diese Kategorien als sogenannte „harte" Tabukriterien von vorneherein für die Windenergienutzung ausgeschlossen.[22] In anderen Ländern wird eine sorgfältige Einzelfallprüfung empfohlen oder sie bleiben zunächst als „weiche" Tabukriterien unberücksichtigt.[23] Soweit in diesem Fall der Windenergie mit den verbleibenden Potentialflächen nicht substanziell Raum geschaffen werden kann, erfolgt eine Überprüfung der „weichen" Tabukriterien. In diesem Zusammenhang wird vor allem die Vereinbarkeit von WEA in FFH- und Landschaftsschutzgebieten diskutiert.[24] Auch *Söfker* hat sich im Rahmen einer gutachterlichen

---

20 Bund-Länder-Inititiative Windenergie (BLWE), Übersicht der landesplanerischen Empfehlungen zur Berücksichtigung von Schutzgebieten bei der Ausweisung von Windenergiegebieten, Stand Juli 2012.
21 Vgl. BLWE, ebenda; vgl. BfN, a. a. O. (Fn. 2), vgl. Nabu, a. a. O. (Fn. 3), vgl. BUND, a. a. O. (Fn. 3).
22 Vgl. Erlass des MLUR vom 22.03.2011 (Grundsätze zur Planung von Windkraftanlagen); vgl. TMBLV, Handlungsempfehlung für die Fortschreibung der Regionalpläne zur Ausweisung von Vorranggebieten „Windenergie", die zugleich die Wirkung von Eignungsgebieten haben, Stand April 2005).
23 Vgl. Erlass des UM, a. a. O. (Fn. 5); vgl. Erlass des STMUG, a. a. O. (Fn. 5); Vgl. Erlass des MUGV, a. a. O. (Fn. 15).
24 Vgl. Scheidler, Verunstaltung des Landschaftsbildes durch Windkraftanlagen, in: Natur und Recht, August 2010, 32. Jahrgang, Bd. 8: S. 525-530; vgl. Lorho, Naturschutzrechtlicher Rahmen für den Ausbau der Windkraft, in: Landesanstalt für Umwelt, Messungen und Naturschutz Baden-Württemberg (Hrsg.), Naturschutzinfo 1/2011, S. 48 – 51.

Stellungnahme für die Bund-Länder-Initiative Windenergie diesen beiden Schutzgebietskategorien gewidmet.[25]

1. FFH-Gebiete

Maßgeblicher Zweck von FFH-Gebieten ist der Habitatschutz von Tier- und Pflanzenarten, genannt in den Anhängen der FFH-Richtlinie 92/43/EWG. Aus Vorsorgegründen empfehlen einige Länder wie Sachsen-Anhalt und Thüringen den Ausschluss dieser Flächen bei der Planung von Windenergiegebieten. Andere Länder, wie Bayern oder Baden-Württemberg, schließen Windenergieprojekte dann nicht grundsätzlich aus, wenn Nutzung und Erhaltungsziele miteinander vereinbar sind. In Nordrhein-Westfalen wird der bundesweit einmalige Ansatz verfolgt, die Windenergienutzung in FFH-Gebieten zwar grundsätzlich auszuschließen, Repowering-Projekte aber zuzulassen, soweit erhebliche Beeinträchtigungen des Gebietes ausgeschlossen sind (MKULNV 2011).[26]

Ungeachtet der landesplanerischen Empfehlungen ist die Prüfung und Feststellung der FFH-Verträglichkeit Voraussetzung für die Zulässigkeit eines Windenergievorhabens in diesen Gebieten. Dabei stellt sich zunächst die Frage, ob der für die Nutzung vorgesehene Teilbereich des geschützten Gebietes durch das jeweilige Windenergieprojekt in seinen Bestandteilen (Lebensraumtypen und Arten) beeinträchtigt werden kann. Ist dies nicht der Fall, kann die Realisierung von WEA in Frage kommen.[27] *Söfker* vertritt gar die Auffassung, dass trotz erheblicher Beeinträchtigungen im Falle eines überwiegenden öffentlichen Interesses, z. B. der Beitrag des Standortes zur Energiewende aufgrund des „konkret erzielbaren bedeutsamen Stromertrages", und fehlender zumutbarer Alternativen im Planungsraum, eine Abweichung im Sinne des § 34 Abs. 3 und 5 BNatSchG zulässig sein kann.[28]

2. Landschaftsschutzgebiete

Maßgeblicher Schutzzweck von Landschaftsschutzgebieten ist im Regelfall der Erhalt des Landschaftscharakters und dessen Schönheit, der durch die Errichtung von weithin sichtbaren WEA beeinträchtigt werden kann.[29] Ungeachtet dessen kann aus naturschutzfachlicher Sicht die Realisierung von WEA hier weniger bedenklich sein als in anderen Schutzgebietskategorien. Voraussetzung ist, dass das Schutzgebiet in

---

25   Vgl. Söfker, Ausweisung von Flächen für die Windenergie – Zur Behandlung der „harten" Tabuzonen in Schutzgebieten. Beratungsunterlage für die Sitzung der Bund-Länder-Initiative zur Ausweisung von Flächen für neue Windenergiegebiete (BLWE) am 24. April 2012 in Berlin.
26   .Vgl. Erlass des MKULNV, a. a. O. (Fn. 5).
27   Vgl. Lorho, a. a. O. (Fn. 24).
28   Vgl. Söfker, a. a. O. (Fn. 25), S. 7.
29   Vgl. Scheilder, a. a. O. (Fn. 24).

seiner Substanz unberührt bleibt und der Schutzzweck weiterhin erfüllt werden kann.[30]

In Nordrhein-Westfalen wird bei der Genehmigung von WEA umfangreich von Befreiungen Gebrauch gemacht. Da Befreiungen aber im Sinne des Gesetzgebers eine Ausnahme darstellen und bei großflächiger Betroffenheit ausgeschlossen sind, werden alternativ Anpassungen der Schutzgebietsverordnungen vorgeschlagen.[31] Dabei stellt sich die Frage, welche Qualität die jeweilige Schutzgebietsverordnung hat. Der Differenzierungsgrad des Schutzzweckes wird für mögliche Anpassungen der Schutzgebietsverordnungen regelmäßig eine Rolle spielen. Dabei ist zu erwarten, dass kleinere Landschaftsschutzgebiete eher durch Windenergieprojekte in ihrer Substanz beeinträchtigt werden können als größere. Nach dem Windenergieerlass Nordrhein-Westfalens kommt daher die Windenergienutzung insbesondere in Teilbereichen größerer Schutzgebiete in Betracht.[32]

Eine Anpassung der Verordnung anhand eines Zonierungskonzeptes, d. h. eine Untergliederung des Gebietes in Zonen mit abgestuftem Schutz von Natur und Landschaft, wird im bayerischen Windenergieerlass empfohlen.[33] Wie diese Zonierung fachlich umgesetzt werden kann, wird dagegen nicht diskutiert. Letztlich könnte dies auf Grundlage der Schutzgebietsverordnung und anhand der vorhandenen Informationen zum Naturraum (z. B. Landschaftsrahmenpläne) operationalisiert werden. Dabei könnten die in der Verordnung festgehaltenen Schutzzwecke räumlich differenziert abgebildet werden, um so Teilbereiche zu identifizieren, die weniger empfindlich gegenüber WEA und ihren Wirkfaktoren sind. Ob eine entsprechende Änderung der Verordnung pragmatisch durchführbar ist, bleibt allerdings abzuwarten, da der Verwaltungsaufwand vergleichsweise hoch sein wird.

Eine andere Möglichkeit zur Anpassung der Verordnung stellt die teilweise Aufhebung des Schutzstatus dar. Dabei werden die Flächen, die für die Windenergienutzung vorgesehen sind, aus dem Geltungsbereich der Verordnung des Schutzgebietes herausgenommen.[34] Die Ausgliederung von kleineren Randflächen aus Landschaftsschutzgebieten ist bei der Entwicklung von Siedlungs-, Industrie- und Gewerbegebieten oder Infrastrukturprojekten nicht unüblich.

---

30   Vgl. Erlass des STMUG, a. a. O. (Fn. 5).
31   Vgl. Söfker, a. a. O. (Fn. 25); vgl. Lorho, a. a. O. (Fn. 24).
32   Vgl. Erlass des MKULNV, a. a. O. (Fn. 5).
33   Vgl. Erlass des STMUG, a. a. O. (Fn. 5).
34   Vgl. Erlass des STMUG, a. a. O. (Fn. 5); vgl. Erlass des UM, a. a. O. (Fn. 5).

IV. Ausblick

Der erhebliche Druck für Neuausweisungen in einzelnen Ländern und die mancherorts geringen Standortalternativen im Offenland rücken Wald- und Schutzgebiete bei der Planung und Genehmigung von WEA verstärkt in den erweiterten Betrachtungskreis. Waldflächen und Landschaftsschutzgebiete weisen im Binnenland oft windhöffige Bedingungen auf, da sie fast flächendeckend die Höhenzüge der Mittelgebirge überdecken. Dennoch gilt es bei der Planung und Genehmigung von WEA den Kenntnisdefiziten Rechnung zu tragen und in sensiblen Bereichen eine vorsorgeorientierte Prüfung der Standorte vorzunehmen.

In Schutzgebieten ist dies nur im Rahmen einer sorgfältigen Einzelfallprüfung zu gewährleisten. In großflächigen Landschaftsschutzgebieten könnte beispielsweise eine räumliche Übersetzung der Schutzgegenstände der Schutzgebietsverordnungen helfen, diejenigen Teilbereiche zu identifizieren, in denen eine Nutzung mit dem jeweiligen Schutzzweck vereinbar ist. Voraussetzung für eine solche Übersetzung sind umfangreiche und flächenscharfe Grundlagendaten zum Naturraum, zur Flächennutzung, zum Landschaftsbild und zu Biotoptypen. Allgemein anerkannte Verfahren hierzu gibt es bisher allerdings nicht. Eine räumlich differenzierte Betrachtung der Schutzgebiete ist aber notwendig, um beispielsweise Zonierungskonzepte fachgerecht entwickeln zu können.

Waldgebiete sind dagegen insbesondere vor dem Hintergrund erheblicher Kenntnisdefizite hinsichtlich der Auswirkungen von WEA in diesen besonderen Ökosystemen sensibel zu behandeln. Das Bundesumweltministerium hat vor diesem Hintergrund u. a. das Vorhaben „Vorher-Nachher-Untersuchungen zu den Auswirkungen von WEA im Wald" in Auftrag gegeben, das auf Grundlage eines Bau- und Betriebsmonitorings zur Auflösung der Kenntnisdefizite und zur Optimierung der Planung und Genehmigung von WEA im Wald beitragen soll. An dem Projektkonsortium unter Leitung der Arbeitsgruppe für regionale Struktur- und Umweltforschung sind die Technische Universität Berlin, das Freiburger Institut für angewandte Tierökologie und die Juwi Wind GmbH beteiligt.

Belange des Artenschutzes beim Repowering von Windenergieanlagen

Annette Guckelberger

I. Einleitung

Aus Gründen des Klimaschutzes und aufgrund der Endlichkeit fossiler Rohstoffe ist die Nutzung und Forcierung erneuerbarer Energien seit einiger Zeit ein wichtiges Anliegen.[1] Nachdem die Bundesregierung das Restrisiko der Atomenergie in Deutschland angesichts der Reaktorkatastrophe im japanischen Fukushima (März 2011) neu bewertet und den sukzessiven Ausstieg aus der gewerblichen Erzeugung der Kernenergie bis Ende 2022 beschlossen hat,[2] gehört die in den nächsten Jahren zu vollziehende Energiewende zu einer der bedeutendsten Herausforderungen unserer Zeit.[3] Da sich die Windenergienutzung vor allem beginnend ab den 1990er Jahren am schnellsten unter den erneuerbaren Energien entwickelt hat[4] und bis dato den größten Anteil an der regenerativen Stromerzeugung ausmacht,[5] wird sie auch in Zukunft im Energiesektor von zentraler Bedeutung sein.[6] Zur Erzielung weiterer Verbesserungen in diesem Bereich werden vermehrt Überlegungen dazu angestellt, ob und inwieweit sich Windenergieanlagen der ersten Generationen bzw. aus der sog. Anfangszeit durch moderne, effizientere Turbinen ersetzen lassen[7] und welchen rechtlichen Parametern derartige Anlagen genügen müssen. Obwohl die Windenergie zu einer nachhaltigen Entwicklung der Energieversorgung im Interesse des Klima- und Umweltschutzes beiträgt (s. § 1 Abs. 1 EEG), können Windenergieanlagen u. a. aus Gründen des Natur-, insbesondere des Artenschutzes scheitern. Erst jüngst wurde ein Urteil des VG Kassel, wonach eine Windkraftanlage nicht gebaut werden darf, weil Rotmilane durch ihre Rotoren getötet werden könnten, als so spektakulär eingestuft, dass in vielen Zeitungen sowie Abendnachrichten darüber berichtet wurde.

---

1 Vgl. nur *Fest*, Die Errichtung von Windenergieanlagen in Deutschland und seiner Ausschließlichen Wirtschaftszone, 2010, S. 13.
2 Weiterführende Hinweise dazu bei *Guckelberger* DÖV 2012, 613, 615.
3 Vgl. auch *Fest* (Fn. 1), S. 39.
4 Vgl. *Landesamt für Natur und Umwelt des Landes Schleswig-Holstein*, Empfehlungen zur Berücksichtigung tierökologischer Belange bei Windenergieplanungen in Schleswig-Holstein, 2008, S. 6.
5 Vgl. *BWE*, Repowering von Windenergieanlagen, 2012, S. 5.
6 Vgl. ebd.; vgl. *DStGB*, Dokumentation Nr. 94, Repowering von Windenergieanlagen – Kommunale Handlungsmöglichkeiten, 2009, S. 11.
7 Vgl. *BWE* (Fn. 5), S. 5.

II. Gefahrenpotenzial von Windenergieanlagen für den Artenschutz

Trotz ihrer Klimafreundlichkeit können Windenergieanlagen negative Effekte für andere ökologische Belange nach sich ziehen. Man denke etwa an die Beeinträchtigungen des Landschaftsbilds, ihre Geräuschemissionen sowie Störungen der Tierwelt und ihrer Lebensräume.[8] Um das genaue Ausmaß der Beeinträchtigungen der Tiere zu bestimmen, bedarf es einer Einzelfallbetrachtung. Im Wesentlichen lassen sich zwei mögliche Formen von Beeinträchtigungen durch Windenergieanlagen ausmachen:

Von Windenergieanlagen als baulichen Anlagen von erheblicher Höhe mit drehenden Rotorblättern kann eine *Kollisionsgefahr* für bestimmte Tiere ausgehen.[9] Während viele Vögel Windenergieanlagen ausweichen, ist bei Tieren ohne ein solches Meideverhalten nicht auszuschließen, dass sie in die Rotoren oder gegen die Türme fliegen und dabei zu Tode kommen.[10] Als besonders anfällig für den sog. „Vogelschlag" werden bestimmte Gänse, Milane, Kraniche und einzelne Kleinvogelarten eingestuft.[11] Kollisionsgefährdet sind insbesondere Rotmilane, da sie bei der Nahrungssuche ihre Aufmerksamkeit auf den Erdboden richten und deshalb die Rotoren nicht als Gefahr wahrnehmen, häufiger in gefährlichen Höhenbereichen jagen und in den Nahbereich von Windenergieanlagen fliegen.[12] Laut den Erkenntnissen der Fachkreise gehört der Rotmilan zu den vermehrt als Schlagopfer von Windenergieanlagen auftretenden Arten, zumal bei ihm die Zahl gefundener getöteter Exemplare durch Windkraftanlagen relativ höher ausfällt als diejenige anderer Greifvögel.[13] So sollen nach einer brandenburgischen Untersuchung bis zu 5 % der Rotmilane in die Rotoren von Windenergieanlagen gelangen.[14] Vergleichbares gilt für bestimmte Fledermausarten. Dabei gehen nach dem VG Halle die Tötungen nicht stets auf direkte Kollisionen mit den Rotoren zurück. Sie können auch davon herrühren, dass die empfindlichen Blutgefäße der Lungen der Fledermäuse aufgrund abrupter Luftdruckveränderungen im Nahbereich der Rotoren platzen.[15]

---

8 Vgl. *Bundesministerium für Umwelt, Naturschutz und Reaktorsicherheit*, Erneuerbare Energien, 8. Aufl. Oktober 2011, S. 81.
9 Vgl. *Fest* (Fn. 1), S. 253 f.; vgl. *Hinsch* ZUR 2011, 191, 192; vgl. *Sachverständigenrat für Umweltfragen* (SRU), Wege zur 100% erneuerbaren Stromversorgung, 2011, S. 109 bei Rn. 129.
10 Vgl. *BMU* (Fn. 8), S. 81.
11 Vgl. *Fest* (Fn. 1), S. 254; näher zum Vogelschlag vgl. *Hentschel*, Umweltschutz bei Errichtung und Betrieb von Windkraftanlagen, 2010, S. 87 ff. sowie auf S. 101 ff. zum Fledermausschlag.
12 Vgl. *VG Halle* ZNER 2009, 64, 65.
13 Vgl. *VG Kassel*, Urt. v. 15.6.2012 – 4 K 749/11.KS; vgl. auch *Hentschel* (Fn. 11), S. 89 f.
14 Zitiert nach dem Artikel „Zu wenig Müll, zu viele Windräder" in Faz.net v. 11.6.2012.
15 Vgl. *VG Halle* (Fn. 12); zu den Todesursachen vgl. auch *Hentschel* (Fn. 11), S. 106 ff.; vgl. auch den Artikel von *Knauer* „An Windrädern zerplatzt", FAZ v. 10.8.2012, S. 6.

Ein weiteres Gefahrenpotenzial kann aus dem sog. *Meideverhalten* der Tiere resultieren. Indem sie den Geräuschen der Windenergieanlage und ihren optischen Wirkungen (Drehbewegung, Beunruhigung) ausweichen, kann ihr Lebensraum bzw. können ihre Nahrungsflächen eingeschränkt werden.[16] Dieses Meideverhalten zeigt sich u. a. bei der Großtrappe, einem schweren, flugfähigen, scheuen Steppenvogel, der in Deutschland kurz vor dem Aussterben stand.[17] Jüngst konzedierte die Bundesregierung, dass diese auch als märkischer Strauß bezeichnete Vogelart infolge der Windenergieanlagen einen gewissen Anteil an Lebensraum in den Einstandsgebieten verliert. Zudem würde für sie ggf. der Wechsel zwischen derartigen Gebieten erschwert.[18] Auch bei bestimmten Fledermausarten lässt sich ein derartiges Meideverhalten feststellen.[19]

III. Repowering

Unter dem Begriff „Repowering" wird üblicherweise die Ersetzung älterer, vorhandener Windenergieanlagen durch modernere, leistungsstärkere Anlagen verstanden.[20] Gem. § 30 Abs. 1 EEG erhöht sich bei sog. Repowering-Anlagen, die in ihrem Landkreis oder einem an diesen angrenzenden Landkreis eine oder mehrere bestehende Windenergieanlagen endgültig ersetzen, unter den dort näher umschriebenen Anforderungen die Anfangsvergütung für den Strom aus der neuen Anlage. Gem. § 30 Abs. 2 S. 1 EEG liegt eine „Ersetzung" einer Anlage vor, wenn sie höchstens ein Jahr vor und spätestens ein halbes Jahr nach der Inbetriebnahme der Repowering-Anlage vollständig abgebaut und vor deren Inbetriebnahme außer Betrieb genommen wird. Da § 30 EEG nur die erhöhte Stromvergütung regelt, muss der dortige Begriff des Repowerings nicht zwangsläufig mit demjenigen im Planungsrecht übereinstimmen.[21] Auch wenn mancher sich schwer tun mag, bei der Errichtung einer Windenergieanlage an einem anderen Standort von einer „Ersetzung" einer bestehenden Windenergieanlage zu sprechen,[22] ergibt ein Blick auf den neuen § 249 Abs. 2 BauGB, dass für das Repowering im Baurecht ähnliche Merkmale kennzeichnend sind: Sinngemäß muss es eine „errichtete Windenergieanlage" geben. An deren Stelle soll eine „neue Windenergieanlage" treten, wobei der Rückbau bestehender Anlagen „innerhalb einer angemessenen Frist" „sichergestellt"

---

16   Vgl. *Piela* Natur und Landschaft 2010, 51; vgl. *SRU* (Fn. 9), S. 109 bei Rn. 129; näher zur Störungswirkung vgl. *Hentschel* (Fn. 11), S. 93 ff.
17   Vgl. BT-Drucks. 17/10191, S. 1.
18   Vgl. ebd., S. 3 f.
19   Vgl. *VG Halle* (Fn. 12).
20   Vgl. BT-Drucks. 17/6076, S. 6; vgl. *Berkemann*, in: Jarass, Erneuerbare Energien in der Raumplanung, 2011, S. 68, 69; vgl. *Scheidler* LKRZ 2012, 266, 267.
21   Vgl. *Schumacher*, in: Schomerus/Degenhart, Repowering – Hindernisse und Lösungsmöglichkeiten, 2010, S. 13, 14; dazu, dass nur der Begriff i. S. d. EEG definiert wird, vgl. *Schomerus*, in: *Frenz/Müggenborg*, EEG, 2010, § 30 EEG Rn. 2.
22   Vgl. dazu *Mayer* EurUP 2009, 236, 237; vgl. *Schumacher* (Fn. 21), S. 14.

sein muss. Die Standorte der Anlagen müssen nicht identisch sein. Denn die abzubauende Windenergieanlage kann sich auch außerhalb des Bebauungsplans- oder Gemeindegebiets befinden.[23]

Mit dem Repowering werden vielfältige Ziele verfolgt. Die Aufstellung leistungsstärkerer Anlagen führt zur Erhöhung des Stromanteils aus Windkraft.[24] Laut dem Bundesverband für Windenergie ist die Anlagenleistung der Windenergieanlagen seit den 1980er Jahren um den Faktor 250 gestiegen.[25] Das Repowering soll zu einer größeren Wirtschaftlichkeit führen.[26] Als weitere Vorteile der Installierung modernerer Anlagen werden ihre Optimierung in Bezug auf Schallemissionen und Lichtreflexe, ihre größere Netzverträglichkeit sowie die Entschärfung des Unruheelements aufgrund einer geringeren Rotordrehzahl genannt.[27] Durch den Abbau von Altanlagen im Zuge des Repowering kann ein Beitrag zur Wiederherstellung sensibler Landschaften und ggf. beeinträchtigter Lebensräume geleistet[28] sowie das Landschaftsbild „entspargelt" werden.[29]

Da für Windenergieanlagen an Land nur begrenzt geeignete Flächen zur Verfügung stehen, verwundert es nicht, dass die Ersetzung vorhandener Windenergieanlagen durch leistungsstärkere Anlagen zunehmend in den Fokus des Gesetzgebers, der gesetzesvollziehenden Organe sowie wissenschaftlicher Aufmerksamkeit gerät.[30] Obwohl der Begriff „Re"-Powering bei manchem möglicherweise die Vorstellung hervorrufen mag, man könne an einem Ort problemlos eine Windenergieanlage abbauen und durch eine leistungsstärkere ersetzen,[31] wird völlig zutreffend gesehen, dass sich der Bestandsschutz bestehender Windenergieanlagen nicht nach dem dafür verwendeten Vokabular bestimmt. Dieser richtet sich vielmehr nach den für genehmigte Anlagen geltenden Vorschriften.[32] Die Leistungssteigerung der beim Repowering eingesetzten Windenergieanlagen beruht auf der Verwendung größerer Rotorblätter.[33] Diese bedingt wiederum höhere Türme der Windenergieanlagen.[34] In größeren Höhen gibt es günstigere Windbedingungen mit höheren Windge-

---

23 Vgl. Näher zu § 249 BauGB *Scheidler* (Fn. 20.), 266 ff.
24 Vgl. *Scheidler* (Fn. 20), 266, 267; vgl. *SRU* (Fn. 9), S. 110 bei Rn. 131.
25 Vgl. *BWE* (Fn. 5), S. 13.
26 Vgl. ebd., S. 8; vgl. *Mayer* EurUP 2009, (Fn. 22).
27 Vgl. *BWE* (Fn. 5), S. 8; vgl. *Scheidler* (Fn. 20), 266, 267; zur Netzfreundlichkeit vgl. auch *Liersch*, in: *Schomerus/Degenhart*, Repowering – Hindernisse und Möglichkeiten, 2010, S. 21, 27.
28 Vgl. *Mayer* EurUP (Fn. 22), 237; vgl. *SRU* (Fn. 9), S. 110 bei Rn. 131; vgl. auch den Artikel „Repowering" in Wikipedia, abgerufen am 24.9.2012.
29 Vgl. *Mayer* EurUP 2009 (Fn. 22); vgl. *Scheidler* (Fn. 20), 266, 267 f.
30 Vgl. auch *Antweiler/Gabler* BauR 2012, 39, 44; vgl. *Kluge*, in: *Schomerus/Degenhart*, Repowering - Hindernisse und Lösungsmöglichkeiten, 2010, S. 49; vgl. *Schomerus* (Fn. 21), § 30 EEG Rn. 4; vgl. zur zögerlichen Realisierung des Repowering *Thomas*, Energie & Management 2012, 22.
31 Vgl. dazu *Berkemann* (Fn. 20), S. 69.
32 Vgl. näher zum Bestandsschutz *Berkemann* (Fn. 20), S. 72 ff.
33 Vgl. *DStGB* (Fn. 6), S. 21; vgl. *Antweiler/Gabler* (Fn. 30); vgl. *Fest* (Fn. 1), S. 84 f.
34 Vgl. ebd., vgl. ebd., vgl. ebd.

schwindigkeiten und gleichmäßigeren Windströmungen.[35] Infolgedessen werden die beim Repowering eingesetzten Windenergieanlagen deutlich höher als die abzubauenden Anlagen sein. Die Höhe der heute eingesetzten Windenergieanlagen liegt regelmäßig über 100 Metern und kann bis zu 200 Metern betragen.[36] Angesichts dieser Abweichungen kann man bei dem Abbau einer Windenergieanlage und deren Ersetzung im Wege des Repowering nicht mehr von einer bloßen Erneuerung oder Nutzungsänderung bestehender Windenergieanlagen sprechen.[37] Vielmehr wird beim Repowering eine neue Windenergieanlage errichtet, wofür der Gesetzgeber bislang keine z. B. dem § 35 Abs. 4 Nr. 2, 3 BauGB korrespondierende, etwaige Bestandsschutzerwägungen aufgreifende Regelung erlassen hat.[38] Soll im Zuge eines Repowerings also eine leistungsstärkere Windenergieanlage am Standort der abzubauenden Windenergieanlage oder andernorts aufgebaut werden, ist für die Errichtung dieser Anlage in aller Regel ein komplett neues Genehmigungsverfahren durchzuführen, bei der die Vereinbarkeit des Vorhabens mit den nunmehr dafür geltenden Rechtsvorschriften geprüft wird.[39]

IV. Das rechtliche Prüfprogramm beim Repowering von Windenergieanlagen

Die rechtliche Beurteilung der beim Repowering zu errichtenden leistungsstärkeren Windenergieanlage unterscheidet sich nicht von derjenigen der Neuerrichtung einer Windenergieanlage. Dies leuchtet ohne weiteres ein, wenn die Windenergieanlage an einem anderen Standort als die abzubauende Anlage errichtet werden soll, da dort ganz andere tatsächliche Verhältnisse bestehen können. Aber auch wenn die leistungsstärkere Windenergieanlage in unmittelbarer Nähe zur abzubauenden Altanlage aufgestellt werden soll, muss die rechtliche Beurteilung nicht zwangsläufig derjenigen der Altanlage entsprechen. Da die Genehmigung der Altanlage meist zehn Jahre und mehr zurückliegt, können heute zumindest in Teilen geänderte Rechtsvorschriften maßgeblich sein. Was die Auswirkungen der Anlage auf die Tierwelt anbetrifft, sei vor voreiligen Rückschlüssen von der bisherigen Lage auf die jetzige gewarnt. Wegen ihrer dynamischen Natur können sich die heutigen Verhältnisse von den damaligen unterscheiden.[40] Da die im jeweiligen Gebiet anzutreffenden Vögel unterschiedliche Flughöhen haben, kann sich die Erhöhung der

---

35 Vgl. *DStGB* (Fn. 6), S. 21, 34; vgl. auch *BWE* (Fn. 5), S. 23.
36 Vgl. *Fest* (Fn. 1), S. 84 f.; ausweislich Deutsche Wind Guard, Stand des Windenergieausbaus in Deutschland, 1. Halbjahr 2012, S. 3 lag die durchschnittliche Nabenhöhe in diesem Zeitraum bei 110,1 m.
37 Vgl. *Fest* (Fn. 1), S. 85.
38 Vgl. *Fest* (Fn. 1), S. 86; vgl. auch *Scheidler* (Fn. 20), 266, 267; vgl. *Söfker* KommPspezial 2010, 199, 200.
39 Vgl. *Antweiler/Gabler* (Fn. 30); vgl. *Fest* (Fn. 1), S. 86; vgl. *Scheidler* (Fn. 20), 266, 267; vgl. *Schomerus* (Fn. 21), § 30 EEG Rn. 11.
40 Vgl. zur Dynamik in der Tierwelt *Weidemann/Krappel* EurUP 2011, 2, 5.

Windenergieanlagen im Zuge des Repowerings auf einzelne Tierarten positiv, auf andere dagegen möglicherweise negativ auswirken.[41] Selbst wenn das Repowering auf die Leistungs- und Ertragssteigerung der Windkraft abzielt, müssen damit nicht stets (noch) negativere Auswirkungen auf die Fauna verbunden sein.[42]

Da sich unüberwindliche Hürden für Windenergieanlagen v. a. aus den Regelungen über den besonderen Artenschutz ergeben können, stehen die §§ 44 ff. BNatSchG im Mittelpunkt. Auch wenn diese Vorschriften selbst keine Anforderungen an bauliche Vorhaben oder die Bebaubarkeit eines Grundstücks statuieren – nicht die Planung, sondern erst deren Verwirklichung kann gegen die artenschutzrechtlichen Zugriffsverbote verstoßen[43] –, erlangen sie mittelbar für die Entscheidung staatlicher Stellen über die Ansiedlung von Windenergieanlagen Relevanz.[44] Von §§ 44 ff. BNatSchG gehen gewisse „Vorwirkungen" auf Planungen und Genehmigungsentscheidungen über Windenergieanlagen aus. Der Verständlichkeit wegen wird nachfolgend zunächst der Inhalt der artenschutzrechtlichen Vorschriften behandelt, bevor auf deren Implementierung auf der Ebene der Planungs- und Genehmigungsentscheidungen eingegangen wird.

1. Artenschutzrecht und besonders geschützte Tierarten

Die deutschen Artenschutzbestimmungen werden heute vielfach durch internationale Abkommen[45] sowie unionsrechtliche Vorschriften, insbesondere die FFH-[46] und Vogelschutzrichtlinie,[47] vorgeprägt. Während sich das allgemeine Artenschutzrecht (§§ 39 ff. BNatSchG) auf alle wild lebenden Tiere und wild wachsenden Pflanzen bezieht,[48] betrifft das besondere Artenschutzrecht namentlich die in spe-

---

41 Vgl. dazu auch *Fest* (Fn. 1), S. 260; vgl. auch *Spangenberger*, in: *Brandt*, Das Spannungsfeld Windenergieanlage - Naturschutz im Genehmigungs- und Gerichtsverfahren, 2010, S. 67, 96; vgl. *Runge*, in: *Schomerus/Degenhart*, Repowering – Hindernisse und Lösungsmöglichkeiten, 2010, S. 59, 62 geht dagegen davon aus, dass sich mit wachsender Anlagenhöhe auch das Kollisionsrisiko von Fledermäusen und Vögeln erhöht.
42 Vgl. *Fest* (Fn. 1), S. 260.
43 Vgl. ebd., S. 102; vgl. *Louis* NuR 2012, 467, 474; vgl. *Heugel*, in: *Lütkes/Ewer*, BNatSchG, 2011, § 44 Rn. 45; vgl. *VG Minden* ZNER 2010, 192, 194.
44 Vgl. *Louis*, in: *Bosecke*, Festgabe Czybulka, 2012, S. 63, 68.
45 Z. B. Übereinkommen vom 3.3.1973 über den internationalen Handel mit gefährdeten Arten freilebender Tiere und Pflanzen (Washingtoner Artenschutzabkommen), BGBl. 1975 II, S. 773; Abkommen vom 16.6.1975 zur Erhaltung der afrikanisch-eurasischen wandernden Wasservögel, BGBl. 1998 II, S. 2498.
46 Vgl. Richtlinie 92/43/EWG des Rates v. 21.5.1992 zur Erhaltung der natürlichen Lebensräume sowie der wildlebenden Tiere und Pflanzen, ABl. EG Nr. L 305, S. 42 ff. zuletzt geändert durch Richtlinie 2006/105/EG des Rates v. 20.11.2006, ABl. EU Nr. L 363, S. 368 ff.
47 Vgl. Richtlinie 2009/47/EG des Europäischen Parlaments und des Rates v. 30.11.2009 über die Erhaltung der wildlebenden Vogelarten, ABl. EU Nr. L 20, S,. 7 ff.
48 Vgl. *Erbguth/Schlacke*, Umweltrecht, 4. Aufl. 2012, § 10 Rn. 57; vgl. *Hentschel* (Fn. 11), S. 564.

ziellen Artenlisten aufgezählten einzelnen Tier- und Pflanzenarten.[49] Gemäß der Legaldefinition in § 7 Abs. 2 S. 1 Nr. 13 BNatSchG gehören zu den „besonders geschützten" Arten Tiere und Pflanzenarten, (a) die in Anhang A oder B der EG-Verordnung über den Schutz von Exemplaren wildlebender Tier- und Pflanzenarten aufgeführt sind, (b) sonstige in Anhang IV der Richtlinie 92/43/EG genannte Tier- und Pflanzenarten sowie europäische Vogelarten ebenso wie (c) die in der Rechtsverordnung nach § 54 Abs. 1 BNatSchG aufgezählten Tier- und Pflanzenarten. „Streng geschützt" sind nach § 7 Abs. 2 S. 1 Nr. 14 BNatSchG besonders geschützte Arten, wenn sie (a) in Anhang A der EG-Verordnung Nr. 338/97, (b) in Anhang IV der Richtlinie 92/43/EWG oder (c) in einer Rechtsverordnung nach § 54 Abs. 2 BNatSchG aufgelistet sind. Im Anhang IV der FFH-Richtlinie werden mehrere Fledermausarten aufgezählt,[50] z. B. die große Bartfledermaus, das große Mausohr, der kleine und der große Abendsegler, die Weißrand-, Rauhaut-, Zwerg- und Mückenfledermaus. Zu den in der EG-Verordnung Nr. 338/97 erwähnten Tieren gehören u. a. der Schwarzstorch, der Seeadler, der Schwarzmilan (Milvus migrans) sowie der Rotmilan (Milvus milvus).[51]

2. Verletzungs- und Tötungsverbot, § 44 Abs. 1 Nr. 1 BNatSchG

§ 44 Abs. 1 Nr. 1 BNatSchG verbietet es, wild lebende Tiere der „besonders geschützten" Arten (s. § 7 Abs. 2 Nr. 13 BNatSchG) zu verletzen oder zu töten. Da Betreiber einer Windenergieanlage zwar Strom erzeugen, aber regelmäßig besonders geschützte Tierarten weder wissentlich noch absichtlich umbringen möchten, mag mancher bei Anlegung der ihm aus dem Strafrecht geläufigen Maßstäbe zu einer pauschalen Verneinung des Tötungsverbots neigen. Dem steht jedoch entgegen, dass der Gesetzeswortlaut des § 44 Abs. 1 Nr. 1 BNatSchG im Unterschied zu den Regelungen in den EU-Richtlinien an keine subjektiven Merkmale anknüpft.[52] Ausweislich der Gesetzesmaterialien zu § 42 BNatSchG a. F. kommt es bei den dort aufgezählten Verboten nicht auf ein „absichtliches", „vorsätzliches" oder „fahrlässiges" Handeln an. Die zuständigen Behörden sollen bereits bei objektiver Erfüllung des Verbotstatbestands reagieren können, die subjektive Komponente wird erst bei der Verfolgung tatbestandsmäßiger Handlungen als Ordnungswidrigkeit oder Straftat relevant.[53] Dem ging voraus, dass der EuGH das Tatbestandsmerkmal der Absichtlichkeit in Art. 12 Abs. 1 lit. a der FFH-Richtlinie bereits dann als erfüllt angesehen hat, wenn der Handelnde die Tötung des Exemplars einer ge-

---

49 Vgl. *Erbguth/Schlacke* (Fn. 48), § 10 Rn. 57.
50 Vgl. *Hinsch* (Fn. 9).
51 Vgl. den Anhang der Verordnung 338/97, EBl. EG 1997 Nr. L 61, S. 1 ff. zuletzt geändert durch ABl. EU 2012, Nr. L 39, 133 ff.
52 Vgl. auch *Heugel* (Fn. 43), § 44 Rn. 6; vgl. *Louis* (Fn. 43), 467, 468.
53 Vgl. BT-Drucks. 16/5100, S. 11; vgl. auch *Gellermann*, in: Mitschang, Bauen und Naturschutz, 2011, S. 85, 86.

schützten Tierart für wahrscheinlich erachtet und in Kauf genommen hat.[54] Nach der BVerwG-Rechtsprechung reicht es für einen Verstoß gegen das artenschutzrechtliche Tötungsverbot des § 44 Abs. 1 Nr. 1 BNatSchG aus, wenn sich die Tötung eines Tieres als unausweichliche Konsequenz rechtmäßigen Verwaltungshandelns darstellt.[55] Der Tatbestand dieser Norm wird daher auch dann erfüllt, wenn die Tötung „indirekt" durch technische Vorgänge oder nicht zielgerichtete Handlungen Dritter erfolgt.[56] Sofern im Umkreis der zu errichtenden Windenergieanlage besonders geschützte Tierarten „verkehren", die wie der Rotmilan kein Meideverhalten aufweisen, ist bei einer lebensnahen Betrachtung nicht auszuschließen, dass sie – falls ihre Flughöhe in den Bereich der Rotorblätter der Windenergieanlage hineinreicht – durch eine Kollision mit der Windenergieanlage zu Tode kommen.[57] In Extremfällen kann der Tötungstatbestand auch verwirklicht werden, wenn die Tiere infolge der Meidung der Windenergieanlage ihre Nahrungsgrundlage verlieren und verenden, weil sie für diese keinen Ersatz finden können.[58]

Obwohl das artenschutzrechtliche Tötungsverbot in solchen Situationen einer Verwirklichung des jeweiligen Vorhabens per se entgegenzustehen scheint, hat das BVerwG dessen Reichweite hinsichtlich Kollisionsgefahren geschützter Tierarten im Zusammenhang mit Straßenbauprojekten sogleich wieder eingeschränkt. Da bei einer solchen weiten Handhabung jederzeit mögliche Kollisionen von Tieren mit Kraftfahrzeugen dazu führen würden, dass Straßenbauvorhaben nur noch mittels Ausnahme oder Befreiung zugelassen werden könnten, würden diese nach dem artenschutzrechtlichen Regelungsgefüge konzipierten „Ausnahme"-Vorschriften in der Praxis zum Normalfall. Das in § 44 Abs. 1 Nr. 1 BNatSchG angeordnete Tötungsverbot müsse deshalb sachgerecht ausgelegt werden. Es sei nur einschlägig, wenn sich durch das Vorhaben das Kollisionsrisiko für Exemplare der betroffenen Arten *in signifikanter Weise* erhöht.[59] Daran fehlt es mit den Worten des VG Kassel, wenn sich das Kollisionsrisiko unterhalb der Gefahrenschwelle in einem Bereich bewegt, das „mit dem Vorhaben immer verbunden ist, vergleichbar dem stets ge-

---

54 Vgl. *EuGH*, Slg. 2006-I, 4516 Rn. 71; vgl. dazu *Storost* DVBl. 2010, 737 f.; dazu dass der Gesetzgeber nicht auf jegliche subjektiven Momente hätte verzichten müssen, vgl. *Beier/Geiger* DVBl. 2011, 399, 401.
55 Vgl. *BVerwGE* 131, 274, 301; vgl. *OVG Magdeburg* ZNER 2012, 90, 93; vgl. *OVG Weimar* NuR 2010, 368, 369; vgl. *VG Halle* NuR 2012, 580, 581; vgl. *Louis* (Fn. 43), 467, 469.
56 Vgl. *Louis* (Fn. 43), 467, 469.
57 Vgl. *OVG Magdeburg* (Fn. 55); vgl. *VG Kassel*, Urt. v. 15.6.2012 (Fn. 13); vgl. *Louis* (Fn. 43), 467, 469.
58 Vgl. *Louis* (Fn. 43), 467, 469.
59 Vgl. *BVerwGE* 131, 274, 302; 140, 149, 163; vgl. *OVG Lüneburg* ZNER 2011, 358; vgl. *OVG Magdeburg* (Fn. 55); vgl. *OVG Weimar* (Fn. 55), 368, 369 f.; vgl. *VG Gießen*, Beschl. v. 29.6.2012 – 1 L 420/12.GI; vgl. *VG Kassel*, Urt. v. 15.6.2012 (Fn. 13).

gebenen Risiko, dass einzelne Exemplare einer Art im Rahmen des allgemeinen Naturgeschehens Opfer einer anderen Art werden."[60]

Diese Rechtsprechung wird kritisiert, weil sie einer dogmatisch tragfähigen Grundlage ermangle,[61] und zu einer zweifelhaften Verschärfung europarechtlicher Artenschutzvorgaben führe.[62] Richtigerweise kann die Rechtsprechung jedoch für sich die restriktive Auslegung die Gesetzesmaterialien in Anspruch nehmen. Denn dort wird die fehlende Tatbestandsmäßigkeit der Verwirklichung „sozialadäquater Risiken" im Hinblick auf § 44 Abs. 1 BNatSchG bei unabwendbaren Tierkollisionen im Verkehr explizit erwähnt.[63] Die von der Rechtsprechung entwickelte Einschränkung trägt dem Prinzip der Verhältnismäßigkeit Rechnung.[64] Europarechtlich ist gegen sie im Ergebnis nichts einzuwenden. Denn nach einer Entscheidung des EuGH aus dem Jahre 2010 konnte die Kommission anlässlich eines Vertragsverletzungsverfahrens nicht nachweisen, „dass die Durchführung des Vorhabens in Bezug auf den Ausbau des Feldwegs *zu einer erhöhten Kollisionsgefahr* für den Iberischen Luchs geführt hat."[65] Damit die sekundärrechtlichen EU-Vorschriften mit dem Primärrecht in Einklang stehen, muss eine Einschränkung des Artenschutzes aus beachtlichen, ebenfalls im Primärrecht zu verortenden Gründen möglich sein.[66] Nach all dem gerät ein Windenergieprojekt dann nicht mit den artenschutzrechtlichen Belangen in Konflikt, wenn sich in der näheren Umgebung der Anlage keine besonders geschützten Tierarten befinden oder diese dort zwar anzutreffen sind, sich durch die Windenergieanlage ihr Tötungsrisiko aber nicht signifikant erhöht, etwa weil ihre Flughöhe unterhalb der Rotorblätter liegt.[67]

a) Die Bestimmung der „signifikanten" Erhöhung des Tötungsrisikos

Ob durch eine Windenergieanlage das Tötungsrisiko für besonders geschützte Tierarten signifikant erhöht wird, ist in jedem Einzelfall zu bestimmen. Das Tötungsverbot wird vor allem dann relevant werden, wenn sich in der näheren Umgebung

---

60   Vgl. *VG Kassel.* Urt. v. 15.6.2012 – 4 K 749/11.KS; vgl. auch BVerwGE 131, 274, 302; vgl. *OVG Magdeburg* (Fn. 55); vgl. *VG Gießen* (Fn. 59); vgl. *VG Halle* (Fn. 55), 580, 581; vgl. *Hinsch* (Fn. 9), 191, 193.
61   So *Lau*, in: *Frenz/Müggenborg*, Berliner Kommentar zum BNatSchG, 2011, § 44 Rn. 9; kritisch, weil dieses Kriterium schwer handhabbar ist, vgl. *Rolshoven* ZNER 2010, 156, 157.
62   So *Rolshoven* (Fn. 61), 156, 157.
63   Vgl. BT-Drucks. 16/12274, S. 71 f.; 16/5100, S. 11.
64   Vgl. *Schütte/Gerbig*, in: *Schlacke*, GK-BNatSchG, 2012, § 44 Rn. 16; für eine teleologische Reduktion vgl. *Fellenberg* UPR 2012, 321, 326; nach *Lau* (Fn. 61), § 44 Rn. 9 ist nicht die Behörde, sondern der Vorhabenträger Störer, weshalb sie sich bei ihrer Prüfung auf eine Signifikanzbetrachtung beschränken dürfe.
65   Vgl. EuGH, Rs. C-308/08, Slg. 2010 I-4281 Rn. 51, wobei die Kursivhervorhebung auf die Verfasserin zurückgeht; vgl. auch *Beier/Geiger* (Fn. 54), 399, 403 f.
66   Zur Notwendigkeit der Anerkennung eines ungeschriebenen Rechtfertigungsgrunds für etwaige Ausnahmen vgl. *Gellermann*, in: *Landmann/Rohmer*, Umweltrecht, 2012, § 45 BNatSchG Rn. 24.
67   Vgl. auch *Fellenberg* (Fn. 64), 321, 326.

der Anlage wertvolle Vogel- oder Fledermauslebensräume befinden.[68] Nach dem BVerwG gehören zu den für die Beurteilung der Signifikanz maßgeblichen Umständen insbesondere artspezifische Verhaltensweisen oder die häufige Frequentierung des durchschnittenen Raums.[69] Weiterhin sind in die Betrachtung Maßnahmen zur Vermeidung von Kollisionen oder zur Reduzierung eines solchen Risikos einzubeziehen.[70] Denn es kann – so *Vallendar* – keinen Unterschied machen, ob die von einem Projekt ausgehenden Beeinträchtigungen von vornherein als unerheblich einzustufen sind oder sie diese Eigenschaft erst aufgrund entsprechender Schutzvorkehrungen erlangen.[71]

Eine signifikante Erhöhung des Risikos kollisionsbedingter Verluste von Einzelexemplaren verlangt eine „deutliche" Steigerung des Tötungsrisikos für die geschützte(n) Tierart(en).[72] Letzteres ist nicht bereits deshalb anzunehmen, weil im Bereich des fraglichen Vorhabens überhaupt Tiere (besonders) geschützter Arten angetroffen worden sind.[73] Nach der Rechtsprechung bedarf es vielmehr „Anhaltspunkte" dafür, dass durch das jeweilige Projekt das Risiko eines Vogelschlages deutlich und damit signifikant zunehmen wird.[74] Mithin ist zu prüfen, ob der Standort in erhöhtem Maße schlagopferträchtig ist.[75] Zutreffend geht der Bayerische Windkrafterlass davon aus, dass dies in jedem Einzelfall unter Berücksichtigung der Lage der Anlage, der jeweiligen Artenvorkommen und der Biologie der Arten (Schlagrisiko) zu klären ist.[76] Ein artuntypisches Verhalten kann unberücksichtigt bleiben.[77] Ein signifikant erhöhtes Tötungsrisiko wird man insbesondere dann annehmen können, wenn sich der Standort der Windenergieanlage im Bereich einer der Hauptflugrouten besonders geschützter Vögel bzw. Fledermäuse oder in deren bevorzugten Jagdgebieten befindet,[78] etwa ein Nahrungshabitat in unmittelbarer Nähe der Windenergieanlage gleich von mehreren Individuen verschiedener Vogelpaare ständig aufgesucht wird.[79] In Abkehr von früheren Gerichtsentscheidungen[80] geht die jüngere Rechtsprechung zutreffend davon aus, dass für § 44 Abs. 1 Nr. 1 BNatSchG die Frage des Ausgleichs des Verlusts von Einzelexemplaren durch eine „Populationsreserve" ohne Bedeutung ist. Denn im Unterschied

---

68 Vgl. *Landesamt für Natur und Umwelt des Landes Schleswig-Holstein* (Fn. 4), S. 13.
69 Vgl. BVerwGE 140, 149, 163.
70 Vgl. BVerwGE 131, 274, 301 f.; 140, 149, 163; vgl. VG Gießen (Fn. 59); vgl. VG Halle (Fn. 55), 580, 581; vgl. *Heugel* (Fn. 43), § 44 Rn. 8.
71 Vgl. *Vallendar* EurUP 2011, 14, 16.
72 Vgl. VG Kassel, Urt. v. 15.6.2012 (Fn. 13).
73 Vgl. ebd.; vgl. *Weidemann/Krappel* (Fn. 40), 2, 6.
74 Vgl. VG Kassel, Urt. v. 15.6.2012 (Fn. 13); vgl. auch BVerwG NuR 2009, 789, 797.
75 Vgl. *Hinsch* (Fn. 9), 191, 193.
76 Hinweise zur Planung und Genehmigung von Windkraftanlagen v. 20.12.2011, S. 40.
77 Vgl. *Fellenberg* (Fn. 64), 321, 326.
78 Vgl. *Hinsch* (Fn. 9), 191, 193; vgl. *Louis* (Fn. 43), 467, 469; vgl. VG Halle (Fn. 55), 580, 581; vgl. *Fellenberg* (Fn. 64), 321, 326.
79 Vgl. OVG Magdeburg (Fn. 55), 90, 94 f.; vgl. VG Kassel, Urt. v. 15.6.2012 (Fn. 13); vgl. *Gellermann* (Fn. 66), § 44 Rn. 9.
80 Vgl. VG Minden (Fn. 43), 192; vgl. auch VG Gießen (Fn. 59).

zum Störungsverbot in § 44 Abs. 1 Nr. 2 BNatSchG hängt das Tötungsverbot nach seinem Wortlaut nicht von der Populationsrelevanz bzw. -wirksamkeit ab.[81]

b) Sachverhaltsermittlung

Auch wenn im Artenschutzrecht keine so eingehenden Untersuchungen wie im Habitatschutzrecht nötig sind,[82] kann eine Beurteilung eines Vorhabens am Maßstab des § 44 Abs. 1 Nr. 1 BNatSchG nur aufgrund vorausgegangen Ermittlungen erfolgen, deren Ergebnisse eine korrekte Entscheidung über das Zugriffsverbot erlauben.[83] Da die Ablehnung der Zulassung einer Windenergieanlage wegen des Tötungsverbots negative Konsequenzen insbesondere für die berufliche Betätigung des Vorhabenträgers zeigt,[84] folgt auch aus den Grundrechten die Notwendigkeit einer hinreichend verlässlichen Datengrundlage.[85] Mit dem BVerwG setzt die Prüfung, ob einem Vorhaben artenschutzrechtliche Verbote entgegenstehen, eine ausreichende Ermittlung und Bestandsaufnahme der im Vorhabenbereich vorhandenen Tierarten sowie ihrer Lebensräume voraus.[86] Eine bloße Vermutung des Vorkommens gewisser Arten reicht keinesfalls.[87] Die Behörden benötigen Daten über die Häufigkeit und Verteilung der geschützten Arten sowie ihrer Lebensstätten im Vorhabensgebiet.[88] Der Sachverständigenrat für Umweltfragen empfiehlt für die Einschätzung der Beeinträchtigungen von Vögeln durch Windenergieanlagen Erhebungen von Brutvögeln im Umkreis von mindestens einem Kilometer des Anlagenstandorts.[89] Das Ausmaß der Untersuchungen bestimmt sich maßgeblich nach den Umständen des Einzelfalls.[90] Soweit bestimmte Vegetationsstrukturen sichere Rückschlüsse auf die Fauna zulassen, reicht es aus, wenn die Behörden die insoweit maßgeblichen repräsentativen Daten heranziehen.[91] Sollten von Untersuchungen keine weiterführenden Erkenntnisse mehr zu erwarten sein, kann aus Verhältnis-

---

81 Vgl. *BVerwG*, Urt. v. 14.7.2011 – 9 A 12.10, Rn. 116; vgl. *OVG Magdeburg* (Fn. 55), 90, 93; vgl. *VG Halle* (Fn. 55), 580, 585; vgl. *VG Kassel*, Urt. v. 15.6.2012 (Fn. 13); vgl. *Gellermann* (Fn. 53), S. 86; vgl. *Fellenberg* (Fn. 64), 321, 326 hält eine Berücksichtigung der Biologie der Arten für möglich.
82 Vgl. *BVerwGE* 131, 274, 291; vgl. *Gellermann* (Fn. 53), S. 86; vgl. *Louis* (Fn. 43), 467, 474.
83 Vgl. *Gellermann* (Fn. 66), § 44 Rn. 22; vgl. *BVerwGE* 131, 274, 289 f.
84 Vgl. *Rolshoven* ZNER 2011, 355, 357 stellt demgegenüber schwerpunktmäßig auf Art. 14 GG ab.
85 vgl. dazu auch *Rolshoven* (Fn. 84).
86 Vgl. *BVerwGE* 131, 274, 289 f.; vgl. *VG Gießen*, (Fn. 59).
87 Vgl. *VG Gießen* (Fn. 59).
88 Vgl. *BVerwGE* 131, 274, 289 f.
89 Vgl. *SRU* (Fn. 9), S. 110 bei Rn. 131.
90 Vgl. *BVerwGE* 131, 274, 289 f.; vgl. *VG Gießen* (Fn. 59); vgl. *Mitschang/Wagner* DVBl. 2010, 1457, 1462.
91 Vgl. *BVerwGE* 131, 274, 289 f.; vgl. *Mitschang/Wagner* (Fn. 90).

mäßigkeitsgründen von ihnen abgesehen werden.[92] Das BVerwG begnügt sich mit einer „am Maßstab praktischer Vernunft ausgerichtete Prüfung."[93]

Nach der Rechtsprechung besteht die Ermittlung der tatsächlichen Verhältnisse regelmäßig aus zwei Komponenten: Sofern nicht ein atypischer Ausnahmefall vorliegt, ist zum einen eine *Bestandsaufnahme vor Ort* durch die Begehung des Untersuchungsraumes unter Erfassung des Arteninventars vorzunehmen. „Wie viele Begehungen zur Erfassung welcher Tierarten zu welchen Jahres- und Tageszeiten erforderlich sind und nach welchen Methoden die Erfassung stattzufinden hat, lässt sich nicht für alle Fälle abstrakt bestimmen, sondern hängt von vielen Faktoren ab, z. B. von der Größe des Untersuchungsraums, von der (zu vermutenden) Breite des Artenspektrums sowie davon, ob zu dem Gebiet bereits hinreichend aktuelle und aussagekräftige Ergebnisse aus früheren Untersuchungen vorliegen."[94] Zum anderen obliegt den Behörden die *Auswertung von bereits vorhandenen Erkenntnissen und von Literatur* zum fraglichen Gebiet sowie den dort nachgewiesenen oder möglicherweise vorkommenden Arten, ihren artspezifischen Verhaltensweisen und der für sie typischen Habitatstrukturen.[95] Selbst wenn Bestandsaufnahmen vor Ort umfassend angelegt sind, enthalten sie regelmäßig nur eine Momentaufnahme und aktuelle Abschätzung der Gebietsfauna.[96] Können aufgrund allgemeiner Erkenntnisse sichere Rückschlüsse auf das Vorhandensein bestimmter Arten gezogen werden, darf die zuständige Behörde abgestützt auf naturschutzfachlichen Sachverstand Schlussfolgerungen auf das Vorhandensein bestimmter Arten und ihren Verbreitungsgrad ziehen.[97] Die Behörden dürfen nach der Rechtsprechung mit Prognosewahrscheinlichkeiten und Schätzungen sowie bei gewissen nicht auszuräumenden Unsicherheiten auch mit worst-case-Betrachtungen operieren.[98]

c) Die Windenergie-Erlasse

Zum Ausbau der Windenergie haben zwischenzeitlich eine Reihe von Bundesländern Windenergie-Erlasse verabschiedet,[99] die angesichts der föderalen Vielfalt in Details voneinander abweichen. Diese Erlasse, die eine Vielzahl von Anforderungen an Windenergieanlagen thematisieren, enthalten zum Teil auch Abstandsvorgaben aus artenschutzrechtlichen Gründen. So wird etwa in Bezug auf den

---

92 Vgl. *BVerwGE* 131, 274, 289 f., 291 f.; vgl. *Mitschang/Wagner* (Fn. 90); vgl. *Weidemann/Krappel* (Fn. 40), 2, 3.
93 Vgl. *BVerwGE* 131, 274, 291 f.; vgl. *Vallendar* (Fn. 71), 14.
94 Vgl. *BVerwGE* 131, 274, 293 f.
95 Vgl. *BVerwGE* 131, 274, 294.
96 Vgl. *BVerwGE* 131, 274, 294; vgl. auch SRU (Fn. 9), S. 110 bei Rn. 131.
97 Vgl. *BVerwGE* 131, 274, 295; vgl. *VG Gießen* (Fn. 59).
98 Vgl. *BVerwGE* 131, 274, 295; vgl. *VG Gießen* (Fn. 59); vgl. *Mitschang/Wagner* (Fn. 90).
99 Z. B. Bayerische Hinweise zur Planung und Genehmigung von Windkraftanlagen v. 20.12.2011; Windenergieerlass Baden-Württemberg v. 9.5.2012 – Az. 64-4583/404; Windenergieerlass Nordrhein-Westfalen v. 11.7.2011; vgl. zu den Erlassen auch *Antweiler/Gabler* (Fn. 30), 39, 45; zum nordrhein-westfälischen Erlass vgl. *Fest* ZNER 2011, 402 ff.

Rotmilan ein Abstand von 1.000 Metern zu seinem Brutvorkommen und von 6.000 Metern zu regelmäßig aufgesuchten Nahrungshabitaten ausgewiesen.[100] Nach den Bayerischen Hinweisen kann im Falle des Überschreitens dieser Abstände vom Nichtbestehen eines signifikanten Tötungsrisikos ausgegangen werden.[101] Werden die Abstände unterschritten, kann man sich zweierlei daran anknüpfende Folgen vorstellen. Denkbar wäre zum einen, dass sich per se aus dem Unterschreiten des Abstands ein erhöhtes Tötungsrisiko ergibt (sog. Ausschlussbereich).[102] Zum anderen könnte das Unterschreiten des Abstands aber auch jeweils orts- und vorhabenspezifisch Prüfungen bedingen, ob sich durch die Windenergieanlage im Ausschlussbereich das Tötungsrisiko signifikant erhöht. Richtigerweise ist die maßgebliche Folge anhand des jeweiligen Erlasses zu bestimmen. So folgt der Bayerische Erlass bei einem Unterschreiten der 1.000-Meter-Marke dem Modell der Einzelfallprüfung.[103]

Bislang gibt es nur wenige Stellungnahmen zur (rechtlichen) Bedeutung der Erlasse. Laut *Piela* sind tierökologische Abstandskriterien möglich und geboten. Sie geben den Behörden einheitliche Bewertungskriterien an die Hand, so dass diese nicht jedes Mal erneut überlegen müssen, welcher Abstand beim Vorhandensein einer bestimmten besonders geschützten Tierart zu einer Windenergieanlage einzuhalten ist.[104] Werden besonders geschützte Tiere innerhalb einer als Tabubereich ausgewiesenen Zone angetroffen, entbindet der Erlass von oft aufwändigen weiteren Sachverhaltsaufklärungen zur Bestimmung des erhöhten Tötungsrisikos im Einzelfall. Weil die Abstandsempfehlungen auch auf einem Vorsorge-Ansatz beruhen, da sie sich nicht nur am konkreten Kollisionsrisiko orientieren sollen, hält *Hinsch* sie zur Klärung der Einschlägigkeit des Tötungsverbots für nur begrenzt aussagekräftig.[105]

Um die Bindungswirkung der Windenergie-Erlasse zu bestimmen, kann ihre Lektüre erste Rückschlüsse für ihre rechtliche Einordnung geben. In den Vorbemerkungen des Bayerischen Erlasses heißt es, dass man damit „Orientierungshilfen und Hinweise" geben wolle.[106] Ausweislich der baden-württembergischen „Gemeinsamen Verwaltungsvorschrift" soll der Windenergieerlass allen an Planung, Genehmigung und Bau von Windenergieanlagen beteiligten Fachstellen, Behörden, Kommunen, Bürger/-innen sowie Investoren eine praxisorientierte „Handreichung und Leitlinie" bieten und ist für die nachgeordneten Behörden verbindlich.[107] An-

---

100 Vgl. Hinweise Bayern (Fn. 99), S. 42; ebenso der Windenergie-Erlass Baden-Württemberg (Fn. 99), S. 38.
101 Vgl. Hinweise Bayern (Fn. 99), S. 42.
102 Vgl. zu dieser Möglichkeit *VG Kassel*, Urt. v. 15.6.2012 (Fn. 13).
103 Vgl. Hinweise Bayern (Fn. 99), S. 42; vgl. *VG Minden* ZNER 2010, 192.
104 Vgl. *Piela* (Fn. 16), S. 53 f.
105 Vgl. *Hinsch* (Fn. 9), 191, 194; vgl. auch *Ratzbor*, in: *Brandt*, Das Spannungsfeld Windenergieanlagen – Naturschutz im Genehmigungs- und Gerichtsverfahren, 2011, S. 37, 51.
106 Vgl. Hinweise Bayern (Fn. 99), S. 4.
107 Vgl. Windenergieerlass Baden-Württemberg (Fn. 99), S. 8.

gesichts der weichen Formulierungen „Orientierungshilfe" und „Leitlinie" sowie der expliziten Aussage zur Verbindlichkeit des Erlasses sind sie nur für die Behörden bindend. Zu einer unmittelbaren Bindungswirkung auch für die Gerichte würde man nur gelangen, wenn man in den Abstandsvorgaben – wie dies früher bei der TA Luft/Lärm geschah[108] – ein antizipiertes Sachverständigengutachten erblicken würde[109] oder diese aufgrund besonderer gesetzlicher Anordnung in einem Verfahren ähnlich dem § 48 BImSchG erlassen würde. Letzteres ist jedoch nicht der Fall. Auch sprechen die mangelnden gefestigten fachwissenschaftlichen Erkenntnisse gegen die Annahme antizipierter Sachverständigenwerte.[110] Da den Gerichten im Gewaltenteilungsgefüge des Grundgesetzes die letztverbindliche Auslegung der Rechtsvorschriften obliegt, müssen sie eigenverantwortlich unter Einbeziehung der Erkenntnisse der Fachdisziplinen entscheiden, ob sie sich die Auslegung des jeweiligen Erlasses zur signifikanten Erhöhung des Tötungsrisikos zu eigen machen wollen.[111]

Beispielsweise hat sich das VG Kassel dezidiert gegen die Ansicht des VG Minden – die übrigens auch dem Bayerischen Erlass zugrunde liegt – ausgesprochen, wonach ein Rotmilanhorst innerhalb der 1.000-Meter-Zone einer Windenergieanlage nicht stets zwingend entgegenstehen muss. Denn das VG Minden hätte damals bei der Auslegung des Tötungsverbots des § 44 Abs. 1 Nr. 1 BNatSchG fehlerhaft auf die Populationsrelevanz abgestellt.[112] Sollten sich innerhalb der 6.000-Meter-Zone Nahrungshabitate der Rotmilane befinden, sind nach Ansicht des VG Kassel „greifbare Anhaltspunkte" für die Notwendigkeit einer Prüfung außerhalb der 1.000 Meter betragenden Tabuzone notwendig, weil sich andernfalls die Gefährdung dieser Vogelart kaum zuverlässig eingrenzen ließe und bei generell größeren Abständen fraglich wäre, ob man der im Außenbereich privilegierten Windenergie überhaupt noch substanziell Raum verschaffen könne.[113] Das zuletzt genannte Argument vermag nicht voll zu überzeugen, da es erheblich auf die konkreten örtlichen Gegebenheiten ankommt. Es hat immer wieder Fälle gegeben, in denen die Ausweisung von Konzentrationszonen für Windenergie im Außenbereich angesichts bestimmter gegenläufiger Belange nicht möglich war. Je größer die Wahrscheinlichkeit ausfällt, dass das Arbeiten mit fixen Zahlengrößen über das damit verfolgte Ziel, nämlich die zutreffende Bestimmung eines signifikant erhöhten Tötungsrisikos hinausschießt, desto eher gebieten die Grundrechte des Vorhabenträgers sowie der mit der Windenergie verfolgte Klimaschutz eine Einzelfallprüfung. Andernfalls würde dem Artenschutz und der Erleichterung des behördlichen Prüfprogramms bei der behördlichen Entscheidung einseitig der Vorrang vor den ande-

---

108 Vgl. dazu *BVerwGE* 55, 250, 256; vgl. *OVG Münster* DVBl. 2001, 580, 581; vgl. *Breuer* DVBl. 1978, 28, 34 ff.; vgl. zu dieser Sichtweise auch *Guckelberger* Die Verw. 2002, 61, 67.
109 So möglicherweise *Piela* (Fn. 16), S. 53.
110 I. E. *VG Halle* (Fn. 55), 580, 583.
111 So zu den norminterpretierenden Verwaltungsvorschriften *Guckelberger* (Fn. 108), 61, 79 f.
112 Vgl. *VG Kassel*, Urt. v. 15.6.2012 (Fn. 13).
113 Vgl. ebd.; vgl. auch *OVG Weimar* (Fn. 55), 368, 371.

ren Belangen eingeräumt, was sich § 44 Abs. 1 Nr. 1 BNatSchG so nicht entnehmen lässt.

d) Maßnahmen zur Minimierung des Tötungsrisikos

Ob es zu einer signifikanten Erhöhung des Tötungsrisikos besonders geschützter Tierarten durch die Errichtung einer Windenergieanlage kommt, ist von den Behörden unter Einbeziehung etwaiger Schutzmaßnahmen zur Verhinderung unerwünschter Kollisionen zu bestimmen.[114] Halten sich besonders geschützte Tiere nachweislich nur zu bestimmten Uhrzeiten oder während bestimmter Wochen in der näheren Umgebung der Anlage auf, besteht möglicherweise die Chance, durch die Anordnung von Abschaltzeiten für die Anlage ihr Tötungsrisiko auf das noch Hinnehmbare zu reduzieren.[115] Da Fledermäuse meist in der Abenddämmerung für ein bis zwei Stunden ziehen, gehen Experten davon aus, dass sie durch das Nichtdrehen der Rotorblätter zu diesen Stunden im August und September vor den negativen Folgen der Windenergieanlagen bewahrt werden können.[116] Lässt sich durch Abschaltzeiten das Kollisionsrisiko für bestimmte Fledermausarten vermindern, kann allerdings wegen des Aufenthalts anderer besonders geschützter Tiere, deren Vorkommen nicht an diese Zeiten gekoppelt ist, hinsichtlich dieser immer noch ein signifikantes Tötungsrisiko bestehen. Als weitere denkbare Maßnahmen zur Reduzierung der Kollisionsgefahr werden der Verzicht auf Gittermastkonstruktionen (keine Ansitzmöglichkeiten für Greifvögel), eine entsprechende Kennzeichnung der Rotorblätter zur Erhöhung ihrer Wahrnehmbarkeit, die Abstimmung der Befeuerung der Anlage auf die Reize der Vögel sowie die Vermeidung von (Ausgleichs-)Flächen mit Nahrungsangebot in der Nähe der Windenergieanlage genannt.[117] In jüngster Zeit kamen aber gleich zwei Gerichte zu dem Schluss, dass der Rotmilan angesichts der Reichweite seines Aufenthaltsbereichs durch eine entsprechende Oberflächengestaltung zwar in unmittelbarer Nähe der Anlage, nicht jedoch über das gesamte Nahrungsgebiet hinweg vor Kollisionen mit der Anlage geschützt werden kann.[118]

Oft wird in der Praxis mit der Anlagenzulassung ein Monitoring angeordnet. Dieses kann aber selbst nicht die Tötung besonders geschützter Tiere verhindern. Es erlaubt lediglich die schnelle Entdeckung artenschutzrechtlich unerwünschter Folgen des Betriebs einer Windenergieanlage.[119] Nach dem BVerwG soll ein Monitoring

---

114 Vgl. *VG Halle* (Fn. 55), 580, 581; vgl. *Gellermann* (Fn. 66), § 44 Rn. 9; vgl. *Schütte/Gerbig* (Fn. 64), § 44 Rn. 17.
115 Vgl. *VG Halle* (Fn. 55) 2012, 580, 581; vgl. *Anger/Gerhold* ZfBR-Sonderausgabe 2012, 90, 94; vgl. *Gellermann* (Fn. 66), § 44 Rn. 9; vgl. *Fest* (Fn. 1), S. 262, der aber auf S. 420 darauf hinweist, dass die Festsetzung von Bauzeitenfenstern bei Offshore-Anlagen problematisch sind.
116 Vgl. Artikel *Knauer* (Fn. 15).
117 Vgl. *Fest* (Fn. 1), S. 262.
118 Vgl. *OVG Magdeburg* (Fn. 55), 90, 91; vgl. *VG Kassel*, Urt. v. 15.6.2012 (Fn. 13).
119 Vgl. *Gellermann* (Fn. 66), § 44 Rn. 9.

den Unsicherheiten aufgrund einer fachgerecht vorgenommenen Risikobewertung Rechnung tragen, die aus nicht behebbaren naturschutzfachlichen Erkenntnislücken resultieren.[120] Das Monitoring macht jedoch nur Sinn, falls bei einem negativen Ergebnis entsprechende Abhilfemaßnahmen möglich sind und getroffen werden.[121]

3. Störungsverbot, § 44 Abs. 1 Nr. 2 BNatSchG

§ 44 Abs. 1 Nr. 2 BNatSchG verbietet es, wild lebende Tiere der streng geschützten Arten (s. § 7 Abs. 2 S. 1 Nr. 14 BNatSchG) sowie europäische Vogelarten (s. § 7 Abs. 2 S. 1 Nr. 12 BNatSchG) während der dort umschriebenen Schutzzeiten erheblich zu stören. Eine „Störung" i. d. S. beinhaltet eine Einwirkung auf ein Tier, durch die es beunruhigt, verängstigt oder die von ihm als eine sonst unwillkommene Einwirkung wahrgenommen wird und zu Unruhe oder zur Flucht führt.[122] Löst eine Windenergieanlage infolge ihres Lärms oder ihrer Drehbewegungen bei bestimmten Tieren Beunruhigungen oder Scheuchwirkungen aus, kann das Störungsverbot verwirklicht sein.[123] Werden durch die Windenergieanlage Flugrouten etwa infolge einer Barrierewirkung unterbrochen, stellt dies ebenfalls eine Störung dar.[124] Auch Vergrämungsmaßnahmen, die zur Verhinderung von Kollisionen von Tieren mit einer Windenergieanlage ergriffen werden, können zu einer Störung führen.[125] Da sich der Rotmilan durch solche Anlagen gerade nicht stören lässt,[126] wird bei ihm das Störungsverbot allenfalls unter dem zuletzt genannten Aspekt relevant.

§ 44 Abs. 1 Nr. 2 BNatSchG greift nur bei „erheblichen" Störungen ein. Ausweislich des zweiten Halbsatzes des § 44 Abs. 1 Nr. 2 BNatSchG ist dies der Fall, wenn sich durch die Störung der Erhaltungszustand der lokalen Population einer Art verschlechtert. Nach den Gesetzesmaterialien umfasst eine lokale Population „diejenigen (Teil-)Habitate und Aktivitätsbereiche der Individuen einer Art, die in einem für die Lebens(-raum)ansprüche der Art ausreichenden räumlich-funktionalen Zusammenhang stehen."[127] Ob eine Verschlechterung des Erhaltungszustands der Population vorliegt, ist artspezifisch im jeweiligen Einzelfall zu bestimmen.[128] Es ist

---

120 Vgl. *BVerwG* ZUR 2012, 95, 99.
121 Vgl. ebd.; vgl. *Lau* (Fn. 61), § 44 Rn. 7.
122 Vgl. *Louis* (Fn. 43), 467, 469; nach *VG Gießen* (Fn. 59) ist eine Störung jede Einwirkung auf ein Tier, die zu einer Verhaltensänderung führt.
123 Vgl. Windenergieerlass Baden-Württemberg (Fn. 99), S. 38; zu akustischen und optischen Beeinträchtigungen vgl. *BVerwG*, Urt. v. 9.6.2010 – 9 A 20/08, Rn. 48; vgl. *Hentschel* (Fn. 11), S. 567; vgl. *Heugel* (Fn. 43), § 44 Rn. 12.
124 Vgl. Windenergieerlass Baden-Württemberg (Fn. 99), S. 38.
125 Vgl. *VG Gießen* (Fn. 59); vgl. *VG Oldenburg* NuR 2011, 746, 748; vgl. *Kratsch*, in: *Schumacher/Fischer-Hüftle*, BNatSchG, 2011, § 44 Rn. 21.
126 Vgl. *Rolshoven* (Fn. 61), 156, 157.
127 Vgl. BT-Drucks. 16/5100, S. 11.
128 Vgl. ebd.; vgl. auch BT-Drucks. 16/12274, S. 71.

zu prüfen, ob die Überlebenschancen, der Bruterfolg oder die Reproduktionsfähigkeit der Art vermindert werden.¹²⁹ Dazu müssen die Behörden eine die anderen Populationen der betroffenen Art in ihrem natürlichen Verbreitungsgebiet einbeziehende Gesamtbetrachtung vornehmen und untersuchen, ob die Gesamtheit der Population in diesem natürlichen Verbreitungsgebiet als lebensfähiges Element erhalten bleibt.¹³⁰

4. Gerichtliche Kontrolldichte bei § 44 Abs. 1 Nr. 1, 2 BNatSchG

Anhand der vorhergehenden Ausführungen zur Bestimmung des „signifikant erhöhten Tötungsrisikos", aber auch der „erheblichen" Störung einer Art hat sich gezeigt, wie schwer sich Juristen im Umgang mit § 44 Abs. 1 Nr. 1, 2 BNatSchG tun. Damit die mit dieser Norm verfolgten Ziele auch tatsächlich erreicht werden, vertritt die Rechtsprechung zu Recht den Standpunkt, dass die artenschutzrechtliche Prüfung „nach ausschließlich wissenschaftlichen Kriterien" zu erfolgen hat.¹³¹ Auch wenn damit eine passende Lösung gefunden zu sein scheint, sieht sie sich jedoch sodann mit dem Problem konfrontiert, dass es bislang in der Ökologie keine eindeutigen Erkenntnisse dazu gibt.¹³² Nach einer Entscheidung des BVerwG aus dem Jahr 2008 ist der Erkenntnisstand in weiten Bereichen der Ökologie noch nicht weit genug fortgeschritten, um dem Rechtsanwender verlässliche Antworten liefern zu können. Bei zahlreichen Fragestellungen würden verschiedene naturschutzfachliche Einschätzungen einander gegenüberstehen.¹³³ Dieser Befund sei für alle Ebenen der (zumindest auch) Wertungen einschließenden naturschutzfachlichen Prüfung bedeutsam, „also sowohl bei der *ökologischen Bestandsaufnahme* als auch bei deren *Bewertung*."¹³⁴ Obwohl zwischenzeitlich einige Jahre vergangen sind, scheint sich die fachwissenschaftliche Lage nicht wesentlich geändert zu haben. Bis heute wird in den Gerichtsentscheidungen wiederholt, dass zur fachgerechten Beurteilung ornithologische Kriterien maßgeblich seien, die zu treffende Entscheidung Prognoseelemente enthalte und überdies keine naturschutzfachlich allgemein anerkannten standardisierten Maßstäbe und rechenhaft handhabbaren Verfahren bestehen würden.¹³⁵

---

129 Vgl. ebd.; vgl. ebd.
130 Vgl. *BVerwG* BeckRS 2011, 55589 Rn. 151 (natürliches Verbreitungsgebiet geht über das Plangebiet hinaus, behördlicher Beurteilungsspielraum); vgl. zum Begriff der „lokalen Population" auch *BVerwG* NuR 2010, 870, 872; zur Frage der Unionswidrigkeit dieses Merkmals vgl. *Gellermann* (Fn. 66), § 44 Rn. 13; vgl. *Schütte/Gerbig* (Fn. 64), § 44 Rn. 27.
131 *BVerwGE* 131, 274, 295; vgl. auch *Vallendar* (Fn. 71), 14, 15.
132 Vgl. *Vallendar* (Fn. 71), 14, 16.
133 Vgl. *BVerwGE* 131, 274, 296.
134 Vgl. *BVerwGE* 131, 274, 296 (ohne Kursivhervorhebung in der Entscheidung).
135 Vgl. *OVG Magdeburg* (Fn. 55), 90, 93; vgl. *OVG Lüneburg* (Fn. 59), 358; vgl. *VG Gießen* (Fn. 59); vgl. *VG Halle* (Fn. 55), 580, 581; zu den unzulänglichen Erkenntnissen vgl. auch *Hentschel* (Fn. 11), S. 85 ff.

Solange aber die Ökologie keine eindeutigen Erkenntnisse liefert, sehen sich die Gerichte mangels einer auf besserer Erkenntnis beruhenden Befugnis außerstande, eine naturschutzfachliche Einschätzung einer sachverständig beratenen Behörde als nicht rechtens zu beanstanden. Daher verfüge die Verwaltung über eine „naturschutzfachliche Einschätzungsprärogative", die nur einer eingeschränkten gerichtlichen Kontrolle zugänglich sei. Behördenentscheidungen werden deshalb von den Gerichten hingenommen, sofern sie „im konkreten Einzelfall naturschutzfachlich vertretbar" sind und nicht auf einem „unzulänglichen" oder den gesetzlichen Anforderungen nicht gerecht werdenden, „ungeeigneten" Bewertungsverfahren beruhen.[136] Allein der Umstand, dass eine naturschutzfachliche Ansicht umfangreichere, aufwändigere oder strengere Anforderungen für richtig hält, führt nicht dazu, dass sie einer anderen naturschutzfachlichen Meinung überlegen oder vorzugswürdig ist.[137] „Das ist erst dann der Fall, wenn sich diese Auffassung als allgemein anerkannter Stand der Wissenschaft durchgesetzt hat und die gegenteilige Meinung als nicht (mehr) vertretbar angesehen wird."[138] Bei Genehmigungsverfahren wird für die Rücknahme der gerichtlichen Kontrolle zusätzlich verlangt, dass die Behörde den Sachverhalt entsprechend den wissenschaftlichen Maßstäben und vorhandenen Erkenntnissen ermittelt hat.[139]

Gellermann hat an dieser Zurücknahme der gerichtlichen Kontrolldichte Bedenken angemeldet. Da sich die Verbotsnormen des § 44 Abs. 1 BNatschG direkt an den Bürger wendeten und Verstöße dagegen nach § 69 Abs. 2 Nr. 1, 2, Abs. 3 Nr. 20, 21 BNatSchG sanktionsbewehrt seien, sei die angenommene Einschätzungsprärogative dem Vorwurf der Unbestimmtheit ausgesetzt.[140] Die Vertretbarkeit sei ein intersubjektiv nicht nachvollziehbarer Maßstab mit einer Tendenz zur Beliebigkeit.[141] Dieser Kritik lässt sich jedoch entgegenhalten, dass der Bürger vor der Aufnahme des Betriebs einer Windenergieanlage eine behördliche Zulassungsentscheidung einholen muss und daher auch Kenntnis von der behördlichen Einschätzung hat. Wird das Zugriffsverbot erst nach der Zulassung relevant, weil sich infolge der Dynamik des Naturgeschehens später besonders geschützte Tierarten in den Bereich der Windenergieanlage begeben, ist auf der Ebene der Sanktionsbewehrung zu beachten, dass diese mit einer subjektiven Komponente verknüpft sind. Nach ständiger BVerfG-Rechtsprechung kann der Gesetzgeber der Verwaltung in engen Grenzen Beurteilungsspielräume zugestehen, ist hierbei aber an die Grundrechte, das Demokratie- und Rechtsstaatsprinzip und die hieraus resultierenden Grundsät-

---

136 Vgl. *BVerwGE* 131, 274, 296; vgl. *OVG Magdeburg* (Fn. 55), 90, 93; vgl. *VG Gießen* (Fn. 59); zu den Anforderungen an die Gerichte hinsichtlich Auswahl der Sachverständigen und Nutzung derer Aussagen, vgl. *Brandt*, in: *ders./Spangenberger*, Windenergieanlagen und Rotmilane – Anforderungen an die Bewertung des Tötungsrisikos, 2011, S. 1, 10.
137 Vgl. *BVerwGE* 131, 274, 297; vgl. *VG Gießen* (Fn. 59).
138 Vgl. *BVerwGE* 131, 274, 297; vgl. *VG Gießen* (Fn. 59).
139 Vgl. *OVG Lüneburg* NuR 2011, 431, 432; vgl. *OVG Magdeburg* (Fn. 55), 90, 94.
140 Vgl. *Gellermann* (Fn. 66), § 44 Rn. 24.
141 Vgl. ebd.

ze der Normenbestimmtheit und -klarheit gebunden.[142] Die „Freistellung" der Rechtsanwendung von der gerichtlichen Kontrolle muss sich grundsätzlich aus dem Gesetz oder seiner Auslegung ergeben und bedarf eines hinreichend gewichtigen, am Grundsatz eines effektiven Rechtsschutzes ausgerichteten Sachgrunds.[143]

Die gesetzliche Einräumung eines behördlichen Beurteilungsspielraums bei § 44 Abs. 1 Nr. 1, 2 BNatSchG kann man daraus entnehmen, dass in den Verbotsnormen außerrechtliche, nämlich fachwissenschaftliche Maßstäbe zum Prüf- und Entscheidungsprogramm gemacht werden.[144] Als ein die Zurücknahme der Gerichtskontrolle rechtfertigender Sachgrund lässt sich benennen, dass die Richter/-innen mit ihrer juristischen Ausbildung keinesfalls besser als die oftmals mit Mitarbeitern diverser Fachdisziplinen besetzten Behörden die verschiedenen ökologischen Fachmeinungen beurteilen können. Mit den Worten von *Storost* stößt die Rechtsprechung bei der artenschutzrechtlichen Prüfung angesichts der hohen Komplexität und Dynamik der in Rede stehenden Materie an ihre Funktionsgrenzen.[145] Die Lage unterscheidet sich insoweit nicht wesentlich von Äußerungen des BVerfG zur Gerichtskontrolle in Fällen, in denen der exekutive Normsetzer eine Bewertung divergierender fachwissenschaftlicher Meinungen vorgenommen hat. So judizierte es bezüglich den von der Exekutive festgelegten Grenzwerten für elektromagnetische Strahlungen, dass bei komplexen Gefährdungslagen, über die noch keine wissenschaftlich verlässlichen Erkenntnisse vorliegen, dem Verordnungsgeber ein angemessener Erfahrungs- und Anpassungsspielraum zukomme. Eine solche Verantwortungsteilung trage auch den nach Funktion und Verfahrensweise unterschiedlichen Erkenntnismöglichkeiten beider Gewalten Rechnung.[146] Nach der CERN-Entscheidung muss der Staat zwar alle vertretbaren wissenschaftlichen Erkenntnisse in Erwägung ziehen, aber nicht jeder Meinungsäußerung auch entsprechen. Die vorzunehmende Abwägung der widerstreitenden Ansichten sei der Exekutive, nicht jedoch den Gerichten zugewiesen, „die eine wissenschaftliche Kontroverse nicht selbst entscheiden können."[147]

5. Ausnahmen und Befreiungen von den Zugriffsverboten

Sollte die Windenergieanlage mit den Zugriffsverboten des § 44 Abs. 1 BNatSchG unvereinbar sein, könnte das jeweilige Vorhaben bei Erteilung einer Ausnahme nach § 45 Abs. 7 BNatSchG dennoch realisiert werden.[148] Dafür muss einer der in

---

142 Vgl. nur *BVerfG* DVBl. 2012, 230, 231.
143 Vgl. ebd.
144 Ohne Bezug zum Beurteilungsspielraum vgl. *Vallendar* (Fn. 71), 14, 16.
145 Vgl. *Storost* (Fn. 54), 737, 740.
146 Vgl. *BVerfG* NJW 2002, 1638, 1639.
147 Vgl. *BVerfG* NVwZ 2010, 702, 705.
148 Vgl. da das *BVerwG* NuR 2011, 866, 878 Rn. 19, die Herausnahme des Tötungsverbots in § 44 Abs. 5 S. 2 BNatSchG für unionsrechtswidrig erachtet hat, wird diese Norm hier nicht weiter angeprüft. Näher dazu vgl. *Beier* DVBl. 2012, 149, 156; vgl. *Gellermann* NuR 2012, 34, 35; *ders.* (Fn. 53), S. 94 ff.

Satz 1 aufgezählten Ausnahmegründe objektiv vorliegen.[149] Zu denken ist vor allem an Nummer 5, die zwingenden Gründe des überwiegenden öffentlichen Interesses einschließlich solcher sozialer oder wirtschaftlicher Art.[150] Das Merkmal „zwingend" verdeutlicht nach der Rechtsprechung, dass der die Ausnahme rechtfertigende öffentliche Belang von einigem Gewicht sein muss.[151] Dafür müssten aber keine Sachzwänge vorliegen, denen niemand ausweichen könne. Es genüge vielmehr ein durch Vernunft und Verantwortungsbewusstsein geleitetes staatliches Handeln.[152] Auch das Projekt eines privaten Vorhabenträgers, mit dem er seine wirtschaftlichen Interessen verfolgt, kann dem Gemeinwohl dienen.[153] An der Steigerung der Windenergie besteht ein erhebliches öffentliches Interesse.[154] Da das öffentliche Interesse an dem Vorhaben jedoch „überwiegen" muss, ist in jedem Einzelfall zwischen der Beeinträchtigung des Artenschutzes und dem für das Vorhaben streitenden öffentlichen Interesse abzuwägen.[155] Nach dem baden-württembergischen Windenergieerlass sind bei dieser Abwägung z. B. die Gefährdung der betroffenen Art, das Ausmaß der zu erwartenden Beeinträchtigung sowie die besondere Windhöffigkeit des Standortes einzustellen.[156] Eine Ausnahme scheidet bei nicht hinreichendem Stromertrag der Anlage am jeweiligen Standort aus[157] und kommt nur in Betracht, wenn keine „zumutbaren Alternativen" bestehen (§ 45 Abs. 7 S. 2 BNatSchG).[158] Außerdem muss sichergestellt sein, dass sich der Erhaltungszustand der Population nicht verschlechtert. Möglicherweise können populationsschützende Maßnahmen für die betroffene Art, auch außerhalb des betroffenen Naturraums, zur Erfüllung dieser Ausnahmevoraussetzung beitragen.[159] Nach der Rechtsprechung kann trotz eines ungünstigen Erhaltungszustands der Art eine Ausnahme gewährt werden, wenn durch das Windenergievorhaben der Erhaltungszustand nicht weiter verschlechtert und die Möglichkeit der Wiederherstellung eines günstigen Erhaltungszustands nicht behindert wird.[160] Auch ist darauf zu achten, dass die Ausnahme den Anforderungen des Art. 16 Abs. 1 FFH-Richtlinie entsprechen muss; darüber hin-

---

149 Vgl. *Fest* (Fn. 1), S. 110; vgl. *Storost* (Fn. 54), 737, 743.
150 Vgl. dazu auch *Hentschel* (Fn. 11), S. 569.
151 Vgl. *VGH Mannheim* NuR 2012, 204, 215; vgl. *Gellermann* (Fn. 66), § 34 BNatSchG Rn. 33, § 45 BNatSchG Rn. 24.
152 Vgl. *BVerwGE* 110, 302, 314; vgl. *VGH Mannheim* (Fn. 151), 204, 216 f.
153 Vgl. *VGH Mannheim* (Fn. 151), 204, 215.
154 Vgl. auch den Windenergieerlass Baden-Württemberg (Fn. 99), S. 39; dazu, dass für Energieerzeugungsanlagen grundsätzlich zwingende öffentliche Interessen sprechen, vgl. *VGH Mannheim* (Fn. 151), 204, 215.
155 Vgl. *VGH Mannheim* (Fn. 151), 204, 215 f.; vgl. *Hentschel* (Fn. 11), S. 569; vgl. Windenergieerlass Baden-Württemberg (Fn. 99), S. 39.
156 Vgl. Windenergieerlass Baden-Württemberg (Fn. 99), S. 39.
157 Vgl. Hinweise Bayern (Fn. 99), S. 48.
158 Eingehend zur Auslegung dieses Merkmals vgl. *VGH Mannheim* (Fn. 151), 204, 216 f.; vgl. *Storost* (Fn. 54), 737, 743.
159 Vgl. *BVerwG* NuR 2010, 870, 873; vgl. Windenergieerlass Baden-Württemberg (Fn. 99), S. 39.
160 Vgl. *VGH Mannheim* (Fn. 151), 204, 217; vgl. näher dazu *Storost* (Fn. 54), 737, 744; vgl. auch *Louis* (Fn.43), 467, 473 f.

aus sind Art. 16 Abs. 3 FFH-Richtlinie und Art. 9 Abs. 2 Vogelschutz-Richtlinie zu beachten.[161]

V. Implementierung des Artenschutzes vor Realisierung der Windenergieanlage

Wie im baden-württembergischen Windenergieerlass zutreffend gesehen wird, gelten die artenschutzrechtlichen Zugriffsverbote in der Regional- und Bauleitplanung nicht unmittelbar.[162] Da jedoch Planungen mangels Erforderlichkeit unwirksam sind, wenn ihnen langfristig zwingende Vollzugshindernisse aus rechtlichen Gründen entgegenstehen,[163] ist bereits auf den vorherigen Ebenen abzuklären, wie sich die Verwirklichung des jeweiligen Windenergievorhabens zu den artenschutzrechtlichen Bestimmungen der §§ 44 ff. BNatSchG verhalten wird.[164] Lassen auf der Ebene der Regionalplanung die vorhandenen Daten und Erkenntnisse unter Berücksichtigung etwaiger Vermeidungsmaßnahmen sowie der Ausnahmevorschrift des § 45 Abs. 7 BNatSchG einen unlösbaren Konflikt mit dem Artenschutzrecht erkennen, ist von regionalplanerischen Festlegungen zur Windenergie im betreffenden Gebiet abzusehen.[165] Kann aufgrund einer prognostischen Beurteilung mit einer artenschutzkompatiblen Konfliktlösung in den nachgelagerten Bauleitplan- oder Zulassungsverfahren gerechnet werden, kommt eine regionalplanerische Ausweisung von Windenergiestandorten in Betracht.[166] Die Anforderungen an die Ermittlungstiefe sind ebenenspezifisch zu bestimmen. Bei der Ausweisung von Konzentrationszonen in Form von Zielen der Raumordnung ist jedoch zu beachten, dass die überörtliche und überfachliche Raumordnung in diesem Falle ähnliche Wirkungen wie ein Flächennutzungsplan entfaltet.

Die Gemeinden können die Ansiedlung von Windenergieanlagen über den Erlass von Bauleitplänen steuern. Sofern auf der übergeordneten Ebene „Ziele" der Raumordnung zur Windenergie erlassen wurden, müssen die Gemeinden ihre Bauleitpläne auf diese abstimmen (§ 1 Abs. 4 BauGB).[167] Die Erforderlichkeit eines Flächennutzungs- oder Bebauungsplans i. S. d. § 1 Abs. 3 BauGB besteht nur, wenn die Realisierung einer in Erwägung gezogenen bauleitplanerischen Darstel-

---

161 Zur Nichterwähnung von Art. 9 Abs. 1 Vogelschutz-Richtlinie vgl. *Storost* (Fn. 54), 737, 743.
162 Vgl. Windenergieerlass Baden-Württemberg (Fn. 99), S. 18.
163 Vgl. *BVerwGE* 106, 246, 249 f.; 116, 144, 147; vgl. Windenergieerlass Baden-Württemberg (Fn. 99), S. 18.
164 Vgl. Windenergieerlass Baden-Württemberg (Fn. 99), S. 18; vgl. *Schmidt-Eichstaedt* UPR 2010, 401, 402.
165 Vgl. Windenergieerlass Baden-Württemberg (Fn. 99), S. 18.
166 Vgl. *VGH Kassel*, Urt. v. 10.5.2012 – 4 C 841/11.N (Regionalplan); vgl. Windenergieerlass Baden-Württemberg (Fn. 99), S. 18 f.
167 Näher dazu Windenergieerlass Baden-Württemberg (Fn. 99), S. 10.

lung bzw. Festsetzung zur Windenergie später nicht an artenschutzrechtlichen Vorschriften scheitern wird.[168] Was die Ausnahmemöglichkeit des § 45 Abs. 7 BNatSchG anbetrifft, ist zu beachten, dass für den Bauleitplan selbst nicht die Erteilung einer Ausnahme nach dieser Vorschrift benötigt wird.[169] Eine negative artenschutzrechtliche Prüfung kann die Gemeinde nicht im Rahmen der Abwägung nach § 1 Abs. 7 BauGB überwinden.[170]

Ein beliebtes Mittel zur Steuerung der Windenergie im Außenbereich stellt die Ausweisung von diesbezüglichen Konzentrationszonen in einem Flächennutzungsplan mit der Folge des § 35 Abs. 3 S. 3 BauGB dar, dass Windenergieanlagen außerhalb dieser Zone „in der Regel" öffentliche Belange entgegenstehen. Weil die negative und positive Komponente der festgelegten Konzentrationszonen einander bedingen, muss dem Plan ein den allgemeinen Anforderungen des planungsrechtlichen Abwägungsgebots genügendes gesamträumliches Planungskonzept zugrunde liegen, das in folgenden Schritten auszuarbeiten ist:[171] In einem ersten Arbeitsschritt hat die mit der Planung betraute Stelle die sog. *harten Tabuzonen* zu ermitteln, die aus tatsächlichen oder rechtlichen Gründen für die Windenergienutzung nicht geeignet sind.[172] Letzteres ist bei all den Gebieten anzunehmen, in denen Windenergieanlagen gegen die §§ 44, 45 BNatSchG verstoßen würden.[173] In einem zweiten Schritt erfolgt die Bestimmung der sog. *weichen Tabuzonen*, in denen die Errichtung und der Betrieb von Windenergieanlagen zwar an und für sich möglich sind, in denen aber nach den städtebaulichen Vorstellungen des Planungsträgers keine derartigen Anlagen aufgestellt werden sollen.[174] Die Frage, ob man nicht aus Vorsichtsgründen größere Abstände oder Flächen von Windenergieanlagen im Interesse eines vorsorgenden Artenschutzes freihalten möchte, gehört zu diesem zweiten Arbeitsschritt.[175] Nach Abzug der Tabuflächen gelangt man sodann zu den sog. Potenzialflächen, bei denen in einem weiteren Schritt die konkurrierenden Nutzungen zueinander in Beziehung zu setzen und abzuwägen sind.[176] Dabei genügt es, wenn für die Windenergienutzung ausreichend substanzieller Raum geschaffen wird.[177] § 35 Abs. 3 S. 3 BauGB lässt sich keine dahingehende Gewichtungsvorgabe entnehmen,

---

168 Vgl. *Gellermann* (Fn. 66) § 44 Rn. 48; vgl. *Fellenberg/Lütkes*, in: *Lütkes/Ewer*, BNatSchG, 2011, § 45 Rn. 45; vgl. *Mitschang/Wagner* (Fn. 90), 1457, 1459; vgl. Windenergieerlass Baden-Württemberg (Fn. 99), S. 19 f.
169 Vgl. *Fest* (Fn. 1), S. 108; instruktiv zur Vorgehensweise vgl. *Mitschang/Wagner* (Fn. 90), 1457, 1462 f.; vgl. auch *Fellenberg/Lütkes* (Fn. 168), § 45 Rn. 46.
170 Vgl. *Mitschang/Wagner* (Fn. 90), 1457, 1459; vgl. *Schmidt-Eichstaedt* (Fn. 164); vgl. Windenergieerlass Baden-Württemberg (Fn. 99), S. 19.
171 Vgl. *BVerwG* ZUR 2010, 96; vgl. *VGH Kassel* (Fn. 166).
172 Vgl. *BVerwG* (Fn. 171); vgl. *VGH Kassel* (Fn. 166); vgl. auch Repowering Infobörse, Hintergrundpapier „Ausweisung von Flächen für die Windenergie – Behandlung der ‚harten Tabuzonen' in Schutzgebieten" v. 4.6.2012, S. 2.
173 Vgl. *BVerwG* (Fn. 171); vgl. Repowering Infobörse (Fn. 172), S. 8 f.
174 Vgl. *VGH Kassel* (Fn. 166).
175 Vgl. Repowering Infobörse (Fn. 172), S. 9.
176 Vgl. *VGH Kassel* (Fn. 166); vgl. Repowering Infobörse (Fn. 172), S. 2.
177 Vgl. ebd.; vgl. ebd.

dass der Planungsträger der Windenergienutzung einschließlich des Repowering bestmöglich Rechnung tragen muss.[178] Steht ausreichend substanzieller Raum für die Windenergienutzung zur Verfügung, braucht der Plangeber nicht darüber hinaus durch einen großzügigen Gebietszuschnitt zusätzliche Möglichkeiten für ein späteres Repowering zu eröffnen.[179]

Für die Errichtung einer Windenergieanlage mit einer Gesamthöhe von mehr als 50 m wird gem. § 4 Abs. 1 S. 3 BImSchG i. V. m. Nr. 1.6 des Anhangs 4. BImSchV eine immissionsschutzrechtliche Genehmigung benötigt.[180] Diese darf gem. § 6 Abs. 1 Nr. 2 BImSchG nur erteilt werden, wenn der Errichtung und dem Betrieb der Anlage keine anderen öffentlich-rechtlichen Vorschriften entgegenstehen. Da größere Windenergieanlagen nur im Außenbereich ernsthaft in Betracht kommen werden, erlangt bei der behördlichen Prüfung § 35 BauGB eine zentrale Bedeutung.[181] Sollten keine Konzentrationszonen für die Windenergie bestehen (s. § 35 Abs. 3 S. 3 BauGB), ist bei der rechtlichen Beurteilung zwar einzustellen, dass der Bundesgesetzgeber die Windenergie gem. § 35 Abs. 1 Nr. 5 BauGB privilegiert dem Außenbereich zugewiesen und ihr damit ein gesteigertes Durchsetzungsvermögen verliehen hat.[182] Da damit aber noch keine Entscheidung über den konkreten Standort getroffen wurde, kann das jeweilige Vorhaben trotzdem an entgegenstehenden öffentlichen Belangen des § 35 Abs. 3 S. 1 BauGB, etwa dem Naturschutz (Nr. 5), scheitern.[183] Weil der Artenschutz einen Unterfall dieses Belangs bildet,[184] erlangen die §§ 44 ff. BNatSchG im Rahmen der nachvollziehenden Abwägung nach § 35 Abs. 1, 3 S. 1 BauGB maßgebliche Bedeutung[185] und können zur Unzulässigkeit des einzelnen Vorhabens führen.[186] Bevor die beantragte Genehmigung abgelehnt wird, ist zu prüfen, ob sich das Genehmigungshindernis nicht durch Beifügung entsprechender Nebenbestimmungen ausräumen lässt.[187]

---

178 Vgl. *VGH Kassel* (Fn. 166).
179 Vgl. ebd.
180 Näher zum Genehmigungsverfahren vgl. *Beckmann* KommJur 2012, 170 ff.
181 Vgl. auch *Fest* (Fn. 1), S. 74.
182 Vgl. *OVG Magdeburg* (Fn. 55), 90, 92.
183 Vgl. *BVerwGE* 68, 311, 315; vgl. *OVG Magdeburg* (Fn. 55), 90, 92.
184 Vgl. *OVG Magdeburg* (Fn. 55), 90, 92; vgl. *Hentschel* (Fn. 11), S. 482.
185 Vgl. *VG Kassel*, Urt. v. 15.6.2012 (Fn. 13); vgl. *Hentschel* (Fn. 11), S. 483; zum Streit, ob allgemein eine nachvollziehende Abwägung zu erfolgen hat oder zunächst konkret auf die artenschutzrechtlichen Maßstäbe zurückzugreifen ist, vgl. *VG Halle* (Fn. 12).
186 Vgl. *OVG Bautzen* SächsVBl. 2007, 235, 239; vgl. *OVG Koblenz* NuR 2010, 348, 349 ff.; vgl. *Hentschel* (Fn. 11), S. 483 f.
187 Vgl. *Hentschel* (Fn. 11), S. 485.

VI. Fazit

Obwohl die Windenergie aus Sicht des Klimaschutzes zu begrüßen ist und ihr Ausbau angesichts des Ausstiegs aus der Kernenergie forciert wird, können damit negative Effekte für windkraftempfindliche Tiere einhergehen.[188] Diese werden jedoch durch die Vorschriften der §§ 44 ff. BNatSchG begrenzt, welche bereits im Rahmen der Planungs- und Zulassungsentscheidungen über entsprechende Brückennormen bei der behördlichen Entscheidungsfindung zu beachten sind. Mit den Worten des Landes Baden-Württemberg sind die artenschutzrechtlichen Vorschriften „entsprechend der Planungs- und Untersuchungstiefe der jeweiligen Verfahrensstufe zu berücksichtigen" und unterliegen wegen ihrer zwingenden Natur nicht der Abwägung.[189] Die Praxis tut sich bislang mit dem Vollzug der §§ 44 ff. BNatSchG schwer, weil noch keine ausreichend verlässlichen fachwissenschaftlichen Aussagen zum Umgang mit bestimmten artenschutzrechtlichen Fragen bestehen.[190] Auch wenn Windenergieanlagen heute keine Neuerungen mehr sind, ergeben sich beim Repowering angesichts der ständigen Fortentwicklung der Anlagentechnik, aber auch erst jetzt für diese in Erwägung gezogenen Standorten (Stichwort: Windenergie im Wald) neue Probleme für deren Beurteilung und Bewertung. Alles in allem bleibt zu hoffen, dass sich die diesbezüglichen Erkenntnisse im Laufe der Zeit verbessern werden.

---

188 Vgl. auch die Anlage 2 zum Gesetz zur Änderung des baden-württembergischen Landesplanungsgesetzes v. 22.5.2012.
189 Vgl. Anlage 2 (Fn. 188).
190 Vgl. auch *Hentschel* (Fn. 11), S. 85 ff.

Aktuelle Rechtsprechung des BVerwG zur Windenergie

Helmut Petz

I. Konzentrationsflächenplanung: allgemeine Anforderungen

Grundlegend:

Urteil vom 17.12.2002 – BVerwG 4 C 15.01 – BVerwGE 117, 287
Urteil vom 13.3.2003 – BVerwG 4 C 4.02 – NVwZ 2003, 1261
Urteil vom 21.10.2004 – BVerwG 4 C 2.04 – BVerwGE 122, 109
Urteil vom 24.1.2008 – BVerwG 4 CN 2.07 – NVwZ 2008, 559

<u>Hinweis:</u> Beachte nunmehr auch das nach der Fachtagung ergangene Urteil des Senats vom 13.12.2012 – BVerwG 4 CN 1.11 – Juris, mit einem guten Überblick über die zentralen Aussagen der bisherigen Rechtsprechung.

Zusammenfassende Darstellung der rechtlichen Anforderungen:

1. Planungsvorbehalt/ Konzept planerischer Steuerung

Nach **§ 35 Abs. 3 Satz 3 BauGB** stehen öffentliche Belange einem Vorhaben zur Windenergie-Nutzung in der Regel entgegen, soweit hierfür durch Darstellungen im Flächennutzungsplan eine **Ausweisung an anderer Stelle** erfolgt ist.

Die Vorschrift stellt die Windenergie-Nutzung damit unter einen **Planungsvorbehalt;** macht die Gemeinde von der Planungsmöglichkeit Gebrauch, kommt die gesetzgeberische Privilegierungsentscheidung zwar weiterhin, aber nur mehr nach Maßgabe der gemeindlichen Planungsvorstellungen zum Tragen; das kommt einer **planerischen Kontingentierung** gleich.

Die negative und die positive Komponente der Konzentrationsflächenplanung mit den Rechtswirkungen des § 35 Abs. 3 Satz 3 BauGB bedingen einander.

Das Zurücktreten der Privilegierung in Teilen des Plangebiets lässt sich nur rechtfertigen, wenn die Gemeinde sicherstellt, dass sich die betroffenen Vorhaben an anderer Stelle gegenüber konkurrierenden Nutzungen durchsetzen.

2. Anforderungen des Abwägungsgebots

"Schlüssiges planerisches Gesamtkonzept": die Ausschlusswirkung erfasst alle Flächen in der Gemeinde, die nicht als Konzentrationsfläche dargestellt sind.

- Die Planung muss sich (grundsätzlich) auf den **gesamten Außenbereich** erstrecken.

- Die Ausweisung von Konzentrationsflächen muss Hand in Hand gehen mit der Prüfung, ob und inwieweit die **übrigen Außenbereichsflächen** als Stand-orte für Windenergie-Nutzung ausscheiden.

Keine bloße "Feigenblatt"-Planung/ "verkappte Verhinderungsplanung": Planung ist abwägungsfehlerhaft, wenn sie der gesetzgeberischen Grundentscheidung zugunsten der Windenergie-Nutzung im Außenbereich zuwiderläuft, weil für die Windenergie-Nutzung nicht genügend Raum bleibt.

3. Abschnittsweise Ausarbeitung des Planungskonzepts

Erster Arbeitsschritt: Ermittlung von "Tabu-Zonen"

- **"Harte Tabuzonen":** für Windenergie-Nutzung aus tatsächlichen oder rechtlichen **Gründen ungeeignete Flächen.**
  - Flächen, deren Bereitstellung für die Windenergie-Nutzung an § 1 Abs. 3 Satz 1 BauGB scheitert; einer Abwägung entzogen.

- **"Weiche Tabuzonen":** Flächen, auf denen Windenergie-Nutzung grundsätzlich möglich ist, auf denen aber nach den planerischen Vorstellungen der Gemeinde keine Windenergieanlagen aufgestellt werden sollen.
  - Der Abwägung zugänglich, § 1 Abs. 7, § 2 Abs. 3 BauGB.

Zweiter Arbeitsschritt: **Abwägung** der Windenergie-Nutzung mit konkurrierenden abwägungserheblichen Belangen auf den verbleibenden **"Potentialflächen".**

4. Ergebnis der Konzentrationsflächenplanung

Planungsträger muss „Windenergie-Nutzung in substantieller Weise Raum verschaffen":

- **Keine Beschränkung auf ein Minimum** (Planungsvorbehalt = Kompetenz zur planerischen Steuerung, nicht zur beliebigen Beschränkung der privilegierten Windenergie-Nutzung).

- **Maßstäbe** für „substantiell Raum verschaffen".

Entwicklung geeigneter Maßstäbe grundsätzlich den Planungsträgern und den Tatsachengerichten vorbehalten; entwickelte Kriterien sind vom Revisionsgericht hinzunehmen, wenn sie nicht von einem Rechtsirrtum infiziert sind, gegen Denkgesetze oder allgemeine Erfahrungssätze verstoßen oder ansonsten für die Beurteilung schlechthin unbrauchbar (Urteil vom 11.10.2007 – BVerwG 4 C 7.07 – BVerwGE 129, 307 Rn. 22; vgl. auch Urteil vom 13.12.2012 – BVerwG 4 CN 1.12 – Juris).

Als **geeignete Maßstäbe** kommen z. B. in Betracht:

- **Verhältnis** zwischen der Größe der **Konzentrationsfläche** und der Größe derjenigen **Potentialflächen**, die sich **nach Abzug der harten Tabuzonen** von der Gesamtheit der gemeindlichen Außenbereichsflächen ergeben (so OVG Berlin-Brandenburg, Urteil vom 24.2.2011 – OVG 2 A 2.09 – NUR 2011, 794);.

  Achtung: Festlegung auf einen bestimmten prozentualen Anteil wäre unzulässig!

- **„Je-desto"-Formel**: Je geringer der Anteil der ausgewiesenen Konzentrationsflächen, desto gewichtiger müssen die gegen eine weitere Ausweisung von Konzentrationsflächen sprechenden Gesichtspunkte sein (so VG Hannover, Urteil vom 24.11.2011 – 4 A 4927/09 – Juris Rn. 66).

- Hinweis: keine Exklusivität der erwähnten Maßstäbe; auch andere brauchbare Maßstäbe kommen alternativ in Betracht!

Planerische Konsequenzen aus der Ergebnisprüfung:

- Erkennt der Planungsträger, dass das Ziel, der Windenergie-Nutzung substantiell Raum zu verschaffen, verfehlt wird, hat er sein **Auswahlkonzept** nochmals zu **überprüfen** und gegebenenfalls zu **ändern.**

- Ist er der Auffassung, es sei im Hinblick auf örtliche Besonderheiten nicht möglich, eine ausgewogene Planung zu beschließen, hat er sich darauf zu **beschränken**, die Zulassung von Windenergieanlagen im Rahmen der Anwendung von § 35 Abs. 1 und Abs. 3 Satz 1 BauGB durch das Geltendmachen von öffentlichen Belangen zu steuern.

II. Konzentrationsflächenplanung: Flächennutzungsplan

Urteil vom 20.5.2010 – BVerwG 4 C 7.09 – BVerwGE 137, 74 = NVwZ 2010, 1561 = BauR 2010, 736 = ZfBR 2010, 675 = UPR 2010, 391 (Stadt Karben)

Nachträgliche erhebliche Reduzierung der Konzentrationsflächen; Gewicht abgewogener Belange bei der Vorhabenzulassung; Vorwirkungen einer Planänderung.

Leitsätze:

Eine Gemeinde, die von der Ermächtigung zur Konzentrationsflächenplanung Gebrauch macht, hat die öffentlichen Belange, die nach § 35 Abs. 3 Satz 1 BauGB erheblich sind und nicht zugleich zwingende, im Wege der Ausnahme oder Befreiung nicht überwindbare Verbotstatbestände nach anderen öffentlich-rechtlichen Vorschriften erfüllen, bei der Planung nach Maßgabe des § 1 Abs. 7 BauGB gegen das Interesse Bauwilliger abzuwägen, den Außenbereich für die Errichtung von Vorhaben im Sinne des § 35 Abs. 1 Nr. 2 bis 6 BauGB in Anspruch zu nehmen.

Ist die Planung wirksam, weil die Abwägung frei von Fehlern ist oder Abwägungsmängel nach dem Fehlerfolgenregime des § 214 BauGB unbeachtlich sind, dürfen diese Belange bei der Entscheidung über die Zulassung eines Vorhabens auf der Konzentrationsflächen nicht wieder als Genehmigungshindernis aktiviert werden.

Es bleibt offen, ob die Darstellungen eines in Aufstellung befindlichen Flächennutzungsplans, dem nach seinem Inkrafttreten die Wirkungen des § 35 Abs. 3 Satz 3 BauGB zukommen sollen, einem Außenbereichsvorhaben generell nicht als unbenannter öffentlicher Belang im Sinne des § 35 Abs. 3 Satz 1 BauGB entgegenstehen können.

Eine "Vorwirkung" scheidet jedenfalls für den Fall aus, dass die künftigen Ausschlussflächen nach dem aktuellen Flächennutzungsplan noch in einer Konzentrationsfläche liegen.

Hinweise:

Mit der Entscheidung für die Ausweisung einer Konzentrationsfläche bringt die Gemeinde zum Ausdruck, dass sie die der Abwägung zugänglichen, gegen die Planung sprechenden Belange geringer gewichtet hat als die Interessen der Windenergie-Nutzer (arg. Zurücktreten der Privilegierung im Ausschlussbereich lässt sich – wie dargelegt – nur rechtfertigen, wenn die Gemeinde sicherstellt, dass sich die Windenergie-Nutzung an anderer Stelle gegenüber konkurrierenden Nutzungen durchsetzt → **Wirkung der Positivflächen** der Konzentrationsflächenplanung **wie Baurechtszuweisung durch einfachen Bebauungsplan**).

Solange die bisherige Planung Bestand hat, also nicht rechtsförmlich aufgehoben worden ist, kann eine nur in Aufstellung befindliche anderweitige Flächennutzungsplanung nicht als öffentlicher Belang im Sinne des § 35 Abs. 3 Satz 1 Nr. 1 BauGB entgegengehalten werden.

III. Konzentrationsflächenplanung: Ziele der Raumordnung

Urteil vom 1.7.2010 – BVerwG 4 C 6.09 – BVerwGE 137, 259 = NVwZ 2011, 240 = BauR 2011, 97 = ZfBR 2010, 786 (Region Oberfranken-Ost)

Anforderungen an Ziele der Raumordnung; unmittelbare Rechtswirkung nach außen; Ermächtigung zur Festlegung von Eignungsgebieten.

Leitsätze:

Die in § 35 Abs. 3 Satz 3 BauGB vorgesehene Rechtswirkung – Entgegenstehen öffentlicher Belange im Regelfall – tritt ein, wenn die genannte Ausweisung an anderer Stelle erfolgt ist und mit der Ausschlusswirkung verbunden werden soll.

Dabei ist es unerheblich, ob Zielen der Raumordnung im Übrigen bereits unmittelbare Wirkung gegen jedermann zukommen soll oder ob diese Wirkung nur gegenüber Gemeinden und anderen Planungsträgern eintritt.

Die Festlegung von Zielen im Sinne des § 35 Abs. 3 Satz 3 BauGB setzt nicht voraus, dass der Landesgesetzgeber Eignungsgebiete im Sinne von § 7 Abs. 4 ROG 1998 (§ 8 Abs. 7 ROG 2008) vorsieht.

Hinweise:

Die Konzentrationsentscheidung der Regionalplanung, an die § 35 Abs. 3 Satz 3 BauGB anknüpft, muss sich auf eine landesrechtliche Ermächtigung zurückführen lassen.

§ 35 Abs. 3 Satz 3 BauGB macht den Eintritt der Ausschlusswirkung indes nicht davon abhängig, dass bereits die Ziele der Regionalplanung Wirkungen gegenüber Privaten entfalten.

IV. Konzentrationsflächenplanung: Ziele der Raumordnung

Urteil vom 1.7.2010 – BVerwG 4 C 4.08 – BVerwGE 137, 247 = NVwZ 2011, 61 = BauR 2010, 1874 = ZfBR 2010, 682 (Region Chemnitz)

In Aufstellung befindliche Ziele der Raumordnung: = „sonstige Erfordernisse der Raumordnung" im Sinne des § 3 Nr. 4 ROG.

- Gemäß § 4 Abs. 1 ROG bereits in der Entstehungsphase „zu berücksichtigen".

Leitsätze:

Das Inkrafttreten eines in Aufstellung befindlichen Ziels ist auch dann hinreichend sicher zu erwarten, wenn der Plan erst nach Nachholung der Ausfertigung mit Wirkung für die Zukunft in Kraft gesetzt werden kann.

Die Voraussetzungen des § 35 BauGB sind auf das Rechtsmittel einer Gemeinde hin in vollem Umfang nachzuprüfen.

Hinweis:

Die Berücksichtigungsfähigkeit eines in Aufstellung befindlichen Ziels setzt nicht voraus, dass der Planungsträger befugt ist, den Plan nach Behebung des Fehlers rückwirkend in Kraft zu setzen.

V. Zulassung von Windenergieanlagen: Rücksichtnahmegebot

Beschluss vom 23.12.2010 – BVerwG 4 B 36.10 – BauR 2011, 813 = ZfBR 2011, 275

Abstand einer Windenergieanlage im Außenbereich gegenüber Wohnnutzung.

Orientierungssätze:

Ein der tatrichterlichen Einzelfallprüfung zugrunde gelegter "grober Anhaltswert", demzufolge in der Regel von einer dominanten und optisch bedrängenden Wirkung einer Windenergieanlage auszugehen sei, wenn ihr Abstand zu einem Wohnhaus geringer als das Zweifache der Gesamthöhe der Anlage ist, ist bundesrechtlich nicht zu beanstanden.

Eine im Außenbereich privilegiert zulässige Windenergieanlage kann gegenüber einer dort bereits ausgeübten, genehmigten Nutzung auch dann rücksichtslos sein, wenn diese einen Privilegierungstatbestand nach § 35 Abs. 1 BauGB für sich nicht in Anspruch nehmen kann.

Hinweis:

Der von der Vorinstanz angenommene „grobe Anhaltswert" ist eine gewisse, auf tatrichterlicher Erfahrung basierende Orientierung bei der erforderlichen Würdigung der tatsächlichen Umstände des Einzelfalls; kein der – revisionsgerichtlichen Überprüfung zugänglicher – allgemeiner Erfahrungssatz (arg. Aussage gilt nach Auffassung des OVG nicht ausnahmslos).

VI. Zulassung von Windenergieanlagen: UVP-Vorprüfung

Beschluss vom 23.11.2010 – BVerwG 4 B 37.10 – BauR 2011, 658 = ZfBR 2011, 166

UVP-Vorprüfung; Kausalität einer nicht durchgeführten UVP-Vorprüfung.

Orientierungssätze:

Der Fehler eines nicht nach § 10 BImSchG durchgeführten Verfahrens (einschließlich der nach § 3c Satz 1 UVPG durchzuführenden allgemeinen Vorprüfung) ist – wenn überhaupt – nur unter der Voraussetzung erheblich, dass er auf das Ergebnis von Einfluss gewesen ist.

Es besteht kein Anspruch auf Aufhebung einer Genehmigung, wenn ein Gericht zu dem Ergebnis gelangt ist, dass auf der Grundlage der eingeholten Gutachten und Stellungnahmen sowie der durchgeführten standortbezogenen UVP-Vorprüfung und unter Berücksichtigung der dem Bauherrn auferlegten Beschränkungen eine materielle Rechtsverletzung des betroffenen Nachbarn ausscheidet.

Hinweise:

Orientierungssätze sind nur unter der Voraussetzung uneingeschränkt weiterhin aufrechtzuerhalten, dass das UmwRG nicht einschlägig ist.
Mit der Rechtslage unter Geltung des UmwRG hatte sich der 9. Senat des BVerwG in seinem Urteil vom 20.12.2011 – BVerwG 9 A 30.10 – zu befassen:

- Nach **§ 4 Abs. 1 UmwRG** kann die Aufhebung einer Entscheidung (bereits deshalb) verlangt werden, wenn eine nach dem UVPG **erforderliche UVP oder erforderliche UVP-Vorprüfung nicht durchgeführt und nicht nachgeholt** worden ist.
- Nach **§ 4 Abs. 3 UmwRG** gilt diese für die Verbandsklage getroffene Regelung **entsprechend für Rechtsbehelfe von Privatpersonen:**
  - § 4 Abs. 1 i. V. m. Abs. 1 UmwRG = Spezialgesetz zu § 46 VwVfG

- Aufhebung kann grundsätzlich auch von Privatpersonen unabhängig von Kausalitätserwägungen verlangt werden.

Kausalität trotzdem unter zwei Gesichtspunkten (wohl) weiterhin von Bedeutung:

- wenn **subjektive Rechtsposition fehlt** → Klägers kann auch nicht geltend machen, Verstöße gegen Verfahrensvorschriften verletzten ihn in seinen Rechten (Urteil vom 20.12.2011 – BVerwG 9 A 30.10 – Verfahrensvorschriften können subjektive Rechte nur unter der Voraussetzung begründen, dass sich der behauptete Verstoß auf eine materiellrechtliche Position des Klägers ausgewirkt haben kann; das gilt auch für die UVP-Vorprüfung).

- § 4 Abs. 1 Nr. 2 UmwRG ist tatbestandlich nur einschlägig, wenn die „erforderliche Vorprüfung des Einzelfalls" nicht durchgeführt; nicht formale, sondern **materielle Betrachtung** → irrelevant, wenn Behörde der Sache nach das Richtige geprüft hat.

  Hier: In dem zu entscheidenden Fall hat Behörde nach den Feststellungen des OVG alle Aspekte der erforderlichen allgemeinen UVP-Vorprüfung (§ 3c Satz 1 UVPG) im Rahmen durchgeführten standortbezogenen Prüfung (§ 3c Satz 2 UVPG) eingestellt:

  - § 4 Abs. 1 i. V. m. Abs. 3 UmwRG als Spezialregelung zu § 46 VwVfG greift nicht.

  - Kausalitätserwägungen des Senats im konkreten Einzelfall im Ergebnis zutreffend.

Keine Aussage zu dem Fall, dass UVP oder UVP-Vorprüfung nicht gänzlich fehlt, sondern nur **unzulänglich durchgeführt** wurde.

VII. Zulassung von Windenergieanlagen: FFH-Verträglichkeitsprüfung

Beschluss vom 7.2.2011 – BVerwG 4 B 48.10 – BauR 2011, 1483 = ZfBR 2011, 575

Beweisanforderungen an FFH-Verträglichkeitsprüfung.

Orientierungssätze:

Für den Gang und das Ergebnis der FFH-Verträglichkeitsprüfung gilt eine Beweisregel des Inhalts, dass die Behörde ein Vorhaben ohne Rückgriff auf Art. 6 Abs. 4

FFH-RL nur dann zulassen darf, wenn sie zuvor Gewissheit darüber erlangt hat, dass sich das Vorhaben nicht nachteilig auf das Gebiet als solches auswirkt.

Die zu fordernde Gewissheit liegt nur vor, wenn aus wissenschaftlicher Sicht kein vernünftiger Zweifel daran besteht, dass solche Auswirkungen nicht auftreten werden.

Der Gegenbeweis misslingt zum einen, wenn die Risikoanalyse, -prognose und -bewertung nicht den besten Stand der Wissenschaft berücksichtigt, zum anderen, wenn die einschlägigen wissenschaftlichen Erkenntnisse derzeit objektiv nicht ausreichen, jeden vernünftigen Zweifel auszuschließen, dass erhebliche Beeinträchtigungen vermieden werden.

Interkommunale Kooperation zur Steuerung der Windenergie

Tim Schwarz

I. Einleitung

Vor dem Hintergrund der Energiewende in Deutschland ist ein Ausbau der erneuerbaren Energien notwendig, um die ambitionierten energiepolitischen Ziele der Bundesregierung zu erreichen.[1] Eine besondere Bedeutung hat hierbei die Onshore Windenergie, die bereits heute einen wichtigen Beitrag zur Stromerzeugung aus erneuerbaren Energien leistet und noch weiter ausgebaut werden soll.[2] Im Hinblick auf den damit verbundenen Flächenbedarf nach Standorten für Windenergieanlagen kann sich aus kommunaler Sicht die Notwendigkeit ergeben, ein Konzept zur räumlichen Steuerung der Windenergie erstmalig aufzustellen oder ein bestehendes zu überprüfen und anzupassen. Hierbei bietet sich auch ein Blick über die Gemeindegrenzen hinweg an, wenn benachbarte Gemeinden vor derselben Aufgaben stehen. Denn gerade bei der planerischen Steuerung der Windenergie können sich im Rahmen einer interkommunalen Kooperation Lösungen ergeben, die bei einer einzelgemeindlichen Planung nicht in Betracht kommen würden.

II. Interkommunale Kooperation

Der Begriff interkommunale Kooperationen bezeichnet eine Zusammenarbeit lokaler Gebietskörperschaften.[3] Im Bereich der Stadtplanung kann sich diese Zusammenarbeit von Städten und Gemeinden auf ein konkretes Projekt oder einen

---

1 Vgl. Bundesregierung (Hrsg.), Energiekonzept für eine umweltschonende, zuverlässige und bezahlbare Energieversorgung, Berlin 2010, S. 9.
2 Vgl. Bundesministerium für Umwelt, Naturschutz und Reaktorsicherheit (Hrsg.), Erneuerbare Energien in Zahlen, Berlin 2011, S. 7 und S. 20; vgl. Bundesverband Windenergie e.V. (Hrsg.), Studie zum Potenzial der Windenergienutzung an Land, Berlin 2011, S. 9; vgl. Einig/Heilmann/Zaspel, Wie viel Platz die Windkraft braucht, neue energie 8/2001, 34 (36).
3 Vgl. Fürst/Knieling, Kooperation, interkommunale und regionale, in: Akademie für Raumforschung und Landesplanung (Hrsg.), Handwörterbuch der Raumordnung, Hannover 2005, S. 531.

gemeinsamen Planungsraum beziehen.[4] Handlungsfelder bilden unter anderem der Freiraum- und Klimaschutz sowie die Siedlungsentwicklung und die Bodenpolitik.[5]

1. Anlass

Im Bereich der planerischen Steuerung der Windenergie bietet sich eine Zusammenarbeit insbesondere an, wenn sich im Gebiet von mindestens zwei oder mehr Gemeinden die Notwendigkeit ergibt, ein entsprechendes Konzept erstmalig aufzustellen oder zu überarbeiten. Dieser Fall kann eintreten, wenn eine gerichtliche Überprüfung eines Regionalplans dazu führt, dass die Festlegungen zur Steuerung der Windenergie nicht mehr wirksam sind.[6] Aber auch durch Maßnahmen des Gesetzgebers kann ein Handlungsbedarf ausgelöst werden. So wurde im Saarland und in Baden-Württemberg die Ausschlusswirkung für raumbedeutsame Windenergieanlagen außerhalb raumordnerisch ausgewiesener Vorranggebiete aufgehoben.[7] Wird die regionalplanerische Steuerung zurückgenommen oder entfällt sie sogar vollständig aufgrund der Aufhebung eines Regionalplans und enthalten die Flächennutzungspläne der Gemeinden in diesen Planungsregionen keine Darstellungen zur Steuerung der Windenergie, hat die einzelne Gemeinde im Wesentlichen zwei Möglichkeiten. Entweder sie verzichtet auf eine planerische Steuerung und verlagert die Entscheidung über die Zulässigkeit von Windenergieanlagen in das immissionsschutzrechtliche Genehmigungsverfahren. Oder sie entscheidet sich dafür ein eigenes planerischer Konzept zur Steuerung der Windenergie aufzustellen, bzw. ein gegebenenfalls vorhandenes aber nicht mehr aktuelles Konzept zu überarbeiten, um die Errichtung von Windkraftanlagen auf bestimmte Flächen zu konzentrieren und an anderer Stelle auszuschließen. Vor dem Hintergrund des Ausbaus der Windenergie und dem damit verbundenen Flächenbedarf erscheint eine planerische Steuerung dringend angeraten. Das Spannungsfeld, in dem sich eine solche Planung bewegt ist, auf der einen Seite die Erwartung einen „Wildwuchs" von Windkraftanalgen mit erheblichen Folgen für Natur und Landschaftsbild zu verhindern, auf der anderen Seite aber auch der gesetzlichen Privilegierung der Windenergie im

---

4   Vgl. Bunzel/Reitzig/Sander, Interkommunale Kooperation im Städtebau, Berlin 2002, S. 19.
5   vgl. ebd., S. 21.
6   So kann bereits ein beachtlicher Fehler zur Aufhebung des gesamten regionalplanerischen Konzeptes zur Steuerung der Windenergie führen. Vgl. hierzu: Stüer/Stüer, Die BauGB-Klimanovelle und das Energiefach- und -finanzierungsrecht 2011, DVBl. 18/2011, 1117 (1120).
7   Im Saarland erfolgt die Aufhebung der landesplanerischen Ausschlusswirkung der Vorranggebiete für Windenergie durch die 1. Änderung des Landesentwicklungsplans, Teilabschnitt „Umwelt (Vorsorge für Flächennutzung, Umweltschutz und Infrastruktur)" vom 27.9.2011 (Amtsbl. 2011, S. 342). In Baden-Württemberg können Standorte für regional bedeutsame Windkraftanlagen nur noch als Vorranggebiete ohne Ausschlusswirkung festgelegt werden. Zusätzlich erfolgt die Aufhebung der regionalen Ausschluss- und Vorranggebiete zum 1. Januar 2013 durch das Gesetz zur Änderung des Landesplanungsgesetzes v. 22.5.2012 (GBl. v. 25.5.2012, S. 285 f.).

Außenbereich und damit dem Ausbau der erneuerbaren Energien entsprechend Rechnung zu tragen.

In der Planungspraxis liegen die potenziellen Flächen für eine Windenergienutzung insbesondere aufgrund der Berücksichtigung notwendiger Schutzabstände zu Siedlungsflächen oftmals an den Gemarkungsgrenzen. Macht dieser Umstand bereits eine Abstimmung der Bauleitplanung notwendig, kann dieser auch den Anlass für eine interkommunale Zusammenarbeit in der Bauleitplanung sein. Im Rahmen dieser Kooperation kann die Flächenauswahl in einem vergrößerten Suchraum erfolgen und eine Optimierung des Flächenzuschnitts erfolgen.[8] Ein weiterer Grund für eine interkommunale Kooperation ergibt sich auch als Reaktion auf die rechtlichen Anforderungen an die planerische Steuerung der Windenergie. Will die Gemeinde ein entsprechendes planerisches Konzept umsetzen, muss sie der gesetzlichen Privilegierung der Windenergie Rechnung tragen[9] und dieser im Rahmen ihrer Bauleitplanung über entsprechende Flächenausweisungen substanziell Raum schaffen.[10] Kann sie dies nicht ausreichend oder kommt die Gemeinde sogar zu dem Ergebnis, dass gar keine Flächen in ihrem Gemeindegebiet ausgewiesen werden können, darf sie die Bauleitplanung nicht fortführen. Denn ein vollkommener Ausschluss der Windenergie, ist – auch wenn sich dieser aus objektiv nachvollziehbaren Gründen ergibt – nicht zulässig, da es sich in diesem Fall um eine Verhinderungsplanung handelt.[11] Ein gemeindeweiter Ausschluss bleibt damit der überörtlichen Regionalplanung vorbehalten,[12] die sich auf das Gebiet mehrerer Gemeinden erstreckt und die Substanzialität der Flächenausweisungen im regionalen Geltungsbereich nachweisen muss. Anders kann sich dies auf der kommunalen Ebene verhalten, wenn mehrere Gemeinden eine gemeinsame Steuerung der Windenergie vornehmen. In diesem Fall erscheint es grundsätzlich auch möglich, die Windenergienutzung in einer einzelnen Gemeinde komplett auszuschließen, wenn dies im Hinblick auf die Kriterien zur Ausweisung von Flächen sachlich gerechtfertigt ist und an anderer Stelle des gemeinsamen Planungsraumes der gesetzlichen Privilegierung der Windenergie durch entsprechende Flächenausweisungen substanziell Raum geschaffen wird.[13] Somit könnten also auch Gemeinden an der gemeinsamen Planung beteiligt werden, die alleine gar keine Möglichkeit hätten eine entsprechende Bauleitplanung vorzunehmen.[14] Aus der daraus resultierenden ungleichmäßigen Verteilung von Standorten für Windkraftanlagen kann über eine interkommunale Kooperation ein gerechter Ausgleich von Vor- und Nachteilen angestrebt werden. Durch die

---

8 Vgl. Söfker, in: Ernst/Zinkahn/Bielenberg/Krautzberger (Hrsg.), BauGB Kommentar, Stand: 98. Lfg. 1/2011, § 5, Rn. 62j.
9 Vgl. BVerwG, Urt. v. 17.12.2002 – 4 C 15/01 – JURIS, Rn. 29.
10 Vgl. ebd., Rn. 36.
11 Vgl. ebd., Rn. 29.
12 Vgl. ebd., Rn. 28.
13 Vgl. Kraus, Bauplanungsrechtliche Beurteilung von Vorhaben zur Nutzung erneuerbarer Energien, KommP BY 1/2012, 12 (17); vgl. Schober/Heilshorn, Interkommunale Zusammenarbeit bei der Planung von Windenergieanlagen, BWGZ 4/2012, 142 (149).
14 Vgl. Jäde, in: Jäde/Dirnberger/Weiß, BauGB, 6. Auflage, München 2010, § 5, Rn. 25.

gemeindliche Zusammenarbeit kann sich auch eine Reduzierung des Planungsaufwandes ergeben, wenn ein Konzept aufgrund einheitlicher Kriterien und Vorgehensweisen erstellt wird. Zwar vergrößert sich der Aufwand für die Ermittlung der Potenzialflächen entsprechend der Vergrößerung des Suchraumes. Aber gerade bei gemeindegebietsübergreifenden Potenzialflächen können Detailuntersuchungen für zusammenhängende Flächen durchgeführt werden, wodurch Doppelprüfungen der Flächen vermieden werden können, die sich bei einer nach Gemarkung getrennten Betrachtung ergeben können.

Abschließend ist darauf hinzuweisen, dass eine abgestimmte übergemeindliche Planung bei der Berücksichtigung im Rahmen der Aufstellung eines Regionalplans ein höheres Gewicht haben dürfte, als eine einzelgemeindliche Planung. Dies dürfte auch bei der Frage der Konkretisierung regionalplanerischer Zielvorgaben in Form von Vorranggebieten eine Rolle spielen, wenn diese durch eine gemeinsame Flächennutzungsplanung abgestimmt umgesetzt werden.[15] Grundsätzlich bleibt es aber bei der Bindung der Bauleitplanung an die Ziele der Raumordnung nach § 1 Abs. 4 BauGB.[16]

2. Kooperationsformen

Neben den vielfältigen informellen Möglichkeiten zur Kooperation von Gemeinden stellt das Baugesetzbuch verschiedene Instrumente für eine förmliche interkommunale Zusammenarbeit im Rahmen der Bauleitplanung bereit.

2.1. Gemeindenachbarliche Abstimmung (§ 2 Abs. 2 BauGB)

Die einfachste Form bildet die gemeindenachbarliche Abstimmung nach § 2 Abs. 2 BauGB, die im Bauleitplanverfahren bei der Beteiligung der Behörden und Träger öffentlicher Belange erfolgt.[17] Hierbei handelt es sich jedoch weniger um eine Zusammenarbeit als vielmehr um eine gegenseitige Information über die städtebauliche Entwicklung, die der Nachbargemeinde auch einer Rechtsschutzposition ver-

---

15 Vgl. Scheidler, Das Verhältnis zwischen Regionalplan und Flächennutzungsplan, ZNER 2/2012, 124 (126).
16 Vgl. Söfker, in: Kommunale Umwelt-Aktion U.A.N. e.V. (Hrsg.), Der Teilflächennutzungsplan – ein Instrument für die Steuerung der Windenergie im Außenbereich, Hannover 2012, S. 9; vgl. Kümper, Flächennutzungsplan, Raumordnungsplan und Fachplan – Vertikale Anpassungs- und horizontale Koordinierungserfordernisse, ZfBR 7/2012, 631 (635); vgl. Scheidler, Festsetzungen in Bebauungsplänen für Windkraftanlagen, BauR 2/2011, 1103 (1108); vgl. Priebs, Vielfalt der Pläne in Verdichtungsräumen, UPR 7/2010, 254 (255).
17 Vgl. Battis, in: Battis/Krautzberger/Löhr, Baugesetzbuch Kommentar, 11. Auflage, München 2009, § 2, Rn. 22; vgl. Runkel, in: Ernst/Zinkahn/Bielenberg/Krautzberger Hrsg.), Baugesetzbuch Kommentar, Loseblattsammlung, Stand 67. Lfg. 9/2001, § 204, Rn. 9; vgl. Bunzel/Reitzig/Sander, a. a. O. Fn. 4, S. 32.

leiht, wenn diese in ihrer Planungshoheit verletzt wird.[18] Gerade bei der Ausweisung von Flächen für die Windenergie an der Gemarkungsgrenze einer Gemeinde sind regelmäßig auch die Belange der Nachbargemeinde im Hinblick auf die möglichen Auswirkungen zu berücksichtigen.[19] Im Zusammenhang mit der Entwicklung von Factory-Outlet-Centern zeigen die vielfältigen Gerichtsurteile jedoch, dass die gemeindenachbarliche Abstimmung oftmals nicht ausreicht, um Konflikte auszuräumen.[20]

2.2. Landesrechtliche Regelungen (§ 203 BauGB)

Die Regelung des § 203 BauGB stellt kein eigenständiges Instrument für eine interkommunale Kooperation dar, sondern ermöglicht es den Ländern bestimmte kommunale Aufgaben auf übergeordnete Gebietskörperschaften zu übertragen und die entsprechenden Zuständigkeiten zu regeln.[21] Zu dem Kreis der übertragungsfähigen Aufgaben gehört auch die Bauleitplanung.[22] Von dieser Möglichkeit wurde in Niedersachsen, Mecklenburg-Vorpommern, Rheinland-Pfalz und Baden-Württemberg Gebrauch gemacht, in dem die Aufgabe der Flächennutzungsplanung von den Ortsgemeinden auf Samtgemeinden, Ämter, Verbandsgemeinden bzw. Verwaltungsgemeinschaften verlagert wurde.[23]

2.3. Gemeinsame Flächennutzungsplanung (§ 204 BauGB)

Die Regelung zur gemeinsamen Flächennutzungsplanung in § 204 BauGB eröffnet die Möglichkeit verschiedener Kooperationsformen, mit denen eine interkommunalen Zusammenarbeit umgesetzt werden kann. Ausdrücklich benannt werden hierbei die:

- Aufstellung eines gemeinsamen Flächennutzungsplans nach § 204 Abs. 1 BauGB, der räumlich das Gebiet aller beteiligten Gemeinden umfasst und uneingeschränkt alle Darstellungsmöglichkeiten nach § 5 BauGB enthalten kann.[24]

---

18 Bunzel/Reitzig/Sander, a. a. O. Fn. 4, S. 32.
19 Vgl. Scheidler, a. a. O. Fn. 16, 1103 (1109); Kompetenzzentrum Energie (Hrsg.), Ausbau der Windkraft, Zentrale Fragen und Antworten, Freiburg 2012, S. 7.
20 Vgl. Runkel, a. a. O. Fn. 17, § 204, Rn. 18.
21 Vgl. Battis, in: Battis/Krautzberger/Löhr, Baugesetzbuch Kommentar, 11. Auflage, München 2009, § 203, Rn. 5; Vgl. Hornmann, in: Spannowsky/Uechtritz (Hrsg.), Baugesetzbuch Kommentar, München 2009, § 203, Rn. 1.
22 Vgl. Battis, a. a. O. Fn. 21, § 203, Rn. 3 und Rn. 6.
23 Runkel, in: Ernst/Zinkahn/Bielenberg/Krautzberger (Hrsg.) Baugesetzbuch Kommentar, Loseblattsammlung, Stand 67. Lfg. 9/2001, § 204, Rn. 9; vgl. Schrödter, in: Schrödter (Hrsg.), Baugesetzbuch Kommentar, 7. Auflage, München 2007, § 203, Rn. 8.
24 Vgl. Schrödter, in: Schrödter (Hrsg.), Baugesetzbuch Kommentar, 6. Auflage, München 2006, § 204, Rn. 1; vgl. Hornmann, in: Spannowsky/Uechtritz (Hrsg.), Baugesetzbuch Kommentar, 1. Auflage, München 2009, § 204, Rn. 6; vgl. Philipp, in: Schlichter/Stich

- Aufstellung eines gemeinsamen Flächennutzungsplans nach § 204 Abs. 1 S. 3 Hs. 2 BauGB, bei dem sich die Bindung nur auf bestimmte räumliche oder sachliche Teilbereiche erstreckt.
- Vereinbarungen über bestimmte Darstellungen in den jeweiligen Flächennutzungsplänen nach § 204 Abs. 1 S. 4 BauGB.

Ein wichtiges Merkmal dieser Kooperationsformen im Rahmen der gemeinsamen Flächennutzungsplanung ist der Verbleib der Planungshoheit bei den beteiligten Gemeinden,[25] im Gegensatz zu der Übertragung der Planungshoheit im Rahmen der Bildung eines Planungsverbands (vgl. unter Pkt. 2.2.5). Für die Umsetzung ist keine eigenständige Organisationsstruktur notwendig.[26]

2.4. Sachlicher und räumlicher Teilflächennutzungsplan (§ 5 Abs. 2b BauGB)

In Verbindung mit der gemeinsamen Flächennutzungsplanung nach § 204 BauGB ergibt sich eine weitere Variante der interkommunalen Zusammenarbeit über den sachlichen oder räumlichen Teilflächennutzungsplan. Die Regelung des § 5 Abs. 2b BauGB ermöglicht es, für die Zwecke des Planvorbehalts nach § 35 Abs. 3 S. 3 BauGB sachliche oder räumliche Teilflächennutzungspläne aufzustellen, mit denen privilegierte Außenbereichsvorhaben nach § 35 Abs. 1 Nr. 2 bis 6 BauGB gesteuert werden können, zu denen auch die Windenergie[27] zählt. In Kombination mit den Regelungen des § 204 BauGB eröffnet sich die Möglichkeit zur Aufstellung eines gemeinsamen Teilflächennutzungsplans, der sich inhaltlich auf die planerische Steuerung der Windenergie beschränkt und räumlich das Gebiet mehrerer Gemeinden umfasst. In der planerischen Praxis kommt dieses Instrument derzeit vor allem in Süddeutschland zur Anwendung.[28]

2.5. Planungsverband (§ 205 BauGB)

Die umfassendste Form der interkommunalen Zusammenarbeit besteht in der Möglichkeit der Gemeinden und öffentlichen Planungsträger[29] einen Planungsver-

---

(Hrsg.), Berliner Kommentar zum Baugesetzbuch, 3. Auflage, Loseblattsammlung, Stand 8. Lfg. 7/2007, § 204, Rn. 11.
25 Vgl. Hornmann, a. a. O. Fn. 24, § 204, Rn. 7; vgl. Philipp, a. a. O. Fn. 24, § 204, Rn. 1.
26 Vgl. Bunzel/Reitzig/Sander, a. a. O. Fn. 4, S. 31.
27 Vgl. § 35 Abs. 1 Nr. 5 BauGB
28 So erfolgte im bayerischen Landkreis Starnberg die Aufstellung von 14 sachlichen Teilflächennutzungsplänen mit einer Vereinbarung nach § 204 Abs. 1 S. 4 BauGB zur Steuerung der Windenergie. In den bayerischen Landkreisen Erding sowie Fürstenfeldbruck ist jeweils die Aufstellung eines gemeinsamen Teilflächennutzungsplans nach § 204 BauGB i. V. m. § 5 Abs. 2b BauGB geplant.
29 Träger raumbedeutsamer Planungen oder Maßnahmen im Sinne des § 3 Abs. 1 Nr. 6 ROG. Im Hinblick auf § 8 Abs. 4 ROG gehören hierzu auch die regionalen Planungsträger.

band zu bilden.[30] Der Zusammenschluss kann auf freiwilliger Basis erfolgen oder auch zwangsweise.[31] Ein wichtiges Merkmal ist die Übertragung der Planungshoheit von den Gemeinden auf den Planungsverband. Neben der vorbereitenden Bauleitplanung kann dieser auch die verbindliche Bauleitplanung übernehmen,[32] was bei einem gemeinsamen Flächennutzungsplan nicht der Fall ist.[33]

III. Planerische Steuerung der Windenergie

Die planerische Steuerung der Windenergie konzentriert sich derzeit in den Flächenländern auf zwei Ebenen der räumlichen Planung. Dies ist zum einen die überörtliche Regionalplanung und zum anderen die örtliche Bauleitplanung. Auf kommunaler Ebene ist dabei vor allem die vorbereitende Bauleitplanung in Form der Flächennutzungsplanung von Bedeutung, da hier eine gesamtgemeindliche Steuerung der Windenergie über Darstellungen mit der Wirkung des Planvorbehalts erfolgen kann.[34]

1. Planvorbehalt

Der Planvorbehalt des § 35 Abs. 3 S. 3 BauGB „zielt darauf ab, durch positive Standortzuweisungen privilegierter Nutzungen an einer oder mehreren Stellen im Plangebiet den übrigen Planungsraum von den durch den Gesetzgeber privilegierten Anlagen freihalten zu können"[35]. Diese Standortzuweisung kann sowohl auf der Ebene der Raumordnung durch Ziele der Raumordnung in einem Regionalplan als auch auf der Ebene der Bauleitplanung durch Darstellungen des Flächennutzungsplans erfolgen. Die entsprechenden Ziele der Raumordnung oder Darstellungen des Flächennutzungsplans stehen dann als öffentliche Belange einem an sich privilegierten Vorhaben im Außenbereich in der Regel entgegen.[36] Erfasst werden hiervon die sogenannten „privilegierten" Außenbereichsvorhaben nach § 35 Abs. 1 Nr. 2 bis 6 BauGB, zu denen auch die Windenergie zählt. Die Privilegierung wird durch den Planvorbehalt zwar nicht aufgehoben, aber der Standort auf bestimmte Bereiche eines Plangebietes gelenkt, um den Außenbereich an anderer Stelle hier-

---

30 Vgl. Hornmann, in: Spannowsky/Uechtritz (Hrsg.), BauGB Kommentar, 1. Auflage, München 2009, § 205, Rn. 4.
31 Vgl. Gaentzsch, in: Schlichter/Stich (Hrsg.), Berliner Kommentar zum Baugesetzbuch, 3. Auflage, Loseblattsammlung, Stand: 6. Lfg. 12/2005, § 205, Rn. 2.
32 vgl. ebd., Rn. 4.
33 Vgl. OVG Koblenz, Urt. v. 28.10.2003 – 8 C 10303/03 – JURIS, Rn. 21.
34 Vgl. hierzu die Ausführungen von Mitschang in diesem Band.
35 Krautzberger, in: Battis/Krautzberger/Löhr, BauGB Kommentar, 11. Auflage, München 2009, § 35, Rn. 74.
36 Vgl. Roeser, in: Schlichter/Stich (Hrsg.), Berliner Kommentar zum Baugesetzbuch, 3. Auflage, Loseblattsammlung, Stand: 5. Lfg. 7/2005, § 35, Rn. 93.

von freizuhalten.[37] Beachtet werden muss jedoch auch, dass der Planvorbehalt des § 35 Abs. 3 S. 3 BauGB kein absolutes Zulassungshindernis darstellt. So tritt die Ausschlusswirkung zwar regelmäßig ein, ist jedoch noch Ausnahmen zugänglich.[38] Mit der „Regel-Ausnahme-Formel in § 35 Abs. 3 S. 3 BauGB bringt der Gesetzgeber zum Ausdruck, dass außerhalb der Konzentrationsflächen dem Freihalteinteresse grundsätzlich der Vorrang gebührt"[39]. Ob eine entsprechende Ausnahme vorliegt, muss im konkreten Genehmigungsverfahren im Rahmen einer sogenannten „nachvollziehenden Abwägung" ermittelt werden.[40] Hierbei muss geprüft werden, ob ein Fall vorliegt, der in dieser Form bei der Aufstellung des Plans nicht berücksichtigt wurde und auch bei einer von der Planung abweichenden Zulassung die planerische Grundkonzeption nicht infrage stellt.[41]

Voraussetzung für die Entfaltung dieser Steuerungswirkung ist ein schlüssiges planerisches Gesamtkonzept, mit dem der Windenergie substanziell Raum geschaffen wird.[42] Die Rechtsprechung hat dabei wesentliche Anforderungen weitgehend abgesteckt.[43] So bezieht sich bei einem Flächennutzungsplan das planerische Gesamtkonzept Konzept auf den Geltungsbereich des Plans, der grundsätzlich das gesamte Gemeindegebiet umfasst. Ein Planungskonzept, das über diesen Geltungsbereich hinausgeht, ist nicht notwendig.[44] Analog hierzu bezieht sich das Gesamtkonzept bei einem räumlichen Teilplan auf dessen Geltungsbereich. Die Methodik sowie die darin verwendeten Kriterien zur Ermittlung der Windenergieflächen können von der Gemeinde frei gewählt werden. Weitgehend durchgesetzt hat sich dabei mittlerweile die sogenannte „Ausschlussmethode"[45], die in dem Beschluss des BVerwG vom 15.9.2009 näher erläutert wird.[46] Das Verfahren geht dabei zunächst von der Gesamtfläche des Plangebietes aus, von der in mehreren Schritten Flächen ausgeschieden werden (Tabuzonen), bis letztlich verschiedene Flächen übrig bleiben, die als Standorte grundsätzlich infrage kommen (Potenzialflächen). Die Frage der Substanzialität der Flächenausweisungen wurde im konkreten Einzelfall für verschiedene Regionalpläne und Bauleitpläne in mehreren Entscheidungen der Oberverwaltungsgerichte der Länder und des Bundesverwaltungsgerichts für den Be-

---

37 Vgl. BVerwG, a. a. O. Fn. 9, Rn. 52.
38 Vgl. BVerwG, a. a. O. Fn. 9, Rn. 48.
39 ebd.
40 Vgl. ebd.
41 Vgl. Söfker, in: Spannowsky/Uechtritz (Hrsg.), Baugesetzbuch Kommentar, 1. Auflage, München 2009, § 35, Rn. 118.
42 Vgl. BVerwG, a. a. O. Fn. 9, Rn. 36.
43 Vgl. BVerwG, Urt. v. 21.10.2004 – 4 C 2/04 – JURIS, 1. Leitsatz.
44 Vgl. Stüer/Stüer, a. a. O. Fn. 6, 1117 (1120); Erlass für die Planung und Genehmigung von Windenergieanlagen und Hinweise für die Zielsetzung und Anwendung (Windenergie-Erlass) vom 11.7.2011 des Ministeriums für Klimaschutz, Umwelt, Landwirtschaft, Natur- und Verbraucherschutz des Landes Nordrhein-Westfalen (Az. VIII2 – Winderlass), Kap. 4.3.1.
45 Vgl. Mitschang, Standortkonzeptionen für Windenergieanlagen auf örtlicher Ebene, ZfBR 5/2003, 431 (435).
46 Vgl. BVerwG, Beschl. v. 15.9.2009 – 4 BN 25/09 – JURIS, Rn. 8.

reich der Windenergie bestimmt. Eine abstrakte generelle Festlegung eines quantitativen Wertes ist jedoch von den Gerichten bislang abgelehnt worden.[47] Letztlich muss dies immer anhand des konkreten Einzelfalls beurteilt werden, wobei hier wiederum die Nachvollziehbarkeit der Methodik zur Flächenauswahl in der planerischen Abwägung eine entscheidende Rolle spielt.

2. Bedeutung informeller Konzepte

Um das Verfahren der Bauleitplanung zu entlasten, erscheint es zweckmäßig, dass von der Rechtsprechung geforderte schlüssige planerische Gesamtkonzept zur Steuerung der Windenergie, bereits vor Beginn des eigentlichen Bauleitplanverfahrens als informelles Windenergiekonzept zu erstellen. In diesem werden räumliche Restriktionen, Konflikte und Potenziale der Windenergie in dem gemeinsamen Planungsraum untersucht und Vorschläge für Flächenabgrenzungen entwickelt. Der Untersuchungsraum für das Windenergiekonzept ergibt sich aus dem räumlichen Umgriff der interkommunalen Kooperation und wird in der Regel die Gemarkungen aller beteiligten Gemeinden umfassen. Um als städtebauliches Entwicklungskonzept im Sinne des § 1 Abs. 6 Nr. 11 BauGB in der Bauleitplanung formal Berücksichtigung zu finden, muss das Windenergiekonzept von der Politik als solches beschlossen werden. Bindet sich die Gemeinde durch einen entsprechenden Beschluss an die darin enthaltenen Zielsetzungen,[48] ist dieses bei der Aufstellung der Bauleitpläne entsprechend zu berücksichtigen. Als Abwägungsbelang ist das Konzept dann gemäß § 1 Abs. 6 BauGB mit anderen städtebaulichen Belangen gegen- und untereinander gerecht abzuwägen. Grundsätzlich besteht im Rahmen der Abwägung auch die Möglichkeit zur Abweichung von dem Konzept, wenn anderen städtebaulichen Belangen ein stärkeres Gewicht haben.[49] Hierbei ist zu beachten, dass das Konzept mehr und mehr an Bedeutung verliert, je häufiger und umfangreicher von diesem abgewichen wird.[50] Maßgeblich für die Steuerung der Windenergie ist dabei, dass durch das informelle Konzept eine Bauleitplanung umgesetzt wird, mit der die Rechtswirkung des Planvorbehalts erzielt werden soll.

---

47 Vgl. Sydow, Neues zur planungsrechtlichen Steuerung von Windenergiestandorten, NVwZ 24/2010, 1534 (1535).
48 Hierdurch erfolgt keine unzulässige Vorwegbindung, BVerwG, Urt. v. 29.1.2009 – 4 C 16/07 – JURIS, Rn. 25.
49 Vgl. ebd., Rn. 26.
50 Vgl. ebd., Rn. 26.

IV. Gemeinsame Flächennutzungsplanung

§ 204 BauGB sieht vor, dass die Gemeinden einen gemeinsamen Flächennutzungsplanung aufstellen sollen, wenn ihre städtebauliche Entwicklung wesentlich durch gemeinsame Voraussetzungen und Bedürfnisse bestimmt werden oder ein gemeinsamer Flächennutzungsplan einen gerechten Ausgleich der verschiedenen Belange ermöglicht.

1. Anwendungsvoraussetzungen

Trotz der unterschiedlichen Formen der Ausgestaltung einer gemeinsamen Flächennutzungsplanung (vgl. unter 2.2.4.) ergeben sich gleichsam zu erfüllende Anwendungsvoraussetzungen. § 204 Abs. 1 S. 1 BauGB stellt dabei zunächst auf das Merkmal der Nachbarschaft der beteiligten Gemeinden ab. Diese Voraussetzung dürfte regelmäßig dann erfüllt sein, wenn die Gemeinden räumlich aneinander grenzen oder bei mehreren Gemeinden ein gemeinsamer Planungsraum entsteht.[51] Als weitere Anwendungsvoraussetzung sieht § 204 Abs. 1 S. 1 BauGB vor, dass die städtebauliche Entwicklung wesentlich durch gemeinsame Voraussetzungen und Bedürfnisse bestimmt wird oder der gemeinsame Flächennutzungsplan einen gerechten Ausgleich der verschiedenen Belange ermöglicht. Dieses erhöhte Koordinationsbedürfnis[52] dürfte im Hinblick auf eine übergemeindliche Steuerung der Windenergie regelmäßig erfüllt sein,[53] wenn z. B. ein Ansiedlungsdruck in der Region vorhanden ist und für einen zusammenhängenden gemeinsamen Planungsraum die Potenziale und Restriktionen der Windenergie gemeinsam ermittelt werden sollen. Alternativ kann auch der Ausgleich der verschiedenen Belange in dem vergrößerten Planungsraum angeführt werden, den die beteiligten Gemeinden anstreben.[54]

Liegen diese Voraussetzungen vor, besteht die Möglichkeit zur freiwilligen Zusammenarbeit im Rahmen der gemeinsamen Flächennutzungsplanung. Darüber hinaus haben die Gemeinden grundsätzlich die Pflicht die Möglichkeit einer gemeinsamen Flächennutzungsplanung zu überprüfen, da § 204 Abs. 1 S. 1 BauGB eine Sollvorschrift darstellt.[55] Ob sich dies jedoch zu einer Pflichtaufgabe verdichten kann, wird aufgrund der unbestimmten Rechtsbegriffe der genannten Voraussetzungen in der Literatur überwiegend als schwierig eingestuft.[56] Eine kommunal-

---

51   Vgl. Runkel, § 204, Rn. 24.
52   Vgl. Battis, in: Battis/Krautzberger/Löhr, BauGB Kommentar, 11. Auflage, München 2009, § 204, Rn. 3.
53   Vgl. Philipp, a. a. O. Fn. 24, § 204, Rn. 7.
54   Vgl. ebd.
55   Vgl. ebd., Rn. 8.
56   Vgl. Hornmann, a. a. O. Fn. 24, § 204, Rn. 37; vgl. Jäde, in: Jäde/Dirnberger/Weiss, BauGB Kommentar, 5. Auflage, Stuttgart 2007, § 204, Rn. 7; vgl. Grauvogel, in: Brügel-

aufsichtliche Durchsetzung ist umstritten.[57] Vor dem Hintergrund der Akzeptanz des Ausbaus der erneuerbaren Energien erscheint jedoch eine freiwillige gemeinsame Flächennutzungsplanung zielführender. Daher wird im Rahmen der weiteren Ausführungen hierzu bewusst die freiwillige Zusammenarbeit in den Fokus gerückt.

2. Gemeinsamer Flächennutzungsplan

Die gemeinsame Flächennutzungsplanung nach § 204 Abs. 1 S. 1 BauGB stellt eine inhaltlich sehr weitgehende Form der interkommunalen Zusammenarbeit dar. Dieser bildet ein abgestimmtes planerisches Gesamtkonzept für den gemeindeübergreifenden Geltungsbereich, der die einzelgemeindlichen Flächennutzungspläne ersetzt.[58] Da keine Beschränkung der Inhalte für den gemeinsamen Flächennutzungsplan in § 204 Abs. 1 BauGB vorgesehen ist, ist davon auszugehen, dass dieser alle Inhalte eines einzelgemeindlichen Flächennutzungsplans nach § 5 Abs. 2 bis 4 BauGB umfasst.[59] Als „echte" gemeinsame Planung stellt dieser insofern nicht speziell auf eine Steuerung der Windenergie ab. Vielmehr können Darstellungen mit der Wirkung des Planvorbehalts neben den anderen Darstellungen aufgenommen werden, mit denen die Gemeinden die aus der beabsichtigten städtebaulichen Entwicklung ergebende Art der Bodennutzung nach den voraussehbaren Bedürfnissen in den Grundzügen darstellen. Legt man dieser gemeinsamen und inhaltlich vollumfänglichen Flächennutzungsplanung die durchschnittliche Verfahrensdauer zur Aufstellung eines Flächennutzungsplans zugrunde, die rund 7,5 Jahre beträgt, wovon ca. 4 Jahre im Durchschnitt für die Vorbereitung und die Erstellung des Planentwurfs benötigt werden,[60] wird deutlich, dass der gemeinsame Flächennutzungsplan nach § 204 Abs. 1 S. 1 BauGB nicht das geeignete Instrument sein dürfte, um eine planerische Steuerung der Windenergie kurzfristig umzusetzen.

---

mann (Hrsg.), Baugesetzbuch Kommentar, Loseblattsammlung, Stand 6. Lfg. 8/1988, § 204, Rn. 36.

57 Die Möglichkeit der kommunalaufsichtlichen Durchsetzung bejahend: vgl. Stubenrauch, in: Rixner/Biedermann/Steger (Hrsg.), Systematischer Praxiskommentar BauGB/BauNVO, Köln 2010, § 204 BauGB, Rn. 7; vgl. Runkel, a. a. O. Fn. 17, § 204, Rn. 36. Die Möglichkeit zur kommunalaufsichtlichen Durchsetzung verneinend: vgl. Schrödter, in: Schrödter, Baugesetzbuch Kommentar, 7. Auflage, München 2007, § 204, Rn. 6.

58 Vgl. Hornmann, a. a. O. Fn. 24, § 204, Rn. 6; vgl. Runkel, a. a. O. Fn. 17, § 204, Rn. 45.

59 Dies umfasst: Darstellungen nach § 5 Abs. 2 BauGB, die Zuordnung von Ausgleichsflächen nach § 5 Abs. 2a BauGB, Kennzeichnungen nach § 5 Abs. 3 BauGB sowie nachrichtliche Übernahmen nach § 5 Abs. 4 BauGB und Vermerke nach § 5 Abs. 4a BauGB.

60 Vgl. Bunzel/Meyer, Die Flächennutzungsplanung – Bestandsaufnahme und Perspektiven für die kommunale Praxis, Berlin 1996, S. 86. In Bezug auf die Untersuchung von Bunzel und Meyer muss zwar beachtet werden, dass diese letzte empirische Untersuchung zur Flächennutzungsplan bereits 16 Jahre zurück liegt, sich aber im Hinblick auf die gestiegenen Anforderungen an die Bauleitplanung wohl kaum eine Verkürzung der Aufstellungsverfahren ergeben haben dürfte. Maßgeblich sind dabei insbesondere die umweltbezogenen Anforderungen in Form der Umweltprüfung, der FFH-Verträglichkeitsprüfung sowie des Artenschutzes.

3. Gemeinsamer Flächennutzungsplan mit beschränkter Bindung

Als Alternative zu der „echten" gemeinsamen Planung des § 204 Abs. 1 S. 1 bis 3 BauGB eröffnet § 204 Abs. 1 S. 3 Hs. 2 BauGB die Beschränkung der Bindungswirkung des gemeinsamen Flächennutzungsplans auf bestimmte räumliche oder sachliche Teilbereiche.[61] Als Beispiel hierfür wird in der Literatur auch die Möglichkeit zur Steuerung der Windenergie genannt.[62] Über entsprechende Darstellungen von Vorrangflächen für die Windenergie sowie den Ausschluss auf den übrigen Flächen des gemeinsamen Planungsraumes, kann die Rechtswirkung des Planvorbehalts erzielt werden,[63] wenn hierdurch die Anforderungen an das schlüssige gesamträumliche Planungskonzept sowie die Substanzialität der Flächenausweisungen erfüllt sind.

Wie auch bei einem gemeinsamen Flächennutzungsplan nach § 204 Abs. 1 S. 1 BauGB ist davon auszugehen, dass hierbei ein integrierter Flächennutzungsplan mit allen Inhalten nach § 5 Abs. 2 bis 4 BauGB erstellt wird.[64] Der Unterschied ist darin zu sehen, dass sich die Bindungswirkung nur auf bestimmte Darstellungen erstreckt, was im Falle der planerischen Steuerungen der Windenergie die Darstellungen mit der Wirkung des Planvorbehalts wären. Soweit hierbei jedoch der Flächennutzungsplan oder einzelne Flächennutzungspläne neu aufgestellt werden, ist davon auszugehen, dass die Verfahren, wie auch bei einer „echten" gemeinsamen Planung nach § 204 Abs. 1 S. 1 BauGB aufgrund der Regelungsdichte mehr Zeit in Anspruch nehmen dürfte, als die Gemeinde vor dem Hintergrund einer kurzfristig notwendigen Steuerung der Windenergie sowie den Möglichkeiten der Zurückstellung von Baugesuchen nach § 15 Abs. 3 BauGB hat. Insofern erscheint auch das Instrument des gemeinsamen Flächennutzungsplans mit einer auf die Windenergie beschränkten Bindungswirkung der gemeinsamen Darstellungen für eine kurzfristige Steuerung der Windenergie weniger geeignet.

4. Vertragliche Regelungen über bestimmte Darstellungen

Anstelle eines gemeinsamen Flächennutzungsplans eröffnet § 204 Abs. 1 S. 4 BauGB die Möglichkeit, eine vertragliche Vereinbarung zwischen Gemeinden über bestimmte Darstellungen in den jeweiligen Flächennutzungsplänen zu treffen. Diese Form der interkommunalen Kooperation bietet sich dann an, wenn anstatt einer gemeinsamen Planung auch eine Kooperation auf vertraglicher Basis als ausreichend erachtet wird, die sich auf räumliche Teile oder einzelne Inhalte beschränkt.[65]

---

61 Vgl. Battis, a. a. O. Fn. 52, § 204, Rn. 7; vgl. Stubenrauch, a. a. O. Fn. 57, § 204 BauGB, Rn. 9.
62 Vgl. Bunzel/Reitzig/Sander, a. a. O. Fn. 4, S. 49.
63 Vgl. Heilshorn/Schober, Interkommunale Zusammenarbeit bei der Planung von Windenergieanlagen, BWGZ 4/2012, 142 (148).
64 Vgl. Bunzel/Reitzig/Sander, a. a. O. Fn. 4, S. 49.
65 Vgl. Bunzel/Reitzig/Sander, a. a. O. Fn. 4, S. 68.

Da bei dieser Zusammenarbeit die einzelnen Flächennutzungspläne der Gemeinden jeweils für sich bestehen bleiben und kein gemeinsamer Plan aufgestellt wird, handelt es sich im eigentlichen Sinne nicht um einen gemeinsamen Flächennutzungsplan, sondern vielmehr um die Ausnahme hiervon.[66] Sowohl in der Rechtsprechung als auch in der Literatur wird die Möglichkeit bejaht über vertragliche Vereinbarungen nach § 204 Abs. 1 S. 4 BauGB die Rechtswirkung des Planvorbehalts erzielen zu können.[67] Notwendig ist hierzu aber die Umsetzung der vertraglichen Vereinbarung in einer förmlichen Bauleitplanung in Form von Darstellungen mit der Wirkung des Planvorbehalts.[68] Die planerische Grundlage hierfür kann ein entsprechendes gemeinsames planerisches Konzept zur Steuerung der Windenergie bilden, welches das Gebiet aller beteiligten Gemeinden umfasst.[69] Über einen städtebaulichen Vertrag nach § 11 Abs. 4 BauGB vereinbaren die beteiligten Gemeinden, die Prüfung der Aufnahme der Darstellungen in ihre jeweiligen Flächennutzungspläne. Die vertragliche Vereinbarung geht in der Regel dem Verfahren zur Änderung oder Ergänzung oder zur Aufstellung der Bauleitpläne voraus.[70] Spätestens mit dem Beschluss der Gemeinde über den Bauleitplan muss diese abgeschlossen sein.[71]

4.1. Umsetzung im Rahmen der vorbereitenden Bauleitplanung

Zur Umsetzung der vertraglichen Vereinbarung über die Darstellungen zur Steuerung der Windenergie bieten sich zwei Möglichkeiten an:

- Eine Änderung oder Ergänzung der Flächennutzungspläne der beteiligten Gemeinden.
- Eine gemeinsame Planung auf der Grundlage der vertraglichen Vereinbarung.[72]

Bei jeder der oben genannten Möglichkeiten ist zu beachten, dass sich durch die vertragliche Vereinbarung keine Verpflichtung zur Aufstellung oder Änderung ei-

---

66 Vgl. ebd., S. 69; vgl. Stubenrauch, a. a. O. Fn. 57, § 204, Rn. 9.
67 Vgl. Hornmann, a. a. O. Fn. 24, § 204, Rn. 21, mit Verweis auf das Urteil des OVG Koblenz v. 26.11.2003 – 8A10814/03.OVG – ZNER 1/2004, 82 (83); vgl. Philipp, in: Schlichter/Stich (Hrsg.), Berliner Kommentar zum Baugesetzbuch, 3. Auflage, Loseblattsammlung, Stand 11. Lfg. 10/2008, § 204, Rn. 12, mit Verweis auf das Urteil des OVG Magdeburg, Urt. v. 17.11.2006 – 2L278/03 – JURIS, Rn. 18.
68 Vgl. OVG Magdeburg, a. a. O. Fn. 67, Rn. 18; vgl. Heilshorn/Schober, a. a. O. Fn. 63, 142 (149).
69 Vgl. Philipp, a. a. O. Fn. 67, § 204, Rn. 12.
70 Vgl. Bunzel/Reitzig/Sander, a. a. O. Fn. 4, S. 71.
71 Vgl. Philipp, a. a. O. Fn. 67, § 204, Rn. 12.
72 Ausführlich hierzu unter Pkt. II. 2.

nes Flächennutzungsplans ergeben kann.[73] Die Gemeinden können sich lediglich dazu verpflichten, die Einleitung des Bauleitplanverfahrens zu prüfen. Erfolgt die Umsetzung über eine Änderung der einzelnen Flächennutzungspläne, sind die §§ 1 bis 7 BauGB für das Verfahren entsprechend anzuwenden.[74]

Im Hinblick auf die Übernahme der Flächen aus einem Windenergiekonzept auf der Grundlage der vertraglichen Vereinbarung müssen die vom BVerwG entwickelten Grenzen der Vorwegbindung einer Planung beachtet werden.[75] So muss zunächst die Vorwegnahme der Entscheidung sachlich gerechtfertigt sein, was aus der Notwendigkeit einer gemeindenachbarlichen Zusammenarbeit begründet werden kann. Darüber hinaus muss der Inhalt der vertraglichen Vereinbarung den Anforderungen an das Abwägungsgebot entsprechen.[76] Dies ist gewährleistet, wenn die Planänderung das formale Aufstellungsverfahren der Bauleitplanung durchläuft und die öffentlichen und privaten Belange gegen- und untereinander gerecht abgewogen wurden. Dies bedeutet aber auch, dass eine beteiligte Gemeinde im Rahmen der Abwägung zu dem Ergebnis kommen kann, sich gegen die Aufnahme einer Fläche auszusprechen oder diese in einem anderen Flächenzuschnitt in die Darstellungen des Flächennutzungsplans aufzunehmen. Gerade bei einer vertraglichen Vereinbarung zur Umsetzung des Konzeptes über eine Änderung oder Ergänzung der einzelgemeindlichen Flächennutzungspläne muss beachtet werden, dass bei Abweichungen von dem informellen Konzept immer noch die Anforderungen an das schlüssige Planungskonzept und die Substanzialität der Ausweisungen gewahrt bleiben. Abschließend muss zur Wahrung der gemeindlichen Planungshoheit die Entscheidung über die Aufnahme der Darstellung bzw. die Änderung oder Ergänzung des Flächennutzungsplans von dem hierfür zuständigen Gemeindeorgan getroffen werden.[77]

4.2. Bindungswirkung

Mit dem Inkrafttreten der Planänderungen bzw. der Flächennutzungspläne entfalten die gemeinsamen Darstellungen ihre Wirkung. Speziell für die Steuerung der Windenergie und die Entfaltung der Ausschlusswirkung über Darstellungen mit der Wirkung des Planvorbehalts ist dies erst dann der Fall, wenn alle beteiligten Gemeinden ihren Plan bzw. die Planänderung in Kraft setzen. Dies ergibt sich daraus, dass den Darstellungen in den einzelnen Flächennutzungsplänen ein gemeindeübergreifendes Konzept zugrunde liegt, dessen Wirksamkeit von der Umsetzung im gesamten Planungsraum abhängt. Wird das Gesamtkonzept, das der Vereinbarung zugrunde liegt, nicht vollständig umgesetzt, da z. B. eine Gemeinde im Rah-

---

73 Vgl. Spannowsky, Die Zulässigkeit abwägungsdirigierender Verträge, ZfBR 5/2010, 429 (431).
74 Vgl. Philipp, a. a. O. Fn. 24, § 204, Rn. 9.
75 Vgl. Bunzel/Reitzig/Sander, a. a. O. Fn. 4, S. 72.
76 Vgl. Spannowsky, , 429 (432).
77 Vgl. ebd., 429 (432).

men des Aufstellungsverfahrens die für ihre Gemarkung vorgesehenen Standorte für die Windenergienutzung nicht vollständig in den Flächennutzungsplan übernimmt, dürfte sich die Wirkung des Planvorbehalts auch für die übrigen Flächennutzungspläne nicht einstellen.

Eine Änderung der Darstellungen zur Steuerung der Windenergie in einer einzelnen Gemeinde bedarf der Zustimmung der anderen vertraglich beteiligten Gemeinden. Die einseitige Kündigung des Vertrags ist nur unter den Voraussetzungen des § 204 Abs. 1 S. 5 BauGB möglich.

V. Gemeinsamer sachlicher Teilflächennutzungsplan

Neben der Umsetzung eines gemeindeübergreifenden Windenergiekonzeptes durch eine vertragliche Vereinbarung über bestimmte Darstellungen nach § 204 Abs. 1 S. 4 BauGB kann die vertragliche Vereinbarung auch die Grundlage für eine gemeinsame Planung bilden. Neben den bereits oben genannten Möglichkeiten einer echten gemeinsamen Planung (vgl. Kap. 4.2. und 4.3.), kann dabei auch auf das Instrument des sachlichen und räumlichen Teilflächennutzungsplans nach § 5 Abs. 2b BauGB zurückgegriffen werden, der auch als gemeinsamer Plan erstellt werden kann.[78] Bei der Umsetzung über den sachlichen und räumlichen Teilflächennutzungsplan bestehen grundsätzlich zwei Möglichkeiten in Form der:

- Aufstellung von sachlichen Teilflächennutzungsplänen in den einzelnen Gemeinden[79] oder der
- Aufstellung eines gemeinsamen sachlichen Teilflächennutzungsplans für das Gebiet aller beteiligten Gemeinden.

Im Gegensatz zu der Änderung oder Ergänzung der bestehenden Flächennutzungspläne (vgl. Kap. 4.4.1.) werden entsprechend den oben genannten Möglichkeiten mehrere Teilflächennutzungspläne oder ein gemeinsamer Teilflächennutzungsplan aufgestellt, die jeweils rechtlich selbstständig von bereits bestehenden Flächennut- zungsplänen sind.[80] Neben der Unterstreichung des Kooperationswillens der beteiligten Gemeinden über eine solche Planung kann diese Form der Aufstellung eigenständiger Pläne zur Steuerung der Windenergie auch notwen-

---

78 Vgl. Heilshorn/Schober, a. a. O. Fn. 63, 142 (146); vgl. Söfker, a. a. O. Fn. 8, § 5, Rn. 62j.
79 Ein Praxisbeispiel hierfür sind die sachlichen Teilflächennutzungspläne Windenergie der Gemeinden im Landkreis Starnberg, mit denen ein Windenergiekonzept in den 14 Gemeinden des Landkreises umgesetzt wurde. Vergleiche hierzu den Beitrag von Kühnel in diesem Band.
80 Vgl. Deutscher Städte- und Gemeindebund (Hrsg.), Kommunale Handlungsmöglichkeiten beim Ausbau der Windenergie – unter besonderer Berücksichtigung des Repowerings, Berlin 2012, S. 65; vgl. Söfker, a. a. O. Fn. 8, § 5, Rn. 62i; Gierke, in: Brügelmann (Hrsg.), Kommentar zum BauGB, Stand: 60. Lfg. 5/2006, § 5, Rn. 67.

dig sein, wenn in einer oder mehreren Gemeinden kein rechtskräftiger Flächennutzungsplan vorliegt und daher logischerweise kein Verfahren zur Änderung oder Ergänzung durchgeführt werden kann. Soweit bereits in den einzelnen Gemeinden rechtskräftige Flächennutzungspläne vorliegen und diese nicht geändert werden sollen, ist grundsätzlich bei der Aufstellung eines oder mehrerer Teilflächennutzungspläne zu beachten, dass diese nicht im Widerspruch zu den bestehenden Flächennutzungsplänen stehen dürfen.[81] Speziell bei der Darstellung von Flächen für die Windenergienutzung in den Teilflächennutzungsplänen sind dabei die Schutzabstände zu bestehenden oder geplanten Siedlungserweiterungsflächen in den geltenden Flächennutzungsplänen zu beachten.[82] Für die Anwendung in der Planungspraxis bietet es sich daher an, auf dem jeweiligen Plan einen Vermerk auf einen vorliegenden Flächen- nutzungsplan bzw. Teilflächennutzungsplan vorzunehmen.[83] Im Rahmen der Gesamtfortschreibung des Flächennutzungsplans können die Darstellungen eines Teilflächennutzungsplans auch in die Darstellungen des Flächennutzungsplans wieder integriert werden.[84] Entsprechend der horizontalen Koordination ergibt sich durch einen oder mehrere Teilflächennutzungspläne ein zusätzlicher vertikaler Abstimmungsbedarf. Dieser betrifft vor allem die Beachtung der Ziele der Raumordnung nach § 1 Abs. 4 BauGB sowie die Berücksichtigung der Grundsätze der Raumordnung in der Abwägung.

Der wesentliche Vorteil gegenüber der gemeinsamen Flächennutzungsplanung nach § 204 Abs. 1 S. 1 bis 3 BauGB ist darin zu sehen, dass anstatt eines integrierten Flächennutzungsplans eine inhaltlich auf die Darstellungen mit der Wirkung des Planvorbehalts beschränkte vorbereitende Bauleitplanung erstellt werden kann, deren Aufstellungsdauer deutlich kürzer sein dürfte als die eines integrierten Flächennutzungsplans, sich aber auch nicht wesentlich länger gestalten dürfte als die Verfahren zur Änderung oder Ergänzung der einzelgemeindlichen Flächennutzungspläne.

1. Geltungsbereich

Mit der Novellierung des § 5 Abs. 2b BauGB im Jahr 2011 wurde nunmehr im Gesetzestext klargestellt, dass sich ein Teilflächennutzungsplan auch auf einen räumlichen Teilbereich eines Gemeindegebiets beschränken kann.[85] Insofern kann auch ein Teilflächennutzungsplan aufgestellt werden, der Teile eines oder mehrerer Ge-

---

81   Vgl. Deutscher Städte- und Gemeindebund (Hrsg.), a. a. O. Fn. 80, S. 65; vgl. Söfker, a. a. O. Fn. 8, § 5, Rn. 62k.
82   Vgl. Kley, Der Teilflächennutzungsplan, Hamburg 2009, S. 112.
83   Vgl. Nicolai, Welche Vorteile bringt ein Teil-Flächennutzungsplan der Gemeinde?, ZfBR 6/2005, 529 (536).
84   Vgl. Mitschang, Die heutige Bedeutung der Flächennutzungsplanung: Aufgaben, Stand und Perspektiven für ihre Weiterentwicklung, LKV 3/2007, 102 (107).
85   Vgl. Söfker, a. a. O. Fn. 8, § 5, Rn. 62h; vgl. Schwarz, Sachliche und räumliche Teilflächennutzungspläne, in: Mitschang (Hrsg.), Klimagerechte Stadtentwicklung – Die neuen Regelungen der BauGB Novelle 2011, 119 (126).

meindegebiete erfassen kann. Speziell vor dem Hintergrund der Steuerung der Windenergie ist dabei zu beachten, dass sich die Wirkung des Planvorbehalts nur für den jeweiligen Geltungsbereich des Plans ergibt. Im Falle eines räumlichen Teilflächennutzungsplans ist dies der entsprechende Teilbereich der Gemarkung einer oder mehrerer Gemeinden.[86] Außerhalb des Geltungsbereichs bleibt es bei der Privilegierung der Windenergie nach § 35 Abs. 1 Nr. 5 BauGB.[87] Die Abgrenzung des Geltungsbereichs hat dabei unter Berücksichtigung der Grundsätze der Bauleitplanung zu erfolgen.[88] Maßgeblich ist hierbei die Begründung des Steuerungsbedarfes für den Teilbereich, die die Aufstellung eines Bauleitplans erforderlich macht. Gleichsam sind bei der Abgrenzung die Anforderungen an das schlüssige gesamträumliche Planungskonzept sowie der Substanzialität der Flächenausweisungen zu beachten.[89] Diese können eine bestimmte Mindestflächengröße als Geltungsbereich für einen räumlichen Teilflächennutzungsplan erforderlich machen, was sich jedoch nicht abstrakt, sondern nur im konkreten Einzelfall bestimmten lässt. Der Geltungsbereich wird dabei mindestens eine Fläche für die Windenergie sowie Ausschlussflächen umfassen.[90] Ein Anwendungsfall für einen gemeinsamen räumlichen Teilflächennutzungsplan könnte z. B. die planerische Steuerung der Windenergie in gemeindeübergreifenden Waldgebieten sein.[91]

Deutlich mehr Relevanz für die Planungspraxis dürfte jedoch die Fallgestaltung besitzen, in der die Gemarkungen mehrerer Gemeinden jeweils vollständig durch einen oder mehrere Teilflächennutzungspläne überplant werden, die sich inhaltlich auf die Steuerung der Windenergie beschränken. Für diesen Geltungsbereich erfolgt dann in einem gemeinsamen sachlichen Teilflächennutzungsplan eine planerische Steuerung der Windenergienutzung über Darstellungen mit der Wirkung des Planvorbehalts.

2. Planinhalte

Entsprechend der Zielsetzung der Steuerung privilegierter Außenbereichsvorhaben bilden die Darstellungen mit der Wirkung des Planvorbehalts die Hauptinhalte eines gemeinsamen sachlichen Teilflächennutzungsplans. Ziel dieser Planung ist die Konzentration der Windenergie auf bestimmte Flächen sowie deren Ausschluss auf den übrigen Flächen des Plangebietes. Auch bei der gemeinsamen Windenenergie-

---

86 Vgl. Söfker, a. a. O. Fn. 8, § 5, Rn. 62n; vgl. Schwarz, a. a. O. Fn. 85, 119 (127).
87 Vgl. Kraus, a. a. O. Fn. 13, 12 (17); vgl. Söfker, a. a. O. Fn. 16, S. 8.
88 Vgl. Söfker, a. a. O. Fn. 8, § 5, Rn. 62h.
89 Vgl. ebd.
90 Vgl. Söfker, a. a. O. Fn. 16, S. 5.
91 Vgl. zur Problematik der Windenergie im Wald den Beitrag von Nagel, Köppel, Dahmen, Erdmann und Siegmund in diesem Band.

planung müssen die Gemeinden darauf achten, der Windenergie substanziell Raum zu schaffen.[92]

2.1. Flächendarstellungen

Als Darstellungen für Windenergiestandorte kommen im Flächennutzungsplan insbesondere Sonderbauflächen oder Sondergebiete nach § 5 Abs. 2 Nr. 1 BauGB in Verbindung mit § 11 BauNVO[93] in Frage.[94] Durch die Konkretisierung über die Angabe der Zweckbestimmung „Windkraftanlagen" wird Vorrang vor anderen Nutzungen eingeräumt.[95] Ebenfalls möglich ist die Darstellung von Vorrang- oder Konzentrationsflächen für Windenergieanlagen.[96] Soweit die Gemeinde beabsichtigt, auf der Grundlage der Darstellungen des Flächennutzungsplans Bebauungspläne zu entwickeln, empfiehlt sich die Darstellung von Sonderbauflächen. In Ergänzung zu den Standortzuweisungen erfolgt ein Ausschluss der Windenergie auf den restlichen Flächen des Plangebiets. Im Gegensatz zu der zeichnerischen Darstellung einer Baufläche oder einer Vorrangfläche erfolgt dabei keine Darstellung der Ausschlussflächen im Planteil.[97] Vielmehr wird der Ausschluss in textlicher Form in die Begründung des Flächennutzungsplans aufgenommen.[98] Eine weitere Möglichkeit besteht in der Darstellung von Versorgungsflächen.[99]

2.2. Höhenbegrenzungen

Ergänzend zu der Darstellung der Art der baulichen Nutzung durch Bauflächen oder Baugebiete können auch Höhenbegrenzungen über das allgemeine Maß der baulichen Nutzung nach § 5 Abs. 2 S. 1 BauGB i. V. m. § 16 Abs. 1 BauNVO aufgenommen werden.[100] Eine Höhenbeschränkung muss sich aber im konkreten Ein-

---

92 Vgl. Philipp, a. a. O. Fn. 24, § 204, Rn. 7.
93 Verordnung über die bauliche Nutzung der Grundstücke – Baunutzungsverordnung (BauNVO), in der Fassung der Bekanntmachung vom 23.1.1990 (BGBl. I S. 132), zuletzt geändert durch Art. 3 G v. 22.4.1993 (BGBl. I S. 466).
94 Vgl. Söfker, a. a. O. Fn. 16, S. 3; vgl. Jaeger, in: Spannowsky/Uechtritz (Hrsg.), BauGB Kommentar, München 2009, § 5, Rn. 72.
95 Vgl. Stock, in: König/Roeser/Stock, BauNVO Kommentar, 2. Auflage, München 2003, § 11, Rn. 11.
96 Vgl. Söfker, in: Kommunale Umwelt-Aktion U.A.N. e.V. (Hrsg.), Die allgemeinen Anforderungen an die Steuerung der Standorte von Windenergieanlagen im Außenbereich, Hannover 2011, S. 8.; vgl. Schwarz, a. a. O. Fn. 85, 119 (131).
97 Vgl. Kley, a. a. O. Fn. 82, S. 183.
98 Zumindest ist in der Begründung zu Konzentrationszonen darauf hinweisen, dass diese zur Umsetzung des Planvorbehalts nach § 35 Abs. 3 S. 3 BauGB dienen, damit auf die Ausschlusswirkung geschlossen werden kann.
99 Vgl. Söfker, a. a. O. Fn. 96, S. 8.
100 Vgl. OVG Münster, Urt. v. 19.5.2004 – 7 A 3368/02 – JURIS, Rn. 49; vgl. Fickert/Fieseler, Baunutzungsverordnung, 11. Auflage, Stuttgart 2008, § 16, Rn. 15.

zelfall aus städtebaulichen Gründen ergeben.[101] Vor dem Hintergrund des Repowerings spielt jedoch in der Planungspraxis der umgekehrte Fall der Aufhebung von bestehenden Höhenbegrenzungen eine wichtigere Rolle. Soweit in einem gemeinsamen sachlichen Teilflächennutzungsplan eine entsprechende Regelung zur Höhenbegrenzung aufgenommen wird, verdrängt diese entsprechend die bisherigen Darstellungen der bestehenden Flächennutzungspläne. Diese Darstellung ist dann maßgeblich für die Entwicklung der Bebauungspläne aus dem Flächennutzungsplan.[102] Ausgeschlossen sind dahingegen Beschränkungen des Rotorradius einer Windenergieanlage über die BauNVO,[103] wie auch Darstellungen, mit denen eine Beschränkung auf eine bestimmte Leistungsklasse der Anlage oder eine bestimmte Regelungstechnik erreicht werden soll.[104]

2.3. Darstellungen in Verbindung mit dem Repowering

Im Zusammenhang mit dem Repowering ist die Regelung des § 249 Abs. 2 S. 1 BauGB von Bedeutung. Danach kann in einem Flächennutzungsplan vorgesehen werden, dass die Errichtung von Windenergieanlagen auf den dafür vorgesehenen Flächen nur dann zulässig ist, wenn sichergestellt wird, dass nach deren Errichtung andere im Flächennutzungsplan bezeichnete Windenergieanlagen innerhalb einer im Flächennutzungsplan zu bestimmenden angemessenen Frist zurückgebaut werden. Diese Regelung lässt sich auch auf den gemeinsamen sachlichen Teilflächennutzungsplan anwenden.[105] Für die Bestimmung der Frist kann auf die Regelung des § 30 Abs. 2 EEG[106] zurückgegriffen werden. Danach gilt, dass eine Anlage ersetzt wird, wenn sie höchstens ein Jahr vor und spätestens ein halbes Jahr nach der Inbetriebnahme der Repowering-Anlage vollständig abgebaut und vor der Inbetriebnahme der Repowering Anlage vollständig außer Betrieb genommen wurde. Analog zu der Regelung des § 30 Abs. 1 EEG, die sich auf Anlagen in einem Landkreis oder einem angrenzenden Landkreis bezieht, stellt auch § 249 Abs. 2 S. 2 BauGB ausdrücklich darauf ab, dass die zurückzubauenden Anlagen auch außerhalb des Gemeindegebiets liegen können. Im Fall des gemeinsamen sachlichen Teilflächennutzungsplans ist davon auszugehen, dass die Altanlagen sogar außer-

---

101 Vgl. Umweltbundesamt (Hrsg.), Klimaschutz in der räumlichen Planung, Dessau-Roßlau 2012, S. 97.
102 Vgl. Repowering-InfoBörse (Hrsg.), Repowering von Windenergieanlagen – Behandlung von Fragen der Höhenbegrenzungen, Hannover 2011, S. 9.
103 Bei einer Festsetzung in einem Bebauungsplan, aber auch übertragbar für Darstellungen im Flächennutzungsplan: vgl. OVG Lüneburg, Urt. v. 21.12.2010 – 12 KN 71/08 – JURIS, Rn. 30.
104 Vgl. OVG Münster, Urt. v. 4.12.2006 – 7 A 568/06 – JURIS, Rn. 55.
105 vgl. für den sachlichen Teilflächennutzungsplan: Söfker, in: Kommunale Umwelt-AktioN U.A.N. e.V. (Hrsg.), Die Verbindlichkeit des Repowering durch Bebauungsplan und Flächennutzungsplan, Hannover 2011, S. 7.
106 Gesetz für den Vorrang Erneuerbarer Energien (Erneuerbare-Energien-Gesetz – EEG), vom 25.10.2008 (BGBl. I S. 2074), zuletzt geändert durch Art. 2 Abs. 69 G v. 22.12.2011 (BGBl. I S. 3044).

halb des Geltungsbereichs dieses Plans liegen können, wenn die oben genannte Vorgabe des § 30 Abs. 1 EEG eingehalten wird und sich insofern die Anlagen innerhalb eines Landkreises oder einem benachbarten Landkreis befinden.

Neben diesen Vorgaben müssen in einem Flächennutzungsplan zur Steuerung des Repowerings auch die abzubauenden Anlagen bestimmt werden.[107] Grundlage hierfür bildet die Regelung des § 249 Abs. 2 S. 1 BauGB, die vorsieht, dass die zurückzubauenden Anlagen im Bebauungsplan zu bestimmen sind. Da § 249 Abs. 2 S. 4 BauGB für Flächennutzungspläne mit Darstellungen zur Steuerung der Windenergie über den Planvorbehalt die Möglichkeit eröffnet entsprechende Regelungen zum Repowering zu treffen, folgt daraus, dass in dem Plan auch die abzubauenden Anlagen zu bezeichnen sind. Dies kann über eine entsprechende Auflistung der zu ersetzenden Altanlagen in der Begründung des Flächennutzungsplans erfolgen.

Von Bedeutung ist diese zeitliche, räumliche und anlagenbezogene Konkretisierung vor allem im Hinblick auf die planerische Abwägung und nicht zuletzt auch für die Betrachtung der Umweltauswirkungen im Rahmen der Umweltprüfung. Denn hier können den mit der Neuaufstellung von Windenergieanlagen verbundenen negativen Umweltauswirkungen auch die positiven Umweltauswirkungen, die sich aus dem Rückbau der Anlagen ergeben, berücksichtigt werden.

2.4. Darstellungen zum Ausgleich von Eingriffen in Natur und Landschaft

Neben diesen Inhalten mit der Wirkung des Planvorbehalts können in einem gemeinsamen Teilflächennutzungsplan auch Darstellungen zum Ausgleich der durch die Ausweisung von Standorten für die Windenergie verursachten Eingriffe in Natur und Landschaft dargestellt werden. Hierzu müssen Art und Umfang der zu erwartenden Eingriffe sowie der Bedarf an Kompensationsflächen ermittelt und in der Begründung erläutert werden.[108] Als Darstellung hierfür kommen insbesondere Flächen für Maßnahmen zum Schutz, zur Pflege und zur Entwicklung von Boden, Natur und Landschaft nach § 5 Abs. 2 Nr. 10 BauGB in Frage.[109] Über die Zuordnung nach § 5 Abs. 2a BauGB können die Ausgleichsflächen den zu erwartenden Eingriffen in Natur und Landschaft zugeordnet werden.[110] Die Vergrößerung des Suchraums für Flächen zum Ausgleich, die sich aufgrund des Geltungsbereichs des gemeinsamen Flächennutzungsplans ergibt, dürfte sich dabei positiv auf die Verfügbarkeit von Flächen zum Ausgleich auswirken. Einem gemeindeübergreifenden Ausgleichskonzept kommt dabei besondere Bedeutung im Hinblick auf den Ausgleich der Interessen der beteiligten Gemeinden zu. So können Gemeinden, die aufgrund naturräumlicher Restriktionen nur über ein geringes Standortpotenzial für

---

107 Vgl. für den sachlichen Teilflächennutzungsplan: Söfker, a. a. O. Fn. 5, S. 5.
108 Vgl. BVerwG, Beschl. v. 26.4.2006 – 4 B 7/06 – JURIS, Rn. 7.
109 Vgl. Mitschang, in: Schlichter/Stich (Hrsg.), Berliner Kommentar zum Baugesetzbuch, 3. Auflage, Loseblattsammlung, Stand 18. Lfg. 5/2011, Ergänzende Vorschriften zum Umweltschutz § 1a, Rn. 258.
110 Vgl. Gelzer/Bracher/Reidt, Bauplanungsrecht, 7. Auflage, Köln 2004, Rn 171.

die Windenergie verfügen, über die Bereitstellung eines entsprechend höheren Flächenanteils an Ausgleichsflächen einen Beitrag zum Ausgleich für die Gemeinden leisten, die größere Flächenanteile für die Windenergie bereitstellen können und dadurch stärkere Eingriff in Natur und Landschaft kompensieren müssen.

3. Vorbereitung

Zur Vorbereitung eines gemeinsamen sachlichen Teilflächennutzungsplans zur Steuerung der Windenergie sollte zunächst ein informelles Konzept erstellt werden (vgl. unter 3.2.) Hierzu kann eine vertragliche Vereinbarung zwischen den beteiligten Gemeinden abgeschlossen werden, mit der zum einen die Erarbeitung des Konzeptes und zum anderen auch die Verteilung der Kosten für die Erstellung des Konzeptes geregelt wird.[111] Das informelle Konzept bildet dann die Grundlage für den Vorentwurf der einzelnen Teilflächennutzungspläne oder des gemeinsamen sachlichen Teilflächennutzungsplans. In beiden Fällen bietet es sich an, die Erstellung des Vorentwurfs nach § 4b BauGB einem Dritten zu übertragen, der auch die Verfahrensschritte zur Aufstellung übernehmen kann und als neutraler Moderator die Interessen der Gemeinden zu einem gerechten Ausgleich bringt.[112] Aus diesem Grund sollte dieser auch die Sammlung der Stellungnahmen und die Zusammenstellung des Abwägungsmaterials sowie die Erarbeitung der Beschlussvorschläge für die jeweiligen gemeindlichen Gremien übernehmen.[113] Zur gerechten Verteilung der Kosten ist wiederum eine vertragliche Vereinbarung zwischen den planenden Gemeinden notwendig.[114] Alternativ kann auch eine entsprechend leistungsfähige Bauverwaltung das Bauleitplanverfahren federführend leiten, wenn sich die beteiligten Gemeinden hierauf einigen können.[115]

4. Aufstellungsverfahren

Für das Verfahren zur Aufstellung eines sachlichen Teilflächennutzungsplans bzw. für das eines gemeinsamen sachlichen Teilflächennutzungsplans sind die §§ 2 bis 7 BauGB für die Planaufstellung sowie die §§ 214 und 215 BauGB für die Planerhaltung anzuwenden.[116] Wie bei der Vereinbarung über bestimmte Darstellungen können sich die Gemeinden aufgrund § 1 Abs. 3 S. 2 BauGB nicht dazu verpflichten einen gemeinsamen sachlichen Teilflächennutzungsplan aufzustellen. Bei der frei-

---

111 Vgl. Deutscher Städte- und Gemeindebund (Hrsg.), a. a. O. Fn. 80, S. 67.
112 Vgl. Philipp, , § 204, Rn. 9.
113 Vgl. Bunzel/Reitzig/Sander, a. a. O. Fn. 4, S. 58.
114 Vgl. Runkel, a. a. O. Fn. 17, § 204, Rn. 46.
115 Vgl. Philipp, a. a. O. Fn. 24, § 204, Rn. 9.
116 Vgl. ebd.; vgl. Runkel, a. a. O. Fn. 17, § 204, Rn. 46.

willigen Zusammenarbeit behalten die beteiligten Gemeinden ihre volle Planungshoheit und können das Bauleitplanverfahren auch jederzeit beenden.[117]

Bei der Aufstellung von Teilflächennutzungsplänen in den einzelnen Gemeinden erfolgt das reguläre Aufstellungsverfahren.[118] Im Hinblick auf die Steuerung der Windenergie, insbesondere die Entfaltung der Ausschlusswirkung des Planvorbehalts, sollte dabei eine weitgehend parallele Aufstellung der einzelnen Pläne erfolgen. Die Besonderheit des Aufstellungsverfahrens bei einem gemeinsamen sachlichen Teilflächennutzungsplan liegt in den Beschlüssen, die von den Gemeindevertretungen für den Gesamtplan gefasst und jeweils übereinstimmend getroffen werden müssen.[119] Dies gilt sowohl für

- den Aufstellungsbeschluss nach § 2 Abs. 1 S. 2 BauGB.
- den Beschluss über die frühzeitige Beteiligung der Behörden (Scoping) nach § 4 Abs. 1 BauGB und der Öffentlichkeit nach § 3 Abs. 1 BauGB.
- den Beschluss über die Stellungnahmen aus der frühzeitigen Beteiligung der Behörden und der Öffentlichkeit sowie den Planentwurf.
- die Beschlüsse zur Beteiligung der Behörden nach § 4 Abs. 2 BauGB sowie zur Offenlage des Planentwurfs nach § 3 Abs. 2 BauGB.
- die Beschlüsse über die Anregungen aus der Beteiligung der Behörden und der Offenlage sowie
- den Beschluss über den gemeinsamen sachlichen Teilflächennutzungsplan.

Die jeweiligen Beschlüsse sollten weitgehend parallel in den einzelnen Gemeinden von den Gemeindevertretungen gefasst werden.[120] Nicht erforderlich ist es, diese in einer gemeinsamen Sitzung zu fassen. Nichtsdestotrotz kann dies insbesondere bei dem Beschluss über den gemeinsamen sachlichen Teilflächennutzungsplan den Willen der interkommunalen Kooperation öffentlichkeitswirksam unterstreichen. Wie auch der einzelgemeindliche Flächennutzungsplan bedarf der sachliche Teilflächennutzungsplan bzw. der gemeinsame sachliche Teilflächennutzungsplan der Genehmigung durch die höhere Verwaltungsbehörde nach § 6 Abs. 1 BauGB.[121]

Beim gemeinsamen sachlichen Teilflächennutzungsplan legen die Gemeinden jeweils den Gesamtplan zur Genehmigung mit den entsprechenden Verfahrensvermerken vor. Abschließend erfolgt die Bekanntmachung der sachlichen Teilflächen-

---

117 Vgl. Philipp, a. a. O. Fn. 24, § 204, Rn. 10.
118 Vgl. Söfker, a. a. O. Fn. 8, § 5, Rn. 62i.
119 Vgl. Deutscher Städte- und Gemeindebund (Hrsg.), a. a. O. Fn. 80, S. 67; vgl. Hornmann, a. a. O. Fn. 24, § 204, Rn. 7; vgl. Runkel, a. a. O. Fn. 17, § 204, Rn. 48.
120 Vgl. Runkel, a. a. O. Fn. 17, § 204, Rn. 45.
121 Vgl. Philipp, a. a. O. Fn. 24, § 204, Rn. 11; vgl. Runkel, a. a. O. Fn. 17, § 204, Rn. 52.

nutzungspläne bzw. des gemeinsamen sachlichen Teilflächennutzungsplans nach § 6 Abs. 5 BauGB.

5. Bindungswirkung

Das Planungsziel der Entfaltung der Rechtswirkung des Planvorbehalts zur Steuerung der Windenergie kann sowohl bei einzelgemeindlichen sachlichen Teilflächennutzungsplänen als auch bei einem gemeinsamen sachlichen Teilflächennutzungsplan erreicht werden. Bei den einzelgemeindlichen sachlichen Teilflächennutzungsplänen entfaltet sich die Rechtswirkung grundsätzlich erst dann, wenn alle beteiligten Gemeinden ihren Teilflächennutzungsplan beschlossen haben und damit das gesamträumliche Konzept zur Steuerung umgesetzt wird. Dieses inhaltliche Bindeglied der Planungen sowie die Besonderheit der Entfaltung der Rechtswirkung des Planvorbehalts in Verbindung mit den anderen sachlichen Teilflächennutzungsplänen sollte daher entsprechend in der Begründung erläutert werden. Beim gemeinsamen sachlichen Teilflächennutzungsplan tritt die Ausschlusswirkung des Planvorbehalts in Kraft, wenn alle beteiligten Gemeinden die Beschlüsse über den Gesamtplan gefasst haben. Unabhängig von dem Beschluss, der von jeder Gemeinde einzeln über den Gesamtplan gefasst werden muss, entfalten für die einzelnen Gemeinden nur die Darstellungen zur Steuerung der Windenergie eine Rechtswirkung, die sich auch auf das jeweilige Gemeindegebiet beziehen.[122]

Bereits während der Planaufstellung kann, wie beim Flächennutzungsplan nach § 5 BauGB eine Zurückstellung von Baugesuchen nach § 15 Abs. 3 BauGB erfolgen, wenn ein gemeinsamer Beschluss zur Aufstellung des gemeinsamen sachlichen Teilflächennutzungsplans vorliegt.[123]

Zur Änderung der Darstellungen des gemeinsamen sachlichen Teilflächennutzungsplans ist die Zustimmung aller beteiligten Gemeinden notwendig.[124] Eine Änderung der neben dem gemeinsamen sachlichen Teilflächennutzungsplan Windenergie bestehenden einzelgemeindlichen Flächennutzungspläne kann dahingegen einseitig vorgenommen werden. Hierbei ist jedoch darauf zu achten, ob sich aus der Änderung des Flächennutzungsplans Auswirkungen auf die Darstellungen des gemeinsamen sachlichen Teilflächennutzungsplans ergeben können. So sind insbesondere Abstandsflächen zwischen Siedlungserweiterungsflächen und Konzentrationsflächen für die Windenergie einzuhalten.

---

122 Vgl. Hornmann, a. a. O. Fn. 24, § 204, Rn. 7.
123 Vgl. Rieger, Zurückstellung und Flächennutzungsplanung, ZfBR 5/2012, 430 (433); vgl. Krautzberger, in: Battis/Krautzberger/Löhr, Baugesetzbuch Kommentar, 11. Auflage, München 2009, § 15, Rn. 14.
124 Vgl. Hornmann, a. a. O. Fn. 24, § 204, Rn. 18; vgl. Philipp, a. a. O. Fn 24 § 204, Rn. 11; vgl. Runkel, a. a. O. Fn. 17, § 204, Rn. 54.

Aus dem gemeinsamen sachlichen Teilflächennutzungsplan können unter Berücksichtigung des Entwicklungsgebots nach § 8 Abs. 2 BauGB entsprechend Bebauungspläne in den einzelnen Gemeinden entwickelt werden, mit denen die Darstellungen des vorbereitenden Bauleitplans konkretisiert werden können.[125]

Eine Beendigung der gemeinsamen Planung regelt wiederum § 204 Abs. 1 S. 5 BauGB. Bedingungen hierfür sind der Entfall der Voraussetzungen der gemeinsamen Planung oder die Erreichung des Planungszwecks. Im Hinblick auf den Zweck der Planung ist bei einem gemeinsamen sachlichen Teilflächennutzungsplan anzumerken, dass sich dieser gerade nicht über einen finalen Endpunkt definiert, der z. B. durch die Aufstellung eines Bebauungsplans oder die Genehmigung eines Vorhabens markiert wird. Speziell bei der Ausschlusswirkung ist der Zweck der Planung die Aufrechterhaltung des Nutzungsausschlusses für ein bestimmtes Gebiet. Insofern ergibt sich der Zweck der Planung hier aus dem Fortbestehen der Wirksamkeit der Darstellungen, was eine Funktionslosigkeit der Planung wohl ausschließt. Einen Ansatzpunkt für die Beendigung der gemeinsamen Planung bietet jedoch der Entfall der Voraussetzungen der gemeinsamen Planung. Dieser liegt nach *Philipp* bereits vor, wenn „eine der beteiligten Gemeinden von dem gebietsübergreifenden städtebaulichen Entwicklungskonzept Abstand nimmt und ein neues auf ihr Gebiet begrenztes Konzept entwickelt."[126] Hierbei ist jedoch zu beachten, dass eine auf diesen Voraussetzungen basierende Änderung der gemeinsamen Planung nach § 204 Abs. 1 S. 5 Hs. 2 BauGB der Zustimmung durch die höhere Verwaltungsbehörde bedarf.[127]

VI. Planungsverband

Eine weitere Möglichkeit der interkommunalen Zusammenarbeit eröffnet die Regelung zum Planungsverband nach § 205 BauGB. Ein wesentlicher Unterschied zu den vorangehend genannten Kooperationsformen ist darin zu sehen, dass bei der gemeinsamen Flächennutzungsplanung nach § 204 BauGB oder einem gemeinsamen sachlichen Teilflächennutzungsplan die Planungshoheit bei den Gemeinden verbleibt, während diese bei einem Planungsverband nach § 205 BauGB vollständig oder teilweise auf diesen übertragen wird.[128] Dabei besteht zum einen die Möglichkeit nach § 205 Abs. 1 BauGB, dass sich die Gemeinden und sonstige öffentliche Planungsträger freiwillig zu einem Planungsverband zusammenschließen und zum anderen nach § 205 Abs. 2 und 3 BauGB zwangsweise zu einem Planungsverband

---

125 Vgl. Söfker, a. a. O. Fn. 16, S. 5.
126 Vgl. Philipp, a. a. O. Fn. 67, § 204, Rn. 14.
127 Vgl. Runkel, , § 204, Rn. 58.
128 Vgl. Battis, in: Battis/Krautzberger/Löhr, Baugesetzbuch Kommentar, 11. Auflage, München 2009, § 205, Rn. 1.

zusammengeschlossen werden.[129] In der Praxis erfolgte speziell in den Verdichtungsräumen die Bildung von Planungsverbänden immer durch eine entsprechende gesetzliche Regelung.[130] Fraglich ist jedoch, ob sich im Hinblick auf die planerische Steuerung der Windenergie das Erfordernis nach einer gemeinsamen Planung so verdichten kann, dass hierdurch der zwangsweise Zusammenschluss zu einem Planungsverband gerechtfertigt würde. Denn daneben bestehen auch immer die Möglichkeiten einer einzelgemeindlichen planerischen Lösung und der Konfliktlösung auf der Ebene der Vorhabengenehmigung.[131] Vor diesem Hintergrund sowie der Akzeptanz einer solchen Planung wird daher der Fokus auf den freiwilligen Planungsverband gelegt.

Voraussetzung für die Bildung eines Planungsverbandes auf freiwilliger Basis ist der Ausgleich verschiedener Belange durch eine gemeinsame und zusammengefasste Bauleitplanung. Dies dürfte regelmäßig erfüllt sein, wenn die Gemeinden ein gemeinsames Konzept zur Steuerung der Windenergie aufstellen wollen.[132] Basis des freiwilligen Zusammenschlusses nach § 205 Abs. 1 BauGB bildet eine Vereinbarung in Form eines öffentlich-rechtlichen Vertrages.[133] Dieser regelt zum einen den Zweck des Planungsverbandes sowie die Verbandssatzung.[134] In der Verbandssatzung wird die Aufgabenübertragung der Verbandsmitglieder an den Planungsverband bestimmt. Für die Erfüllung seiner Aufgaben bildet der Planungsverband eine eigenständige Organisationsstruktur und übernimmt die Bauleitplanung an Stelle der einzelnen Gemeinde innerhalb des Verbandsgebietes.[135] Hierbei ist der Planungsverband nicht nur auf die Flächennutzungsplanung beschränkt, sondern kann auch die Bebauungsplanung sowie die Sicherung der Bauleitplanung übernehmen.[136] Dies umfasst sowohl die Sicherung der Bauleitplanung in Form des Erlasses einer Veränderungssperre nach § 14 BauGB oder auch die Zurückstellung von Baugesuchen nach § 15 BauGB.[137] Darüber kann der Planungsverband auch die Koordinierung der Bauleitplanung mit den Fachplanungen übernehmen.[138]

---

129 Vgl. ebd., § 205, Rn. 1; vgl. Hornmann, a. a. O. Fn. 24, § 204, Rn. 37; vgl. Gaentzsch, in: Schlichter/Stich (Hrsg.), Berliner Kommentar zum Baugesetzbuch, 3. Auflage, Loseblattsammlung, Stand 1. Lfg. 8/2002, § 205, Rn. 13.
130 Ausführlich hierzu: vgl. Priebs, a. a. O. Fn. 16, 254 (255).
131 Vgl. Heilshorn/Schober, a. a. O. Fn. 63, 142 (143). In der Literatur wird als einziges Beispiel für einen zwangsweisen Zusammenschluss die Bildung des Planungsverbandes der Gemeinden der Insel Sylt genannt; vgl. hierzu: Bunzel/Reitzig/Sander, a. a. O. Fn. 4, S. 52.
132 Vgl. Heilshorn/Schober, a. a. O. Fn. 63, 142 (143).
133 Vgl. Hornmann, , § 204, Rn. 19; vgl. Gaentzsch, a. a. O. Fn. 129, § 205, Rn. 9.
134 Vgl. Gaentzsch, a. a. O. Fn. 129, § 205, Rn. 10.
135 Vgl. Bunzel/Reitzig/Sander, a. a. O. Fn. 4, S. 38.
136 Vgl. Heilshorn/Schober, a. a. O. Fn. 63, 142 (142).
137 Vgl. Hornmann, a. a. O. Fn. 24, § 204, Rn. 29; vgl. Gaentzsch, a. a. O. Fn. 129, § 205, Rn 6.
138 Vgl. Hornmann, a. a. O. Fn. 24, § 204, Rn. 17.

1. Umsetzung im Rahmen der Bauleitplanung

Speziell vor dem Hintergrund der planerischen Steuerung der Windenergie kann sich ein Planungsverband – ähnlich einem Zweckverband – auch auf die bauleitplanerischer Steuerung der Windenergie konzentrieren. Auf der Grundlage eines gemeinsamen Konzeptes zur Steuerung der Windenergienutzung kann z. B. ein sachlicher Teilflächennutzungsplan für das Gebiet des Planungsverbandes erstellt werden. Zur Konkretisierung und Umsetzung der vorbereitenden Bauleitplanung können dann Bebauungspläne aus dem Teilflächennutzungsplan entwickelt werden, die von dem Planungsverband aufgestellt werden.

1.1. Vorbereitende Bauleitplanung

Im Rahmen der vorbereitenden Bauleitplanung kann der Planungsverband einen Flächennutzungsplan oder einen sachlichen und räumlichen Teilflächennutzungsplan aufstellen. Zur Vorbereitung dieser Planungen kann wiederum ein informelles Konzept erstellt werden. Da sich der vorbereitende Bauleitplan auf das gesamte Verbandsgebiet bezieht, handelt es sich nicht um einen gemeinsamen Flächennutzungsplan oder einen gemeinsamen sachlichen Teilflächennutzungsplan. In der Praxis wird hierfür zum Teil der Begriff des „Verbands-Flächennutzungsplans" oder des „zusammengefassten Flächennutzungsplans" verwendet.[139] Die Aufstellung des Flächennutzungsplans oder eines sachlichen und räumlichen Teilflächennutzungsplans für die Mitgliedsgemeinden unterscheidet sich dabei weniger inhaltlich von den zuvor genannten Instrumenten als vielmehr in Bezug auf das Bauleitplanverfahren vor dem Hintergrund der Übertragung der Planungshoheit von den einzelnen Gemeinden auf den Planungsverband. Maßgeblich sind dabei die in der Verbandssatzung vorgesehenen Modalitäten zur Beschlussfassung über die Bauleitplanung. Diese kann sowohl in Form übereinstimmender Beschlüsse aller Verbandsmitglieder als auch in Form von Mehrheitsbeschlüssen ausgestaltet sein.[140] Der Erforderlichkeit eines übereinstimmenden Beschlusses wohnen dabei aus fachlicher Sicht Befürchtungen inne, dass das Ergebnis einer solchen Planung lediglich den politisch tragbareren Minimalkonsens abbildet.[141] In Bezug auf die Windenergie kann dem jedoch entgegengehalten werden, dass zumindest bei der Umsetzung eines Konzeptes zur planerischen Steuerung immer die Anforderung an den Planvorbehalts und damit der Substanzialität der Flächenausweisungen nachzukommen ist. Nichtsdestotrotz besteht beim Einstimmigkeitsprinzip ein erhöhter Abstimmungsaufwand, der sich aber gleichsam auch bei einer Zusammenarbeit über eine vertragliche Regelung ergibt. Bei der Möglichkeit der Mehrheitsentscheidung könnten demgegenüber auch stärker fachliche orientierte Lösungen zum Tragen kommen. Im Rahmen des Aufstellungsverfahrens besteht für die Gemeinden ein quali-

---

139 Vgl. Bunzel/Reitzig/Sander, a. a. O. Fn. 4, S. 142.
140 Vgl. Kompetenzzentrum Energie (Hrsg.), a. a. O. Fn. 19, S. 6; vgl. Gaentzsch, a. a. O. Fn. 129, § 205, Rn. 10.
141 Vgl. Priebs, a. a. O. Fn. 16, 254 (255).

fiziertes Beteiligungsrecht, dass eine Stellungnahme in angemessener Frist ermöglicht.[142]

1.2. Verbindliche Bauleitplanung

Als Besonderheit der interkommunalen Kooperation im Rahmen eines Planungsverbandes besteht hier die Möglichkeit, auch die verbindliche Bauleitplanung vollständig oder teilweise von den Gemeinden auf den Verband zu übertragen. Für die Umsetzung eines gesamtgemeindlichen Konzeptes zur Steuerung der Windenergie spielt der Bebauungsplan zwar nur eine nachgeordnete Rolle, denn über die Festsetzungen des Bebauungsplans kann keine Ausschlusswirkung an anderer Stelle erzielt werden, wie dies bei Darstellungen des Flächennutzungsplans oder des Teilflächennutzungsplans der Fall ist. Über die verbindliche Bauleitplanung kann jedoch eine Konkretisierung der Darstellungen des Flächennutzungsplans erfolgen.[143] Hierzu können zum Beispiel die Anlagenstandorte über die Festsetzung der überbaubaren Grundstücksfläche nach § 9 Abs. 1 Nr. 1 BauGB in Verbindung mit § 23 BauNVO detailliert bestimmt werden.[144] Einer besonderen Begründung bedarf in der Regel die Festsetzung einer Höhenbegrenzung nach § 9 Abs. 2 Nr. 1 BauGB in Verbindung mit § 16 BauNVO.[145] Auch Festsetzungen zur Erschließung über die Darstellung von Verkehrsflächen nach § 9 Abs. 1 Nr. 11 BauGB, Versorgungsflächen nach § 9 Abs. 1 Nr. 12 BauGB, die Führung von ober- und unterirdischen Versorgungsleitungen nach § 9 Abs. 1 Nr. 13 BauGB oder Geh-, Fahr- und Leitungsrechte nach § 9 Abs. 1 Nr. 23 BauGB können erfolgen. Speziell für Ausgleichs- und Ersatzmaßnahmen können im Bebauungsplan Flächen oder Maßnahmen zum Schutz, zur Pflege und zur Entwicklung von Boden, Natur und Landschaft nach § 9 Abs. 1 Nr. 20 BauGB oder Flächen oder Maßnahmen zum Ausgleich nach § 9 Abs. 1a BauGB festgesetzt werden. Darüber hinaus können auch Festsetzungen zum Repowering nach § 249 Abs. 2 BauGB im Bebauungsplan gemacht werden, mit denen die Errichtung von Windenergieanlagen im Geltungsbereich des Bebauungsplans an den Rückbau bestimmter Anlagen innerhalb einer zu bestimmenden Frist gekoppelt werden.[146] Da es sich bei den Regelungen zum Repowering, wie auch bei der Festsetzung der Anlagenstandorten über die überbaubare Grundstücksfläche, um umsetzungsorientierte Regelungen handelt, bietet es sich an, diese im Rahmen eines vorhabenbezogenen Bebauungsplans nach § 12 BauGB auf der Grundlage eines Vorhaben- und Erschließungsplans vorzunehmen.[147]

---

142 Vgl. Battis, a. a. O. Fn. 128, § 205, Rn. 14.
143 Vgl. Söfker, a. a. O. Fn. 16, S. 5; vgl. Scheidler, a. a. O. Fn. 16, 1103 (1104).
144 Vgl. Scheidler, a. a. O. Fn. 16, 1103 (1106 f.).
145 Vgl. Deutscher Städte- und Gemeindebund (Hrsg.), a. a. O. Fn. 80, S. 73.
146 Vgl. Söfker, in: Ernst/Zinkahn/Bielenberg/Krautzberger (Hrsg.), BauGB Kommentar, Stand: 102. Lfg. 11/2011, § 249, Rn. 17.
147 Vgl. Deutscher Städte- und Gemeindebund (Hrsg.), a. a. O. Fn. 80, S. 81 f.

Formell wie auch inhaltlich stellen sich die Anforderungen an die Aufstellung eines Bebauungsplans durch einen Planungsverband gleichermaßen wie die Bebauungsplans dar, der von einer Gemeinde aufgestellt wird. Wie auch bei der vorbereitenden Bauleitplanung ist dabei der betreffenden Gemeinde, in deren Gebiet der Bebauungsplan aufgestellt wird, ausreichend Zeit für die Stellungnahme zu der Planung zu geben.[148]

2. Auflösung des Planungsverbandes

Gemäß § 205 Abs. 5 BauGB ist der Planungsverband aufzulösen, wenn die Voraussetzungen für den Zusammenschluss entfallen sind oder der Zweck der gemeinsamen Planung erreicht ist. Speziell vor dem Hintergrund der planerischen Steuerung der Windenergie kann dies der Fall sein, wenn alle in der gemeinsamen Flächennutzungsplanung vorgesehenen Konzentrationsflächen für Windkraftanlagen über entsprechende Bebauungspläne umgesetzt sind.[149] Da jedoch mit der gemeinsamen Planung nicht nur die Konzentration auf bestimmte Flächen sondern auch der Ausschluss der Windenergienutzung auf den übrigen Flächen des gemeinsamen Planungsraumes angestrebt wird, setzt dies eigentlich – wie auch bei der gemeinsamen sachlichen Teilflächennutzungsplanung – eine Fortgeltung des vorbereitenden Bauleitplans voraus. Grundsätzlich kann der Planungsverband jedoch bei einstimmigem Votum der Verbandsmitglieder aufgelöst werden.[150] In diesem Fall gelten die durch den Planungsverband aufgestellten Bauleitpläne als einzelgemeindliche Pläne weiter.[151] Ist dies bei den einzelgemeindlichen Bebauungsplänen aufgrund des lokalen Bezugs noch einfach nachvollziehbar, ergeben sich in diesem Fall Fragen, wenn über einen sachlichen Teilflächennutzungsplan die übergemeindliche Steuerung der Windenergie im Gebiet eines Planungsverbandes erfolgt ist. Grundsätzlich wird ein Flächennutzungsplan oder ein sachlicher Teilflächennutzungsplan für das Verbandsgebiet in einen einzelgemeindlichen Flächennutzungsplan oder sachlichen Teilflächennutzungsplan umgewandelt.[152] Die Frage ist jedoch, ob das planerische Konzept zur Steuerung der Windenergie in diesem Fall noch Bestand hat, da sich dieses auf das Gebiet des Planungsverbands bezieht. Soweit hierdurch das gemeindeübergreifende Konzept immer noch umgesetzt wird, ist davon auszugehen, dass die Wirkung des Planvorbehalts auch weiterhin bestehen bleibt, wie auch bei den parallel aufgestellten sachlichen Teilflächennutzungsplänen in verschiedenen Gemeinden (vgl. Kap. 3.1). Werden nach der Auflösung des Planungsverbandes die einzelgemeindlichen Flächennutzungspläne oder sachlichen Teilflächennutzungspläne geändert oder neu aufgestellt, dürfte sich das planerische Gesamtkonzept auflösen, je weiter hiervon abgewichen wird. Soweit keine Vereinba-

---

148 Vgl. Battis, a. a. O. Fn. 128, § 205, Rn. 14.
149 Vgl. Heilshorn/Schober, a. a. O. Fn. 63, 142 (144).
150 Vgl. Battis, a. a. O. Fn. 128, § 205, Rn. 16.
151 Vgl. Runkel, in: Ernst/Zinkahn/Bielenberg/Krautzberger (Hrsg.), BauGB Kommentar, Stand: 67. Lfg. 9/2001, § 205, Rn. 88; vgl. Battis, a. a. O. Fn. 128, § 205, Rn. 16.
152 Vgl. Runkel, a. a. O. Fn. 152, § 205, Rn. 88.

rung über die Weitergeltung des übergemeindlichen Steuerungskonzeptes besteht, bleibt es den einzelnen Gemeinden unbenommen, ihre Planung unter Berücksichtigung der Grundsätze der Bauleitplanung zu verändern.

VII. Bewertung

Vor dem Hintergrund des Ausbaus der erneuerbaren Energien und der Standortsteuerung im Außenbereich dürften gemeindeübergreifende Konzepte und Kooperationen zukünftig stärker in das Blickfeld von Politik und Planung rücken. Neben die interkommunale Kooperation in Stadt-Umland-Räumen könnten hierbei Kooperationen zwischen Gemeinden im ländlichen Raum treten, die aufgrund der Verfügbarkeit von Flächen einen deutlich stärkeren räumlichen Anteil am Ausbau der Windenergie hat als die Verdichtungsräume. Bei allen Formen der interkommunalen Zusammenarbeit wird deutlich, dass informelle Konzepte als Grundlage und zur Vorbereitung einer förmlichen Planung von immer größerer Bedeutung werden.

Die Auswahl der oben genannten Instrumente in Form der vertraglichen Vereinbarungen über die echte gemeinsame Planung in Form eines gemeinsamen Flächennutzungsplans oder eines gemeinsamen sachlichen Teilflächennutzungsplans hin zu der Bildung eines Planungsverbands sind dabei anhand der konkreten planerischen Aufgabenstellung zu bestimmen. Die Vorteile der interkommunalen Kooperation zur Steuerung der Windenergie liegen dabei auf der Hand. Durch die Vergrößerung des Suchraums können fachlich sinnvolle Lösungen entwickelt und umgesetzt werden und ein gerechter Vor- und Nachteilsausgleich erzielt werden. Dies gilt es auch vor dem Hintergrund der Akzeptanz des Ausbaus der Windenergie entsprechend zu kommunizieren. Gleichzeitig wächst mit einer interkommunalen Kooperation auch der Abstimmungsbedarf, denn die beteiligten Gemeinden treten als gleichberechtigte Partner auf, die zur rechtsverbindlichen Umsetzung des planerischen Konzepts einen Konsens finden müssen, der darüber hinaus auch den Ansprüchen des Gesetzgebers sowie der Rechtsprechung an die planerische

Steuerung der Windenergie Rechnung tragen muss. Dabei muss auch beachtet werden, dass sich die gemeindliche Zusammenarbeit nicht nur auf den Zeitraum der Planaufstellung beschränkt, sondern auch den Planvollzug umfasst. Dies sollte die Gemeinden jedoch nicht davon abhalten, eine Zusammenarbeit bei gemeinsamen Herausforderungen zu wagen.

Berliner Schriften zur Stadt- und Regionalplanung

Herausgegeben von Prof. Dr. Stephan Mitschang

Band 1 Stephan Mitschang (Hrsg.): Umweltprüfverfahren in der Stadt- und Regionalplanung. 2006.

Band 2 Stephan Mitschang (Hrsg.): Stadt- und Regionalplanung vor neuen Herausforderungen. 2007.

Band 3 Stephan Mitschang (Hrsg.): Flächennutzungsplanung – Aufgabenwandel und Perspektiven. 2007.

Band 4 Stephan Mitschang (Hrsg.): BauGB-Novelle 2007. Neue Anforderungen an städtebauliche Planungen und die Zulassung von Vorhaben. 2008.

Band 5 Stephan Mitschang (ed. / Hrsg.): Soil Protection Law in the EU. Bodenschutzrecht in der EU. 2008.

Band 6 Stephan Mitschang (Hrsg.): Innenentwicklung – Fach- und Rechtsfragen. 2008.

Band 7 Stephan Mitschang (Hrsg.): Klimaschutz und Energieeinsparung in der Stadt- und Regionalplanung. 2009.

Band 8 Stephan Mitschang (Hrsg.): Fach- und Rechtsprobleme der Baunutzungsverordnung. 2009.

Band 9 Stephan Mitschang (Hrsg.): Aktuelle Fach- und Rechtsfragen des Lärmschutzes. Bauleitplanung, Fachplanung und Zulassung von Bauvorhaben. 2010.

Band 10 Stephan Mitschang / Gerd Schmidt-Eichstaedt (Hrsg.): Die Umweltprüfung in der Regionalplanung. 2010.

Band 11 Ulrich Battis / Jens Kersten / Stephan Mitschang: Rechtsfragen der ökologischen Stadterneuerung. 2010.

Band 12 Stephan Mitschang (ed. / Hrsg): Energy Efficiency and Renewable Energies in Town Planning Law. Energieeffizienz und Erneuerbare Energien im Städtebaurecht. 2010.

Band 13 Stephan Mitschang (Hrsg.): Planen und Bauen im Außenbereich. 2010.

Band 14 Stephan Mitschang (Hrsg.): Aktuelle Fragestellungen des Städtebau- und Umweltrechts – Ansatzpunkte für eine BauGB- und BauNVO-Novelle. 2011.

Band 15 Tim Schwarz: Die Umweltprüfung in gestuften Planungsverfahren. Möglichkeiten und Grenzen der Koordination und Abschichtung im Rahmen der Umweltprüfung in der Raumordnung und der Bauleitplanung. 2011.

Band 16 Stephan Mitschang (ed. / Hrsg.): Urban Planning Law under EU-Influence. Städtebaurecht unter EU-Einfluss. 2011.

Band 17 Stephan Mitschang (Hrsg.): Bauen und Naturschutz. Aktuelle Fach- und Rechtsfragen nach dem Inkrafttreten des BNatSchG 2010. 2011.

Band 18 Stephan Mitschang (Hrsg.): Gerüche, Feinstaub und Gefahrstoffe in der Bauleitplanung und bei der Zulassung von Bauvorhaben. 2011.

Band 19 Stephan Mitschang (Hrsg.): Klimagerechte Stadtentwicklung – Die neuen Regelungen der BauGB-Novelle 2011. 2012.

Band 20 Stephan Mitschang (Hrsg.): Stärkung der Innenentwicklung – BauGB-Novelle 2012/13. 2013.

Band 21 Stephan Mitschang (Hrsg.): Windenergie – Ausbau und Repowering in der Stadt- und Regionalplanung. 2013.

www.peterlang.de

www.ingramcontent.com/pod-product-compliance
Ingram Content Group UK Ltd.
Pitfield, Milton Keynes, MK11 3LW, UK
UKHW020857160426
5217IPUK00035B/1354